実例で学ぶ
化学工学

課題解決のためのアプローチ

化学工学会教科書委員会 編

丸善出版

はじめに

日本の多くの大学には理学部と工学部とがある．理学が科学の深化・探求を目的としているのに対し，工学は，それらの知見を総動員させて産業・社会のさまざまな課題を解決することを目指す．機械工学，電気工学，土木工学，物理工学など多くの工学がある．化学に関連する工学には，基礎化学を応用展開して新しい物質や合成法を創出することを目指す“応用化学”だけでなく，さらに経済性，環境，社会への影響まで考慮しつつ，大量生産技術にまで展開する“化学工学”がある．

化学工学科を卒業した学生の活躍の場(就職先)は，エンジニアリングや化学関連企業が多いが，鉄鋼，電力，素材メーカー，食品，医薬関係，さらには金融，商社，広告代理店と，幅広い産業分野にわたっている．企業の方々に化学工学科を出身した研究・技術者の評判を聞くと，“広い視野でものを見ることができる”“未開拓分野の課題であっても限られた時間内で解決する素養をもっている”といった評価結果が返ってくる．まさに多くの企業で求められる人材である．それが理由であろうか，米国では，化学工学出身の学生の初任給が，他の化学分野の学生よりもずっと高いようである．

まるで，化学工学科の教育課程で広い視野や課題解決の姿勢を学んでいるかのようである．しかし，どの化学工学の教科書を開いてみても，そのようなことは一切書かれていないし，ましてや化学工学を教える先生方も，それを明示的に教える方はほとんどいないだろう．おそらく，学生は，化学工学コースでプラント設計法を学ぶ中で，本人も気づかないうちに，その「課題解決のためのアプローチ」を修得しているのだと思う．

なぜ，そのようなことが可能なのだろうか．その答えは，化学工学の誕生の歴史に隠されているかもしれない．1900 年初頭，ダイムラー・ベンツ社によるガソリンエンジンの発明，フォード社による自動車の大量生産と呼応するように，ロックフェラー(Rockefeller)によるガソリンの大量製造が始まった．また，化学産業も花開こうとしている時期でもあった．そこで求められたのは，大規模の石油精製・化学プラントの建設・運転だった．そのなかで石油精製のためのプロセス，装置群を機能プロセスごとに分類(反応・抽出・蒸留・吸収・晶析・ろ過・乾燥・調湿など)し，その１つ１つのプロセスを設計する方法が整備されていった．

“設計”というと，建築物や機械装置の設計を思い浮かべる方が多いと思う．しかし，それらとは異なり，化学プロセスの中では，液やガスが複雑に流動・接触しながら，反応・分離・構造形成が生じる．それらを考慮した装置設計が必要である．しかし，1900 年代では，そのような複雑な挙動を推定するための理論もコンピュータもなかった．それにもかかわらず，なんとかプラントを設計していった．そこには直面する課題を解決するための先人たちの知恵があった．

また，巨大な石油化学プラントをつくり上げるには，多くの異なる分野の専門家たちの力を連動させる必要があった．つまり，オーケストラの指揮者のような存在も必要だった．指揮者は，バイオリン，ピアノ，フルート，ティンパニーといった各楽器の名奏者である必要はないが，それらの楽器の特徴を理解し，どうすれば全体としてハーモナイズするかを理解している必要はある．有機合成化学，触媒化学，電気，機械，土木，建築といった多くの分野を統合して，指揮する役割を担っていったのが化学工学者だった．

直面した多くの課題を解決していくという姿勢は，機械工学，航空工学，電気工学など，あらゆる工学が共通してもっている．しかし，巨大で複雑な石油化学プラントの設計，建設，運転を，そのために必要な基礎科学も計算機もない中，極めて短期間に仕上げていった．その課題解決の経験が化学工学には色濃く息づいており，そこに他の工学とは異なるアプローチも見出せるように思う．

本書では，その化学工学ならではのアプローチに焦点を絞って説明を試みた．本書の第一の目的は，今も化学工学体系に潜在する先人たちの課題に対する取組み方，すなわち「課題解決のためのアプローチ」を抽出することにある．

第Ⅰ編では，化学工学の考え方，発想法を説明しつつ，「課題解決のためのアプローチ」を探ってみたい．そのなかで，なぜ化学工学を学んだ者が広い視野でものを見ることができ，本質的な課題抽出・解決を行えるのかもわかってくると思う．また，第Ⅱ編の「基礎編」が課題解決にどう関わってくるのか参照できるように工夫したので，プロセス設計の基礎も学べるようになっている．

第Ⅱ編では，化学工学として「課題解決のためのアプローチ」を実践するための（もともとはプラント装置設計のための）基礎を説明する．化学工学を初めて学ぶ方で十分な学習時間がとれる場合は第Ⅱ編以降を読んでから，第Ⅰ編を読み直すと理解しやすいだろう．また，化学工学にすでに足を踏み入れている方は，第Ⅱ編を復習用に使いつつ第Ⅲ編に目を通すことをお勧めする．化学工学がより広い分野の課題解決に適用できることを理解いただけるだろう．

第Ⅲ編では，化学工学の「課題解決のためのアプローチ」が，さまざまな課題にどのように適用されるのかを紹介する．プラント設計（13章）だけでなく，海水淡水化（16章），半導体薄膜生成，ナノ粒子合成（18章），燃料電池（17章）などの製品設計・デバイス開発や日々の生活（15章）などを題材として取り上げる．社会システムの設計に関連する題材にも触れ，最先端プロセスの設計も紹介する．課題解決の方法を擬似体験してもらえるだろう．

本書が，これから皆さんが直面するさまざまな問題に対し，どのように取り組めばよいかの道標の1つになってくれれば幸いである．

2021年　12月

第60代 化学工学会会長
阿　尻　雅　文

執筆者一覧

● 化学工学会教科書委員会

阿　尻　雅　文　　東北大学材料科学高等研究所（AIMR）

上　宮　成　之　　岐阜大学工学部

大　平　勇　一　　室蘭工業大学大学院工学研究科

金　子　弘　昌　　明治大学理工学部

車　田　研　一　　国立高等専門学校機構　福島工業高等専門学校

下　山　裕　介　　東京工業大学物質理工学院

外　輪　健一郎　　京都大学大学院工学研究科

辻　　　佳　子　　東京大学環境安全研究センター

都　留　稔　了　　広島大学大学院先進理工系科学研究科

笘　居　高　明　　東北大学多元物質科学研究所

二　井　　　晋　　鹿児島大学大学院理工学研究科

原　野　安　土　　群馬大学大学院理工学府

福　島　康　裕　　東北大学大学院工学研究科

＊山　口　猛　央　　東京工業大学科学技術創成研究院　化学生命科学研究所

吉　岡　朋　久　　神戸大学先端膜工学研究センター／大学院科学技術イノベーション研究科

〔五十音順・所属は 2021 年 12 月現在，＊は本書の編集幹事〕

目　次

第Ⅲ編　応　用　編　173

第Ⅰ編

課題解決のアプローチ

化学工学を学んだ学生が社会に出ると，“広い視野でものを見ることができる”と評価される．それは化学工学が，どんなに複雑な問題や課題に直面しても全体像を理解し，どうすれば解決できるのかの“鍵”を見出すことができ，そのためのすべを身につけているからではないだろうか．

第Ⅰ編では，化学工学の本質を実感してもらうため，社会的な問題や課題に対してどのように全体像を把握し，解決の“鍵”をみつけていくのか，そのアプローチと考え方を学ぶ．なお第Ⅰ編は，初めて化学工学を学ぶ人には最初は難しいかもしれないが，ここでは課題に対する考え方や発想法を俯瞰しよう．また，以降の第Ⅱ編，第Ⅲ編を学んだあとにもう一度読み返し，社会において化学工学がどのような役割を担い，学んだ化学工学の知識はどのように応用され，社会でどのように生きるのか理解しよう．

1

下準備：課題の明確化

1.1 検 査 面

普段，私たちは“問題だ”という表現を，何が問題なのかを明確にすることなく何気なく使っていることも少なくない．私たちが“問題だ”というのは現実と理想とに乖離があるからであろう．理想の姿やビジョンを明確にしてこそ“現実とのギャップ(問題)”が明らかとなる．それを，いつまで，どこまで，どのような条件下で埋めていくのか，それらを決定して初めて“課題”が明らかとなる．そして，それをどのように“解決”にもって行くか(ソリューションエンジニアリング)こそ，本書の主題(化学工学の本質：課題解決型方法論)でもある．

たとえば，二酸化炭素(CO_2)排出削減という課題を考えるとしよう．まず，課題解決の対象が，装置なのか，1つの工場なのか，産業なのか，日本あるいは地球全体なのかを明確にする．その対象を見えない“袋”で包んでみよう．それを化学工学では検査面(system boundary)とよぶ．対象の課題解決に入る前に，必ず検査面の大きさを1段階，2段階広げたものも準備しておこう(図1-1)．たとえば，工場内の水素製造プロセスからのCO_2排出量の削減を考える場合，検査面はそのプロセスである．しかし，その工場にはそのほかにもいろいろな反応・分離プロセス，発電設備などがある．そのため，検査面を広げ，工場全体での熱やエネルギー利用，CO_2排出量なども念頭におく必要がある．他社も含めたコンビナート全体で考えてみるとどうであろうか．さらには，日本，地球全体に検査面を広げて考えてみよう．このように検査面の大きさを変えて考えることで，

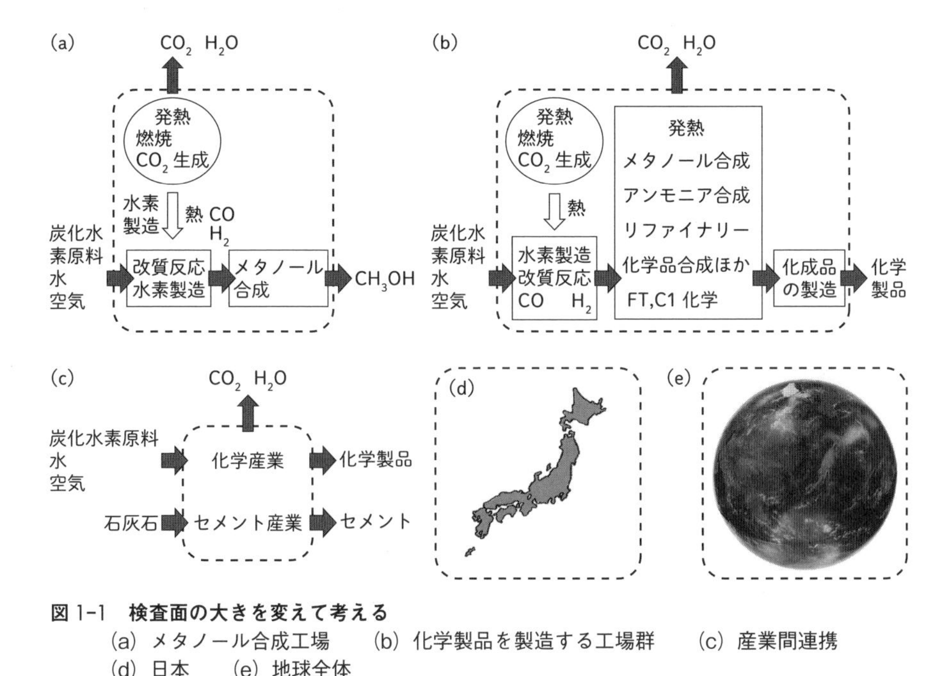

図 1-1　検査面の大きを変えて考える
(a) メタノール合成工場　(b) 化学製品を製造する工場群　(c) 産業間連携
(d) 日本　(e) 地球全体

課題の本質が見えてくることがある.

1.2　理想像と課題

対象とする検査面内の“問題”を正しく認識するには，科学にもとづき“限界”や“理想”の姿を理解することが重要である．何が対象であっても，質量保存の法則やエネルギー保存の法則を逸脱することはない．保存則は，高校の物理や化学でも学ぶが，工学で対象とする装置や工場，コンビナート，地球であっても同様に成立する．たとえば，地球環境やエネルギー問題を考えるうえでは，第II編で学ぶ物質収支(6.2 節)やエネルギー収支(6.3 節)という観点は欠かせない．これらの保存則が理論的限界を教えてくれる．また，平衡組成や効率などは，大学で学ぶ熱力学の第二法則で理論値がわかる．これらの理論値が理想であり，それと現状との乖離が“問題”である．

次に，何を，どのような条件下で，どこまで対応するのか，つまり“課題”を明確にする．新製品を開発する場合，その製品のスペック，価格などと納期を決めて開発に取り組む．これについては誰もが納得するのだが，地球環境に対する議論となったとたんに，その点があいまいになることがある．たとえば，日本の CO_2 ネット(正味)排出量を，30 % 削減なのか，80 % 削減なのか，あるいはゼロにするのかによって，対応の方法はまったく異なる．また，CO_2「ネットゼロ」を，2030 年に解決することと，2050 年や 21 世紀中に解決することとでも解決の方針や開発する技術は異なる．

このように，“課題”を明確にすることは，課題解決に入る前の大前提である．

例題 1-1　CO_2 を原料として化学製品を製造する

鉄鋼業から排出される CO_2 を再生可能エネルギーによって製造した水素(H_2)と反応させて，メタノールを合成し，そこから化学製品を合成するという提案(課題)を考えてみよう．

$$CO_2 + 2\,H_2 \longrightarrow CH_3OH$$

$$CH_3OH \longrightarrow (CH_2：化学製品) + H_2O$$

解　説

鉄鋼業からの CO_2 排出(炭素)量と化学製品の製造(炭素)量とが同程度かを調べてみよう．また，そのために必要な水素量(CO_2 量の 2 倍)は再生可能エネルギーだけで供給できるかも考えよう．これが，物質収支とエネルギー収支(熱力学第一法則)の観点である．もしも大きく異なっていれば，その課題設定を再検討した方がよい．

例題 1-2　温泉で発電も

温泉 A では余った温泉水(余剰湯)を使った足湯が観光資源となっている．この余剰低温温泉熱を使って発電し，村の電力の 30 % をまかないたい．

解　説

お湯を使って発電する方法としてはさまざまな技術(バイナリー発電や熱電発電など，第Ⅲ編 19 章参照)がある．余剰湯からとれる電力量の最大値は，お湯の温度からカルノー効率((温泉温度(湯温)－廃熱温度(出口温度))/ 温泉温度)と余剰湯量との積

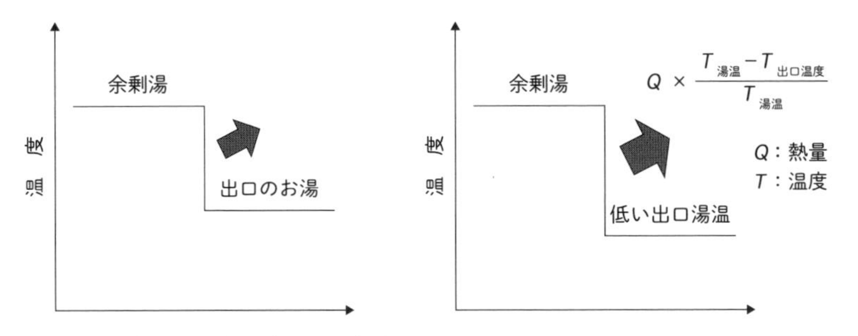

図 1-2　温泉での電力回収と出口温度
温泉のお湯から電力をつくり，排水を足湯に使う．出口温度が低いとより多くの電力を回収できる(19 章も参照しよう).

から評価できる．高温の温泉湯が発電設備に入り電気がつくられると，出口からは低い温度のお湯が排出される．この場合どの技術を使っても，電力回収量を上げようと廃熱温度を下げすぎると，観光資源である足湯が使えなくなる[1]．課題の解決に入る前に，このようにして(熱力学第二法則により)決まる制約条件を明確にしておく必要がある．課題設定を誤ると，課題解決をしようにも，解がない場合すら出てくる．

例題 1-3　メタノール合成工場での CO_2 削減排出

メタン(CH_4)からのメタノール(CH_3OH)の合成プロセスにおける原料と生成物の量を図 1-3 に示す．このプロセスでは，外部から燃焼によって熱エネルギーが加えられ，それが CO_2 排出につながっている．この CO_2 排出量を削減したい．

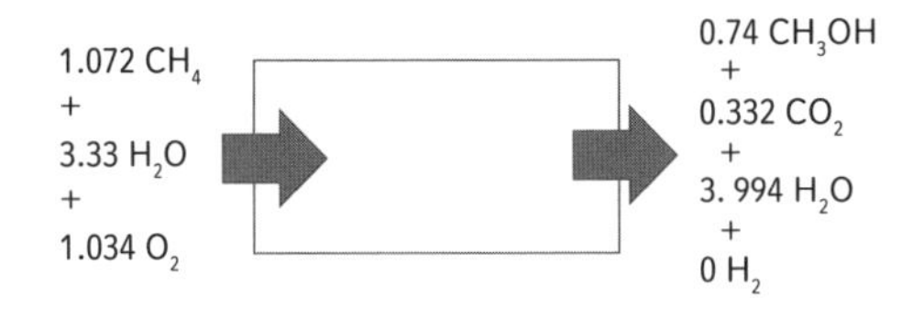

図 1-3　メタノール合成工場の物質収支

解　説

そもそも，そのようなことが可能なのであろうか．理想的な場合(熱力学第一法則：熱収支)を考えてみる．

①　メタンからのメタノール合成

$CH_4+H_2O \longrightarrow CH_3OH+H_2$
$\Delta H=140\ \mathrm{kJ\ mol^{-1}}$　（吸熱：気体状態基準）

②　水素燃焼

$H_2+0.5\ O_2 \longrightarrow =H_2O$
$\Delta H=-284\ \mathrm{kJ\ mol^{-1}}$　（発熱：気体状態基準）

である．
吸熱分を発熱で補えば，原理的には，

$CH_4+0.5\ H_2O+0.25\ O_2 \longrightarrow CH_3OH+0.5\ H_2$
$\Delta H \fallingdotseq 0\ \mathrm{kJ\ mol^{-1}}$

これは，熱力学の第一法則から導き出される理想像であり，この関係式以上にメタノールや水素をつくることはできない．重要なことは，現状のプロセスは理想像とは大きく異なっており，CO_2 排出削減の技術開発の余地はあることがわかる．また CO_2 排出削減どころか，メタノール合成量を上げ，H_2 を副生できるかもしれない（2.1.2 項も参照）．

引用文献

1)　大平勇一，島崎　剛，安澤典男，石井章生：「胆振地域における再生可能エネルギー利用の可能性に関する調査研究」小委員会報告書，pp. 52～61（2016 年 3 月）．

2

課題解決のアプローチのための基礎

2.1　物質収支，エンタルピー収支と全体像の理解

課題の本質をつかむうえで最も重要な観点の1つに，量論(物質収支，エンタルピー収支)がある．

1章で学んだ検査面に入ったものは，一部蓄積され，出ていく．これが収支である．

流入量(速度)＝排出量(速度)＋蓄積量(速度)

本書では，第Ⅱ編の6.2～6.3節において基礎を学び，第Ⅲ編12章で宇宙ステーション内の酸素循環および14章にて地球温暖化問題を取り上げ，物質収支，エンタルピー収支の重要性を説明する．

2.1.1　セメント産業における物質収支

セメント産業におけるセメントの製造量の変化について考える．ここでは検査面を日本の社会全体とする．何もなかった土地に，ビルや橋，道路がつくられていく．コンクリート建造物の建設にセメントが使われるので，高度成長期にはセメント生産量は急増した．しかし，ある程度，ビル，橋，道路が社会に蓄積されて社会インフラストラクチャーが充実してくると，社会のニーズが減少するため生産量は低下してくる[1]．

この傾向はどの国でも同じである．社会インフラストラクチャーがいまだ整っ

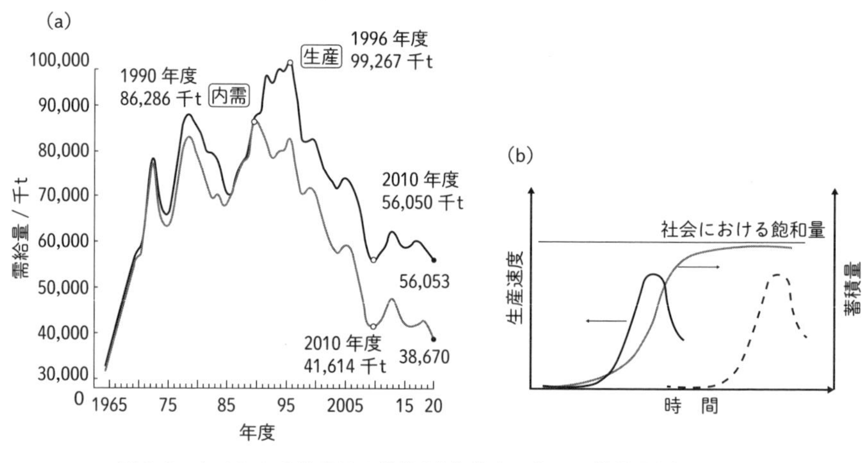

図 2-1　セメントの生産量の推移(a)と社会における蓄積量(b)
[(a) セメント協会 編, "セメントハンドブック 2021 年度版", p. 31 (2021)]

ていない発展(開発)途上国では，現時点でのセメント産業の年間生産量は非常に大きい．しかし将来的に社会インフラストラクチャーが整えば，当然先進国と同様，生産量は低下するであろう[2]．しかし，コンクリートには寿命があるので，そのぶんは廃棄される．そしてそのぶん，社会ニーズに対応するため新たな生産が行われることになる．仮に寿命を 50～70 年とすれば，その排出速度は 50～70 年前の生産速度と同じはずである．つまり先進国では，将来的に寿命により廃棄される量が増えてくるので，再度生産量が上がることと予想される(図 2-1(b)，点線)．これは，経済学者や政治学者とは異なる，化学工学者が物質収支からみた未来の産業予想図である．

2.1.2　メタンからメタノールを合成するプロセスの物質収支とエンタルピー収支

メタン(CH_4)からメタノール(CH_3OH)を合成する工場全体を包む検査面を考えてみよう．図 1-3 に検査面から入る物質と出ていく物質(実測値)を示した(p. 5)．工場内では蓄積物は溜まっていないので，入る物質量と出る物質量は同じである．炭素(C)，酸素(O)，水素(H)を考えても，入る物質量と出る物質量は同じである．これは当たり前のように思えるが，メタンの供給量とメタノールの合成量がわかれば，二酸化炭素(CO_2)排出量は測定しなくても計算できるので，課

表 2-1　プラントの入口と出口のC，H，Oの物質収支

	入　口	合　計	出　口	合　計
C	1.072×1	1.072	0.74+0.332	1.072
H	3.33×2+1.072×4	10.948	0.74×4+3.994×2	10.948
O	3.33×1+1.034×2	5.398	0.74×1+0.332×2+3.994×1	5.398

題解決のうえで重要である．物質収支については，第II編の6.2節で詳しく説明する．

例題1-3で，メタンからのメタノールの合成プロセスにおける理想的な状況を考えた．ところが，現状は図1-3に示したような状況であり，CO_2排出を伴っている．念のために，プラントの入口(左)と出口の(右)のC，H，Oの物質収支を表2-1に示す．

理想的には，メタンからメタノールを合成しつつ水素を副生できるはずであるが，実際には，その水素も燃やし，さらに0.072ぶん，すなわち化学量論係数の7.2％増でメタンを燃焼している．この理想との差は問題であり，メタノール合成工場では熱の使い方に改善の余地があると推察される．

熱の使い方を検討するために，検査面に出入りするエンタルピー収支も考える．本書では第II編の6.3節で詳しく説明するが，初めて学ぶ人は，ここではエンタルピー(物質の運動エネルギーと結合エネルギーの総和)を高校で学んだ“熱エネルギー”と読み替えていただいて結構である．図1-1(a)に示した工場全体を検査面としたエンタルピー(熱)収支を考えれば，改善できるエネルギーの使い方(CO_2排出につながる)がどの程度かがわかる．

2.2　目的志向で小さな検査面の間の情報をつなぐ

2.1.2項において，どこに改善できる点があるのかを調べるために，図1-1(a)の工場全体の検査面をもう少し分割し，小さなサブシステム(小検査面)を考え，その検査面間の物質とエンタルピーの出入り(収支)を考える．そして，サブシステムを入口と出口でつないで物質とエンタルピーがどのように移動しているかを考えてみよう(図2-2)．

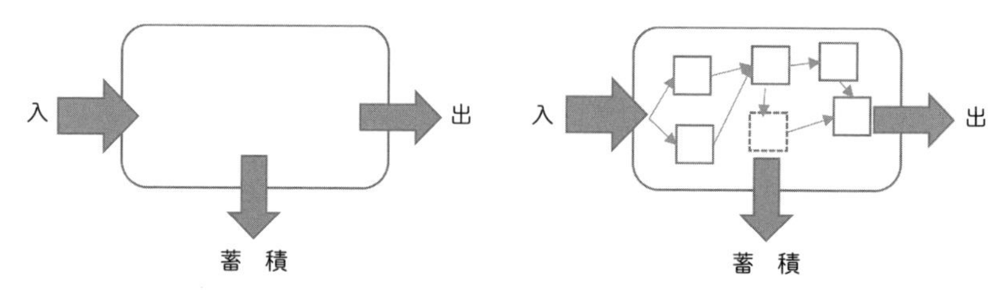

図 2-2　検査面サブシステムの入口と出口をつなげた全体図
点線部は未解明部分であり，2.5 節で説明する．

例題 2-1　メタノール合成工場でのサブシステムの物質の流れ

図 2-3 に実際のメタノール合成工場におけるサブシステムのつながりを示す．サブシステムの物質の流れを調べてみよう．

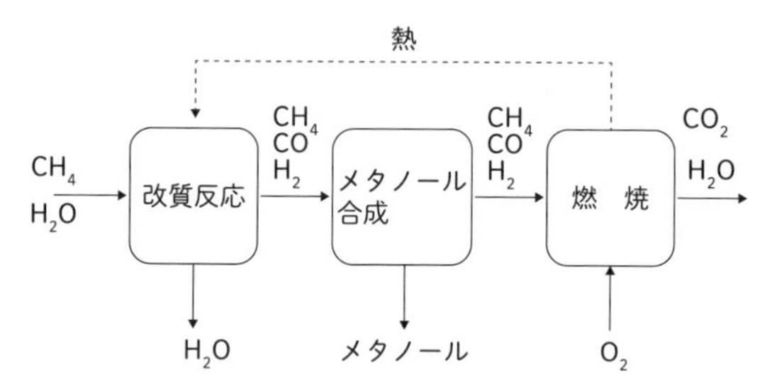

図 2-3　実際のメタノール工場におけるサブシステムのつながり
サブシステムをつなげてみよう．

解　説

① メタン改質反応

CH_4 は H_2O と反応して，$CO+3H_2$ となる．この改質反応は 900 °C 程度という高温で運転されている．この場合，CH_4 は完全に CO と H_2 になるわけではなく，一部未反応の CH_4 も残っている．

② メタノール合成

CO と $2H_2$（改質反応の生成物は $CO+3H_2$ だった）から CH_3OH が合成される．ここでも，完全に CO と H_2 が反応してメタノールになるのではなく，未反応分が残る．改質反応器から入る未反応の CH_4 とともに，このメタノール合成反応器からの未反応分（CO と H_2）も一緒に排出される．

③ 燃 焼

これらの未反応分は燃焼器で燃焼される．この熱が①の改質反応(吸熱反応)に使われる．

未反応分を燃やすのは，もったいないように思える．しかも，図 2-2 に示したように，この燃焼熱だけではなく，メタンを量論計算で必要な量よりもさらに 7.2 % 多く加えて燃焼させ反応に必要な熱を補っている．

2.3 化学工学の現象モデル化に対するアプローチ

検査面に入る量と出ていく量(と蓄積量)にはどのような関係があるだろうか．検査面内の現象を，方程式で表せば，入口と出口をつなぐことができる[*1]．方程式のもととなる考え方(モデルという)が正しければ，実験結果と比較することで未知パラメータ情報(この場合には脚注の式の k)を入手できる．そして，現象を再現(シミュレーション)できる．

モデル化に関しては，他分野でも，たとえば物理，化学，電気あるいは機械でも，現象の物理モデル化・理論化を行う．他分野で構築される物理モデルは，多くの場合，精緻なほど，また，高精度なほど良い理論，良いモデルとされる(図 2-4(a))．

しかし，化学工学のアプローチでは，少し異なった観点でモデルを考える．現

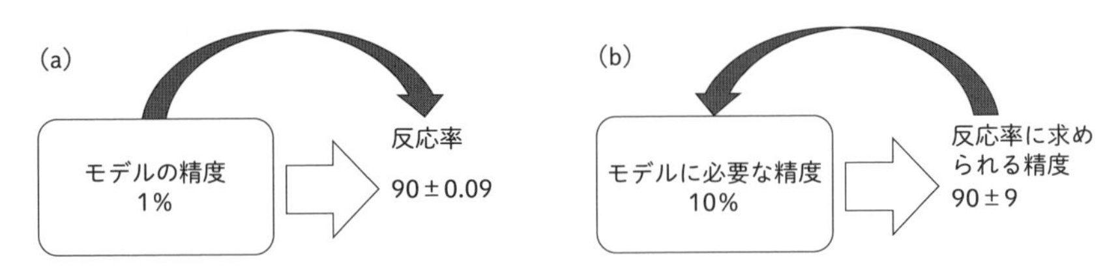

図 2-4 モデルに求められる精度
(a)高精度のモデルは，結果の精度もあがる　(b)成果に求められる精度が，モデルに必要な精度を決める

＊1　たとえば，図 2-3 のメタン改質反応($CH_4+H_2O \longrightarrow CO+2H_2$)のメタンが反応する割合 X を反応速度定数 k とガスが反応器内に滞在する時間 τ で，以下の式で表すことができれば，出口に残存するメタン量も，生成する CO 量，H_2 量もわかる(第II編 9 章参照)．

$$X=1-\exp(-k\,[CH_4][H_2O]\tau)$$

入口：メタン入口濃度 $[CH_4]_{in}$，出口：$(1-X)[CH_4]_{in}$．

象のモデル化は原理解明ではなく，あくまで課題解決のための手段という位置づけである．大切なのは，シミュレーションそのものにあるのではなく，そこから課題を解決するための何かを抽出(本質の理解＝ポンチ絵で書ける＝簡略化，3章参照)することにある．モデルに求められる精度は，検査面内で求められている情報に対するモデルの感度で決まり，それ以上の精度のモデルは必要でない(図 2-4(b))．このことに気がつけば，モデル化の段階から，簡略化モデルをたてる．

じつは，現象を記述するための精緻な微分方程式を立てることも，それを解くことも，さほど難しいことではない．それよりも，現象の本質を見失わずに，また全体を理解し課題解決につながるような簡略化したモデルを発想することの方がずっと難しい(第Ⅱ編 9 章で解説する反応工学では，簡略化した反応モデルの一例を説明する)．

ここでは，簡略モデル化のヒントを述べておく．理解の助けになるという意味において，四則演算で記述できるようなモデルがわかりやすい．その延長線上にある線型モデル化も理解しやすい．これらにより，本来の目的である全体像の把握とそのための簡略化(4 章)がより容易になる．

2.3.1　伝熱のモデル化

前述のメタノール合成工場をはじめとして多くの工場では，高温のステンレス製反応器やパイプからは熱が外に逃げないようにその周囲を断熱材で覆っている．断熱材の厚さをどの程度にすればよいか設計してみよう．詳しくは第Ⅱ編の 8 章で学ぶが，ここでは伝熱モデルについて考えてみたい．断熱材とステンレスの全体で(総括)伝熱速度を考える場合，電流と抵抗と同様に，伝熱速度ではなく逆に両材料の伝熱抵抗 R_1，R_2(熱伝導速度に逆比例，厚さに比例)を考える．

$$R = R_1 + R_2 = \left(\frac{d_1}{k_1} + \frac{d_2}{k_2}\right) \tag{2-1}$$

つまり，伝熱のしやすさを表す総括伝熱係数 U に対しては次式のように表現される．

$$U = \frac{1}{\left(\dfrac{d_1}{k_1} + \dfrac{d_2}{k_2}\right)} \tag{2-2}$$

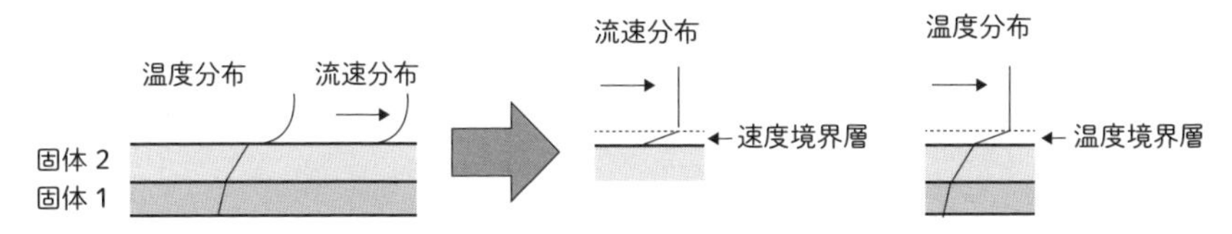

図 2-5 流体から 2 種類の固体を通しての流動・伝熱現象とその簡略化モデル
流れ場の壁近傍の速度分布(第Ⅱ編 7.1 節)，温度分布のある部分を厚さ δ の仮想的な板と考える(第Ⅱ編 7.3 節参照)．

このように抵抗モデルを考えることで，律速段階を容易に特定できる．もしも伝熱速度を上げたいという場合には，その部分に特化した材料開発を行うことになる．つまり，課題解決に直結する“鍵”となる情報が得られる．

断熱材で覆われたステンレス管の内側に流体が流れている場合の伝熱について考えてみたい．流体内での熱伝導については，第Ⅱ編の 11 章で説明するナビエ-ストークス(Navier-Stokes)方程式(流動)と伝熱方程式とを連立させればよい．これによって，流れ場の流速分布，壁からの伝熱現象，温度分布も精密に推算できる．しかし，最終目的が流れ場での伝熱速度であるとすれば，流速分布も温度分布も直接的には必要ない情報である．伝熱速度に焦点を絞った簡略化モデル(図 2-5)について考える．

もしも，壁の伝導伝熱と同じように，流れ場にも厚さ δ の仮想的な固体の層(境膜モデル)[*2] があるとすれば，前出した抵抗モデルと同じモデルを使うことができる．律速段階も容易に評価できるので，課題解決のための現象理解につながる．

$$R = R_{板1} + R_{板2} + r_{境膜} \tag{2-3}$$

ここで，$r_{境膜}$ は固体内伝熱(式(2-1))と同様境膜の厚さ δ と流体の熱伝導率 $k_{境膜}$ により次式で表される．

$$r_{境膜} = \delta / k_{境膜} \tag{2-4}$$

流れ場の流体の熱伝導率 $k_{境膜}$ は物性値表から調べることができるので，境膜

＊2 このモデル化には，単に簡略化しただけではなく，理論的な背景もある．たとえば，壁近傍の流れ場での熱流束は，温度分布のどの位置でも同じである．壁近傍での $(\mathrm{d}T/\mathrm{d}x)_{x=0}$ が，境膜中の温度勾配 $\Delta T/\delta$ となる．

の厚さδがわかればよい．その評価法については，第Ⅱ編の 11 章で詳しく説明する．

2.4　アナロジー

図 2-5 は，流れ場の境膜(境界層)と温度境界層について示している．流れ場で物質が壁で吸着(吸収あるいは反応)される場合には，濃度分布もでき，同様に濃度境界層も考えることができる(第Ⅱ編 7.3 節参照)．

すでに，熱の伝わりやすさを評価するのには温度境界層の厚さ$\delta_{温度境界層}$がわかればよいことを説明した．同様に吸着(吸収あるいは反応)速度は濃度境界層の厚さ$\delta_{濃度境界層}$を考えることもできる．

分子拡散(分子の移動)，伝熱(熱エネルギーの流れ)，流れ(運動量の移動)もミクロに考えれば分子運動に伴って生じる現象であり，同じ形式で記述される（第Ⅱ編 11 章参照）*3．

上記で議論した$\delta_{速度境界層}$，$\delta_{温度境界層}$，$\delta_{濃度境界層}$は，運動量，熱移動，分子拡散の違いに由来するものなので，それぞれの関係はこれらの速度係数[$m^2\,s^{-1}$]の比(無次元数のプラントル数Prとシュミット数Sc)で表すことができる．つまり，温度境界層の厚さ$\delta_{温度境界層}$の予測式が得られれば，これらの係数(プラントル数とシュミット数)を入れ替えるだけで濃度境界層の厚さ$\delta_{濃度境界層}$を予測することができる．

化学工学は，このように“アナロジー”（次元解析)のアプローチを使うことで，異なる現象についても簡略化モデルを展開し，全体システム内で生じる現象の理解を進めていく．詳しくは第Ⅱ編 11 章で説明する．

＊3　単位面積あたりの物質の移動速度[$mol\,s^{-1}\,m^{-2}$]は，濃度勾配[$(mol\,m^{-3})m^{-1}$]と拡散係数[$m^2\,s^{-1}$]の積で表される．

$$N=D\left(\frac{\mathrm{d}C}{\mathrm{d}x}\right)$$

単位面積あたりの熱の移動速度[$J\,s^{-1}\,m^{-2}$]，せん断速度[$Pa\,s^{-1}$]も同様に次式のように記述でき，拡散係数D，$k/\rho Cp$，μ/ρはすべて[$m^2\,s^{-1}$]の単位をもっている．

$$Q=\frac{k}{\rho C_p}\left(\frac{\mathrm{d}T\rho C_p}{\mathrm{d}x}\right),\quad \tau=\frac{\mu}{\rho}\left(\frac{\mathrm{d}\rho u}{\mathrm{d}t}\right)$$

2.5　ブラックボックス

現象が複雑すぎて，モデル化の方法すら考えつかないこともある．20 世紀初めに石油化学プラントを初めて設計したときにも，いくつもの場面で，このような問題に直面した．

そのとき化学工学がとった方法は，“ブラックボックス化”だった．課題解決の前提は全体システムの理解であって，そのためには，あらゆるサブシステム(検査面)の入口と出口の情報をすべてつなげる必要がある．そこで，現象理解が難しいサブシステムについては，原理・機構・理論などの解明は後回しにし，入口と出口の関係を，小型装置を用いて実験的に調べ，整理しておくことにした．その結果を大きな装置でも使えるようにしたいから，大きさであればメートル(m)，速度であれば($\mathrm{m\ s^{-1}}$)などといった単位(次元)をもった表現ではなく，現象を表す複数の無次元数の関係式で表現した．どのような無次元数を用いればよいかについては“次元解析”(第Ⅱ編 11.2 節)を用いた．第Ⅱ編 11 章では，流れ場での渦の発生頻度を，ストローハル数とレイノルズ数という 2 つの無次元数による相関式($St=\Phi Re$)で記述する方法(次元解析)を紹介する．

本書では第Ⅱ編 10.2 節で機械学習を学ぶが，コンピュータもない 100 年以上前から化学工学はこの方法を積極的に使ってきた．ここにも，化学工学における課題解決のアプローチのすばらしさが隠れていると思う．

引用文献

1)　セメント協会 編：“セメントハンドブック 2021 年度版” (2021)
2)　小宮山 宏：“地球持続の技術”，岩波新書 (1999).

3

化学工学の課題解決のアプローチ

3.1　本質，支配因子をつかむ

前章のモデル化，アナロジーおよびブラックボックス(次元解析，ともに第Ⅱ編11章参照)によって，現象を絵で描ける程度にイメージ化できた．簡易モデル化された各サブシステム(小検査面)をつなげることで，全体システム(大検査面)がどのように動くのかを説明(シミュレーション)できる．

すでに述べたが，シミュレーション自体は課題解決などしてくれない．これで課題解決に向かうための準備ができたと理解してほしい．課題解決に向けてまず必要なことは，解決のための“鍵”がどこにあるのかを知ることである．全体像を簡略化することで，なにが起きているのかを絵に描けるようにイメージできれば(図3-1)，課題解決への糸口も見えてくる．

じつは，そこがいちばん難しいのだが，その全体像を理解するためのいくつか

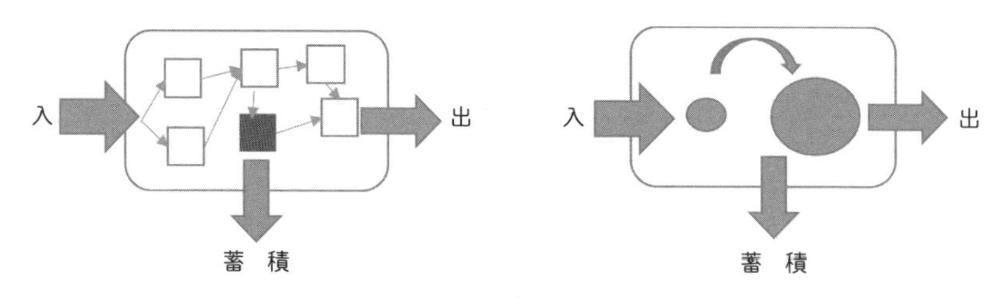

図3-1　全体像を簡略化して全体理解をはかる
図2-2の全体図に知のつながりができたら，全体像を簡略化してなにが起きているのかイメージする．

のアプローチがある．

3.1.1　支配因子：大きさの評価

サブシステムの簡略モデル化を行ったうえでそれをつなげて全体システムを理解し，さらにその全体システムも簡略化を施せば，システムの全体像がわかってくる．この過程でなにが支配因子なのかがわかる．つまり，課題解決の“鍵”がどこにあるのかを知る手がかりを見つけることができる．

例題 2-1 におけるメタノール合成($CO+2H_2 \longleftrightarrow CH_3OH$)は，平衡論的に高圧とする方が進む．実際，プラントは 8 MPa の高圧で運転されている．この圧縮に必要なエネルギーが二酸化炭素(CO_2)排出量につながっている可能性はないだろうか．大学に入ってから学ぶ物理化学や熱力学の教科書では，断熱圧縮に必要なエネルギーを教えている．

メタン改質反応($CH_4+H_2O \longrightarrow CO+3H_2$)は吸熱反応のため，900 ℃ という高温で運転されている．この反応温度を下げることができたら，必要なエネルギーはどの程度下げられるだろうか．エンタルピー収支(第Ⅱ編 6.3 節参照)がこれを教えてくれる．

これらをあらかじめ比較し，エネルギー削減に何が支配的かを知っておくことは重要である．

3.1.2　支配因子：律速過程

律速段階の把握は，課題解決の焦点(“鍵”)を明確にしてくれる．式(2-3)に示した熱抵抗モデルにおいて(直列電気抵抗と同じように)，

$$R=R_{板1}+R_{板2}+r_{境膜} \tag{2-3}$$

断熱材の伝熱が律速にある($R_{板2}$ が支配的な)場合，全体の保温をさらに良くする（伝熱抵抗 R を上げる)ために，ステンレスリアクターを高熱伝導材料に変える($R_{板1}$ を小さくする)ことや流れ場の境界層をより薄くするようなプロセス改良は意味がない．

反応器の中で，第Ⅲ編の 18 章で例にあげる 2 流体を混合させて反応が生じる場合を考えよう(混合についての詳細は第Ⅱ編 7.2 節で説明する)．この場合，混合後に反応が生じるいわゆる逐次過程で，測定される速度(反応速度定数 k)は，

混合速度 k_{mix} と反応速度 k_{r} の影響を受ける．

この場合にも，すでに説明した伝熱速度の場合と同様に，両方の現象を抵抗と考えれば，次式で表される[*1]

$$\frac{1}{k}=\frac{1}{k_{\mathrm{mix}}}+\frac{1}{k_{\mathrm{r}}} \tag{3-1}$$

もしも，混合速度 k_{mix} が全体の反応を律速しているような場合 $(1/k_{\mathrm{mix}} \gg 1/k_{\mathrm{r}})$，$k_{\mathrm{r}}$ を上げる反応触媒の開発よりも，より高速混合（支配因子）を行うためのプロセス改良が重要となる．

無次元数については，第Ⅱ編の 11 章で詳しく説明するが，たとえば $k_{\mathrm{mix}}/k_{\mathrm{r}}$（ダムケラー数 Da）の比を考えることで，律速段階（支配因子）を知ることができる．無次元数は，必ず 2 つの因子の比で記述されているので，どちらの効果が支配的かを判断するうえでも重要な考え方である．

3.2　感度解析による繰り込み・簡略化

全体像を簡略化して考えようとするとき，システム（対象とする大きな検査面）があまりに複雑な経路，ネットワーク（サブシステムの集まり）からできている場合，上記のような単純なモデル化がすぐには思いつかない場合もある．その場合は，感度解析を行う．システム全体の最終的な成績に対する各パラメータの感度を考えることで，感度の低いパラメータ，因子，サブユニットを削除していく．

＊1　濃度 C の原料が，混合した結果濃度 C_{mix} となり，その濃度に比例した速度 $k_{\mathrm{r}}C_{\mathrm{mix}}$ で反応するものとする．その反応したぶんが，混合によって供給される $(k_{\mathrm{mix}}(C-C_{\mathrm{mix}}))$ とすると，供給速度と反応速度は同じであるから，

$$k_{\mathrm{r}}C_{\mathrm{mix}}=k_{\mathrm{mix}}(C-C_{\mathrm{mix}})$$

この式を以下のように変形する．

$$\frac{C_{\mathrm{mix}}}{\left(\dfrac{1}{k_{\mathrm{r}}}\right)}=\frac{(C-C_{\mathrm{mix}})}{\left(\dfrac{1}{k_{\mathrm{mix}}}\right)}$$

ここで，$\dfrac{\mathrm{a}}{\mathrm{b}}=\dfrac{\mathrm{c}}{\mathrm{d}}=\dfrac{(\mathrm{a}+\mathrm{c})}{(\mathrm{b}+\mathrm{d})}$ であるから，次のようになる．

$$\frac{C}{\left(\dfrac{1}{k_{\mathrm{r}}}+\dfrac{1}{k_{\mathrm{mix}}}\right)}$$

はじめに考えた反応速度（＝供給速度）を kC とおくと次式となる．

$$\frac{1}{k}=\frac{1}{k_{\mathrm{r}}}+\frac{1}{k_{\mathrm{mix}}}$$

ブラックボックスの数が減ることもある．また，それと同時に，感度の高い，支配因子もわかってくる．これによって，複雑な全体システムを単純化していく．数学や物理では“繰り込み”と表現する．

3.2.1　反応ネットワークの簡略化と全体の把握

超臨界水中での酸化反応は，超高速完全酸化反応法である．メタノールを例にどのような反応機構なのかを評価してみる．関連するラジカル素反応を列挙し，すべてを連立させれば，メタノールの酸化反応をシミュレートできる．しかし，これでは反応を理解できたことにはならない．

感度解析を行い，メタノールの酸化反応に寄与しない反応を削除していく．すると，かなり簡略化されてくる(図 3-2)．この感度解析の結果から，超臨界水中での酸化反応が気相中と異なるのは，過酸化水素(H_2O_2)の生成にあることがわかる．メタノールの酸素酸化による過酸化物ラジカルが H_2O_2 生成を促し，それがメタノールの分解を高速化することがわかる．

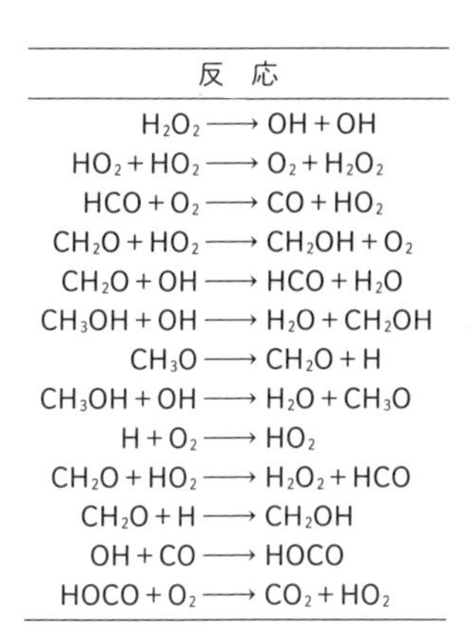

反　応
$H_2O_2 \longrightarrow OH + OH$
$HO_2 + HO_2 \longrightarrow O_2 + H_2O_2$
$HCO + O_2 \longrightarrow CO + HO_2$
$CH_2O + HO_2 \longrightarrow CH_2OH + O_2$
$CH_2O + OH \longrightarrow HCO + H_2O$
$CH_3OH + OH \longrightarrow H_2O + CH_2OH$
$CH_3O \longrightarrow CH_2O + H$
$CH_3OH + OH \longrightarrow H_2O + CH_3O$
$H + O_2 \longrightarrow HO_2$
$CH_2O + HO_2 \longrightarrow H_2O_2 + HCO$
$CH_2O + H \longrightarrow CH_2OH$
$OH + CO \longrightarrow HOCO$
$HOCO + O_2 \longrightarrow CO_2 + HO_2$

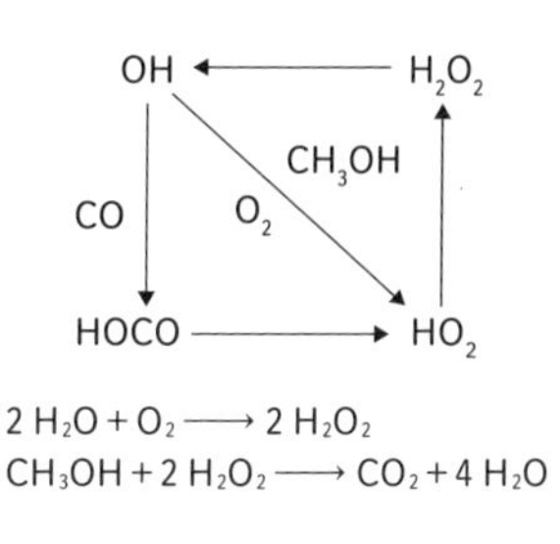

図 3-2　メタノールの超臨界水酸化反応機構
500 個の素反応速度定数群の一部(表)と感度解析により明らかとなった主簡略化反応経路．
[E.E. Brock, *et al.*: *J. Phys. Chem.*, 100, 15834 (1996)]

3.3 全体像の把握から課題解決の“鍵”を抽出

簡略化により全体像を把握しやすくなったが，ここで課題解決の“鍵”を見出さなければならない．

2.1.2 項で説明したメタノール合成工場を例として考えてみる．3.2 節で説明した方法で(支配因子の抽出)，プラントにおける所要エネルギーの比較を行うと，このプラントから CO_2 排出削減のポイントは改質プロセスにあることがわかる．そこで次に，改質反応の温度を変えた場合，メタノール収率や CO_2 排出量がどのように変わるかを考えてみる．

サブシステムの物質とエンタルピーの入口と出口は必ず等しく，このサブシステム群をつないでいく．それぞれのサブシステムの入口と出口の関係はモデル化によって関係づけられ，予測することもできる．反応器の温度を変えてみたり，反応率を変えてみたりすれば，全体のパーフォーマンス(効率，収率，排出量など)を予測することができる(詳細は，第Ⅱ編 10.2 節で説明する)．図 3-3 は，メタンからメタノールを合成するプラントで，改質温度を変えた場合のプラントからの CO_2 排出量を計算した結果である．

実際のプロセスでは改質温度を 900 °C 程度として操業している．しかし，改質プロセスの温度を 1000 °C 以上に上げた結果を予測すると，図 3-3(a)の点線に示すようにシステム全体からの CO_2 排出量は増大する．温度を上げるためにはメタンをさらに燃やして熱エネルギーを供給する必要があり，それとともに

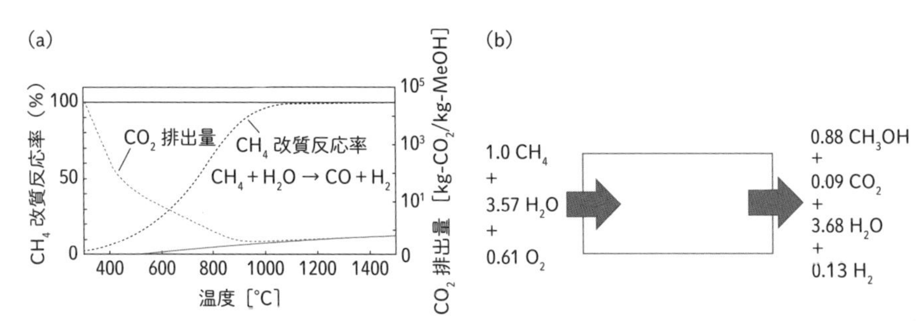

図 3-3　メタンからメタノールの合成

(a) メタン改質温度と CO_2 排出の関係　(b) 改質温度 400 °C の場合の物質収支

[(a) E.E. Brock, *et al.*: *J. Phys. Chem.*, 100, 15834 (1996)]

CO_2 排出量が増大することを示している．一方，900 °C 以下に温度を下げても，CO_2 排出量は増大している．

例題 2-1(図 2-3)で説明した物質の流れを思い出そう．吸熱反応($CH_4+H_2O \longrightarrow CO+3H_2$)は低温にするほど平衡論的に進まなくなる．メタンの反応率が低下すると，生成した CO と H_2 (CO の 3 倍量)とともに，未反応のメタンもメタノール合成プロセスに入る．そして，メタノールを分離した後，未反応分が最終的に燃焼される．つまり，改質反応温度を下げたときに CO_2 排出量が多くなるのは，改質反応の未反応のメタン量が増加したためであることがわかる．

ここで行っている計算(シミュレーション)は，物質収支とエンタルピー収支だけを使った簡単なものではあるが，課題解決のための重要な情報を与えてくれる．たとえば，低温でもメタンの反応率を高く保つというような非現実的な場合のパーフォーマンス(エタノール収率，CO_2 排出量など)についても知ることができる．その結果の一例を図 3-3(a)に実線で示す．改質反応の低温化により CO_2 排出量は低下していく．改質温度を 400 °C とした場合のプラントの物質収支を図(b)に示す．図 1-3 に示した現状と比較して，メタノール収率が上がり CO_2 排出量が大幅に削減されている．それだけでなく，水素も副生されている．例題 1-3 で示した理想の姿に近づいている．つまり，“改質反応を低温でも進行させるための技術の開発”に課題解決の“鍵”があることを確認できる[*2]．

第II編の 6 章で説明する物質収支，エンタルピー収支の重要性を理解してもらえるだろう．

＊2　実際には，さらに，反応速度によって決まるプラントの大きさ，コストなど，多角的観点から評価が必要である．

4

全体がつかめたら，その解決のための発想を

4.1 課題解決：発明のための方法論

課題解決の“鍵”がわかれば，それをどう解決に結びつけるか，ということになる．発明は，限られた人だけが行えると考えるのは間違いであり，“発明のための方法論”がある(図 4-1)．

まったくゼロベースからの発明というのは，ほとんどないらしい．発明のほとんどは，すでに報告された過去の発明や既往の知見から生まれる．どのように使うのかその方法はいろいろあるが，数学の演算のように今までの発想をつなげていく方法がある．筆者は，足し算や掛け算(2 つの方法を掛け合わせる他分野で使われている方法をもってくるなど)で解決していく場合が多い．

化学工学の発祥が化学産業のプラント設計にあることに立ち戻って考えると，化学工学的な視点による課題解決の方法が多く活躍する場は，やはり化学産業関連にあるだろう．課題解決を進めるうえで，ほかの化学分野と異なる着眼点は，エネルギー，コスト，安全などを総合的に考慮しながら新プロセスを設計・開発して課題を解決しようとする“プロセスの観点”である．ハーバー-ボッシュ(Haber-Bosch)法によるアンモニア合成においては，触媒探索も重要であったが，高圧プロセス開発があってこそ成立したものである．プロセスの観点をもって，課題解決に臨みたいものである．

第Ⅱ編の 18 章では，超臨界水を反応場として用いた連続合成プロセスを紹介している．掛け算(超臨界水×反応×ナノ材料合成)の発想により着想した新技術

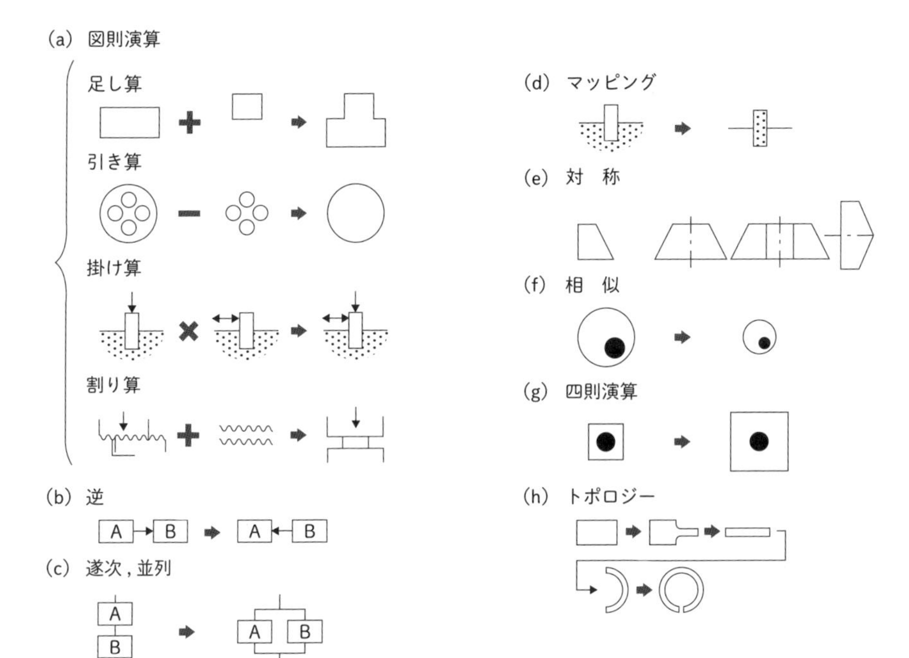

図 4-1 発明のための方法
[福澤義晴："知的創造のための思考学―科学の方法とその認知的構造"，郁朋社 (2003)]

である．高い過飽和度を与えることができ，サイズのそろった金属酸化物ナノ粒子を合成できる[1]．

このナノ粒子合成に有機修飾を行おうとすると，有機溶媒中での反応が必要になる．しかし，一般には有機溶媒と水は混合せず相分離してしまう．ところが，超臨界場では，水の物性は大きく変化し，あたかも有機溶媒のようにふるまう．つまり，掛け算(超臨界水熱合成×有機反応)の発想が課題解決につながったのである[2]．

例題 4-1　改質プロセスの低温化

一般に，吸熱反応は低温では進行しないという反応平衡の制約がある．どのようにこの課題を解決すればよいか．生成物を分離しつつ反応させれば，反応をシフトさせることができる．

$$CH_4 + H_2O \longleftrightarrow CO + 3\,H_2$$

解　説

ほかの合成反応などで利用されているプロセスを参考にしてみよう．プロセス工学の分野では，反応蒸留，膜リアクターなど分離を伴う反応プロセスは多々あるが，その中でもケミカルループとよばれる，2つのリアクター(反応槽)間に物質を循環させて，上の反応を2つの反応に分離する方法がある(図 4-2)*．

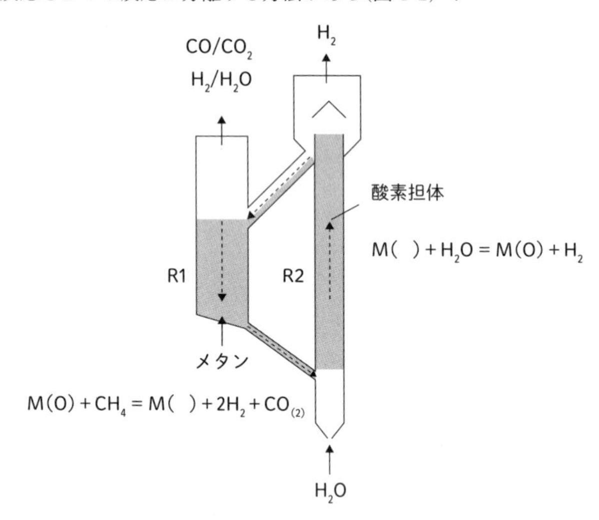

図 4-2　ケミカルループリアクター

右のリアクター(R2)では酸素担体が水により酸化され水素を生成する．左のリアクター(R1)では酸化された酸素担体がメタンを酸化する．反応物と生成物が分離されているので反応平衡の制約を受けない．

[A. Yoko, *et al.*: *Chem. Eng. Process.*, **142**, 107531 (2019)]

---

*　石油精製プラントで固体触媒を流体のようにハンドリングする技術(流動層)が開発された．粒子層の下からガスを供給すると，上向きに流れるガスからの揚力と下向きの重力とがつり合い，無重力状態となり，粒子を流体のように扱うことができる．この方法によって，2つのリアクター間を粒子循環させることができる．

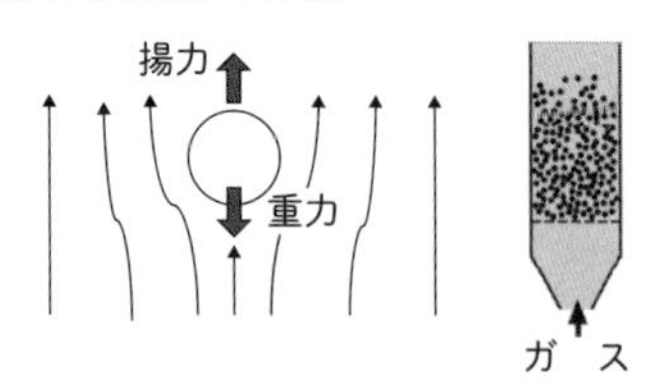

R1:　$CH_4+M(O) \longrightarrow CO+2H_2+M(\ )$

R2:　$H_2O+M(\ ) \longrightarrow H_2+M(O)$

M(O) はメタンを酸化させた後，M(　) となって，R2 に移動する．そこで，H_2O と反応し，酸化されて再度 R1 に移動する．このように，R1 と R2 の間を酸素担体物質が循環して反応を起こさせれば，各リアクターでは生成物が分離されるから，もはやメタン改質の反応平衡($CH_4+H_2O \longleftrightarrow CO+3H_2$)の制約を受けない．

このように，化学工学では，“プロセスの観点”から，課題解決を行っていく．

4.2　課題解決，システムインテグレーション，社会の設計へ

課題解決に向けて全体を把握するために，1～3章で細かく要素に分解して見てきた(サブシステム)．逆に，サブシステムをビルディングブロック(構成要素)として，新たなシステムを組み上げていくこともできる(第Ⅱ編8章参照)．

多くの課題において，今までにない新たなプロセスをつくり上げなければならないことはまれで，多くの場合，すでにある技術から最適なものを選択すればよい．モデル化されたサブシステムを組み上げシステム全体を構築し，全体の入口と出口のふるまいを計算(シミュレート)してみればよい．

たとえば，石炭火力発電や原子力発電を太陽光発電や風力発電に置き換えると，社会全体のエネルギー需給はどうなるのか，経済性，安全性，自然・環境はどうなるのか，これを議論することもできる．これも，簡略モデル化を通して評価できる．さらに，簡略化を進めることで全体像を把握できれば，自ずと課題の“鍵”も明らかとなり，また解決策もみつかる．

同様のことが，社会の設計，社会構築についても適用できるだろう．

引用文献

1)　T. Adschiri, K. Kanazawa, K. Arai: *J. Am. Ceram. Soc.*, **75**, 1019 (1992).
2)　J. Zhang, *et al.*: *Adv. Mater.*, **19**, 203 (2007).

5

まとめ：化学工学の本質

第Ⅰ編では，課題解決のアプローチを説明してきた．全体を把握しようとする姿勢が重要で，そのためのいくつかの方法は，それが課題解決のための“鍵”を見出す重要な手段となることを説明してきた．

化学工学を学んだ学生は，気がつかないうちに全体を把握する方法を身につけている．このアプローチをもっているからこそ，“広い視野で，俯瞰的にものを見ることができる”といわれるのだろう．エネルギー，地球環境，バイオなど，一見あまりに複雑で，どのように考えればよいかわからない巨大システムであっても，このように全体をとらえる方法を身につけていれば，解決の“鍵”を抽出し，どうすれば解決できるのかを見出すことができる．

このような考え方は，化学産業分野以外でも使える．たとえば，経営や経済学について同じような発想を導入することもできるであろう．電気電子，機械，宇宙工学，そして地球環境保全にも，同じような発想を取り入れ，ぜひ，活用してもらいたい．

従来の化学工学の教科書は，化学工学の生まれた歴史が背景としてあるため，第Ⅱ編以降で説明するように，装置の設計の方法をまとめたものだった．しかし，化学工学の神髄は，決して装置設計だけではなく，地球環境やエネルギー問題を含め，社会のさまざまな“課題解決”のための“方法論”にある．

全体像を理解し，課題解決の“鍵”を見出すための化学工学のアプローチを紹介してきた．検査面(システムバウンダリ)の考え方と物質収支とエンタルピー収支は，そのための基礎である．検査面内の現象を記述する簡略化モデル(あるいはブラックボックス)とその入口と出口の相関を表す無次元化表現は，支配因子

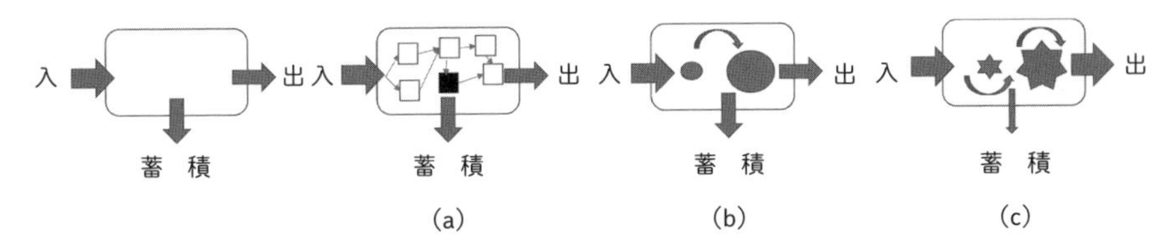

図 5-1 全体像の簡略化モデル
検査面をブレイクダウンすることで，全体を理解のつながりにする(a)．全体像を把握できる簡略化(b)ができたとき，技術革新(c)の“鍵”が見えてくる．

を知る重要な方法でもある．(第II編の 11 章で説明する現象のアナロジーも導入しつつ)それらによってさらに全体の現象の把握(全体システムのさらなる簡略化モデル)を行っていく．このアプローチが，全体システムの理解を助け，発想を広げる手段であることを説明してきた．最後は，簡略化された全体像そのものを，単純なイラストで描けるかどうかである(図 5-1)．それが理解できたということであり，そこまでいけば，課題解決の“鍵”はすぐに見つけられる．

しかし，対象によっては，境界条件，制約条件が多すぎて，解が見つかりそうにないということもある．そのような場合，ブレイクダウンするのではなく，1 章で述べたように，検査面を広げてみる．そのうえで，改めて同じアプローチをとれば，課題の本質が見え，解決の“鍵”がみつかる．

石油コンビナートの石油精製と石油化学，それぞれで省エネルギー(CO_2 削減)を行っても限界があったが，各地域の石油コンビナートで，各社の検査面を広げて考えた．それぞれの企業からの余剰生成物を交換することで大きな成果があった．また，化学業界だけ，鉄鋼業界だけ，セメント業界だけからの CO_2 排出をそれぞれ対策しようとしても解決できなかったことが，検査面を広げることで解決策が見つかる可能性もある(図 5-2)．ぜひ試みてもらいたい．

説明の内容に専門性を必要とする部分もあり，今は十分な理解ができていないかもしれないが，第II，III編を学んだあと，もう一度第I編を読んでほしい．社

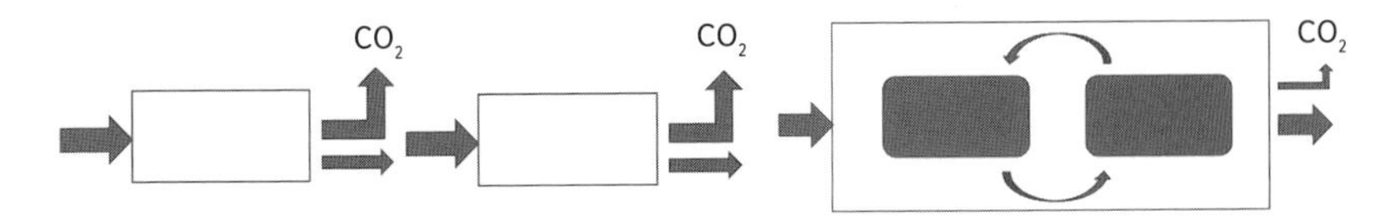

図 5-2 検査面を広げて考える

会が抱えるさまざまな課題に対し，化学工学の課題解決の方法論を活用して，読者諸君に解決してもらい，未来社会を築き上げて行こう．

第Ⅱ編

基　礎　編

第Ⅱ編では，化学工学の基礎的な事項を学ぶ．

6章では単位，物質収支，熱収支を，7章では物質移動を，8章では熱移動を学び，化学工学を学ぶための基礎知識を身につけよう．次に，9章では反応器の設計で大切になる反応工学を学ぶ．さらに10章では，それぞれの反応器や分離器などのユニットで構成される全体プロセスを考えるプロセスシステム工学と，多くのデータから全体プロセスの最適解を見出す機械学習の考え方を学ぶ．最後に11章では，簡便に複雑な現象を把握できる無次元数の考え方と，物質移動，熱移動，運動量移動を同じように考えるアナロジーを学ぶ．

6

化学工学量論

6.1 単　位

化学プロセスをはじめとするあらゆる現象は，長さ，質量，時間，温度などの物理量で定量化され，物質収支やエネルギー収支を考える際の基礎事項となる．本章では，最初に単位をそろえて加減乗除することを学ぶ．

6.1.1 単位の表し方

物理量は基準となる値に対して何倍大きいかによって表される．たとえば身長が 180 cm というのは，基準である 1 cm に対して 180 倍の大きさであることを示し，(数値)×(単位)として表される．単位は表 6-1 に示す国際単位系(SI)の基本単位を用い，長さは m (メートル)，質量は kg (キログラム)，時間は s (秒)，温度は K (ケルビン)で表す．他の物理量の単位(組立単位)も，この基本単位を用いて表される．工学で汎用的に用いられる物理量の組立単位の例を表 6-2 に示す．また，表 6-3 には，SI 接頭語を示す．

表 6-1　SI 基本単位

物理量	単位の名称	記　号	物理量	単位の名称	記　号
長　さ	メートル	m	光　度	カンデラ	cd
質　量	キログラム	kg	物質量	モ　ル	mol
時　間	秒	s	平面角	ラジアン	rad
電　流	アンペア	A	立体角	ステラジアン	st
温　度	ケルビン	K			

表 6-2　おもな SI 組立単位

物理量	名　称	記　号	SI 単位による定義
力	ニュートン	N	$kg\,m\,s^{-2} = J\,m^{-1}$
圧　力	パスカル	Pa	$N\,m^{-2} = kg\,m^{-1}\,s^{-2} = J\,m^{-3}$
エネルギー	ジュール	J	$N\,m = kg\,m^{2}\,s^{-2} = Pa\,m^{3}$
仕事率	ワット	W	$J\,s^{-1} = kg\,m^{2}\,s^{-3}$
周波数	ヘルツ	Hz	s^{-1}
電　荷	クーロン	C	$A\,s$
電位差	ボルト	V	$W\,A^{-1} = kg\,m^{2}\,s^{-3}\,A^{-1} = J\,C^{-1}$
電気抵抗	オーム	Ω	$V\,A^{-1}$

表 6-3　おもな SI 接頭語

大きさ	名　称	記　号	大きさ	名　称	記　号
10^{12}	テ　ラ	T	10^{-2}	センチ	c
10^{9}	ギ　ガ	G	10^{-3}	ミ　リ	m
10^{6}	メ　ガ	M	10^{-6}	マイクロ	μ
10^{3}	キ　ロ	k	10^{-9}	ナ　ノ	n
10^{2}	ヘクト	h	10^{-12}	ピ　コ	p

接頭語やべき数を用いる場合の表記は，1.234×10^{2} nm のように，有効数字がわかる形式が望ましい．10^{3} nm のような場合は 1 μm と記載した方がよい．

組立単位は，その物理量の定義に相当する．たとえば，力はニュートンの第二法則から式(6-1)で定義され，その単位であるN(ニュートン)は $1\,N = (1\,kg) \times (1\,m\,s^{-2}) = 1\,kg\,m\,s^{-2}$ である．

$$力 = 質量 \times 加速度 \tag{6-1}$$

エネルギーの単位はJ(ジュール)であるが，1 N の力で 1 m 移動させるのに必要な仕事に相当し，単位は以下の式(6-2)となる．

$$1\,J = (1\,N) \times (1\,m) = 1\,N\,m = (1\,kg\,m\,s^{-2}) \times (1\,m) = 1\,kg\,m^{2}\,s^{-2} \tag{6-2}$$

また，圧力は単位面積あたりの力で定義されることから式(6-3)となる．

$$1\,Pa = 1\,N\,m^{-2} \tag{6-3}$$

この単位は $1\,Pa = 1\,J\,m^{-3}$ とも表されることから，圧力とは単位体積あたりのエネルギーに相当すると解釈できる．

物理量の四則演算に際しては，以下の注意が必要である．

・加減は同じ単位で行い，演算後も単位は保存される．

たとえば，10 kg に 3 kg を足すと，10 kg＋3 kg＝13 kg になるが，10 kg に 300 g をそのままの数字で足すことはできず，同じ SI 単位に変換して 10 kg＋0.3 kg＝10.3 kg とする．

・剰余では単位も同じ演算を行う．

たとえば，速度は，式(6-4)で定義され，距離 10 m を時間 2 s で移動する速度は 10 m÷2 s＝5 m/s となる．

$$\text{距離 [m]} \div \text{時間 [s]} \tag{6-4}$$

なお，m/s は $\mathrm{m{\cdot}s^{-1}}$，$\mathrm{m\,s^{-1}}$ とも表記され，本書での表記は後者による．

6.1.2　単位の換算

SI 単位を使用するべきであるが，地域によっては歴史文化的な背景からさまざまな単位が用いられている．たとえば米国では，長さの単位としてインチやマイル，重さではポンドが用いられている．後述する物質収支やエネルギー収支を考える際，SI 単位への変換が必要である．以下の例題によって理解を深めよう．

例題 6-1　**単位の変換**

以下の物理量を SI 単位で表せ．

(1)　$36\ \mathrm{km\,h^{-1}}$

(2)　$2.0\ \mathrm{g\,cm^{-3}}$

(3)　気体定数 $R=0.082\ \mathrm{L\,atm\,K^{-1}\,mol^{-1}}$

解　説

単位は換算される値を入れて変換すればよい．

(1)　1 km＝1000 m，1 h＝3600 s であることから，

$$36\ \mathrm{km\,h^{-1}}=36(1000\ \mathrm{m})(3600\ \mathrm{s})^{-1}=36\times1000/3600\ \mathrm{m\,s^{-1}}=10\ \mathrm{m\,s^{-1}}$$

この計算は，以下のように行ってもよい．

$$36\ \frac{\mathrm{km}}{\mathrm{h}}=36\ \frac{1000\ \mathrm{m}}{3600\ \mathrm{s}}=10\ \frac{\mathrm{m}}{\mathrm{s}}$$

(2)　$1\ \mathrm{g}=10^{-3}\ \mathrm{kg}$，$1\ \mathrm{cm}=10^{-2}\ \mathrm{m}$ より $1\ \mathrm{cm^3}=(10^{-2})^3\ \mathrm{m^3}=10^{-6}\ \mathrm{m^3}$ なので，

$$2.0\ \mathrm{g\ cm^{-3}}=2.0(10^{-3})(10^{6})=2\times10^{3}\ \mathrm{kg\ m^{-3}}$$

なお，cm^3 は $(\mathrm{cm})^3$ であり，m^3 に接頭語の c (センチ) を付けたものではないことに注意する．演算式で表すと次のようになる．

$$2.0\ \frac{\mathrm{g}}{\mathrm{cm}^3}=2.0\ \frac{10^{-3}\ \mathrm{kg}}{10^{-6}\ \mathrm{m}^3}=2.0\times10^{3}\ \frac{\mathrm{kg}}{\mathrm{m}^3}$$

(3)　$1\ \mathrm{L}=10^{-3}\ \mathrm{m}^3$，$1\ \mathrm{atm}=101.3\times10^{3}\ \mathrm{Pa}$ より次のようになる．

$$0.082\ \frac{\mathrm{L\ atm}}{\mathrm{K\ mol}}=0.082\ \frac{10^{-3}\ \mathrm{m}^3\ 101.3\times10^{3}\ \mathrm{Pa}}{\mathrm{K\ mol}}=8.3144\ \frac{\mathrm{m^3\ Pa}}{\mathrm{K\ mol}}$$

さらに $\mathrm{m^3\ Pa=J}$ であることから，$R=8.3144\ \mathrm{J\ mol^{-1}\ K^{-1}}$ である．気体の状態式は $PV=nRT$ で表され，圧力 P や体積 V にはさまざまな単位が用いられるが，SI 単位にそろえて計算すれば 8.3144 のみを覚えていればよい．

本節では，物理量がもつ単位に関して学んだ．後述する章でも必ず単位をそろえてから比較するようにしてほしい．

6.2 物質収支

化学プロセスでは，装置への物質の流入や流出があるだけでなく，化学反応が伴うこともある．本節では，化学プロセス設計のような複雑な系を定量的に取り扱うために，物質収支の考え方を学ぶ．第I編でも取り上げたように物質収支の基本的な考え方を理解すれば，化学プロセスのみならず，物理量の出入りが伴うさまざまなシステム，たとえば人体や地球などあらゆる系へ応用できる．

6.2.1 物質収支の基礎式

図 6-1 に示すように，ある装置に物質が流入して，流出する．この場合の物質収支は，反応のない場合次式で表される．

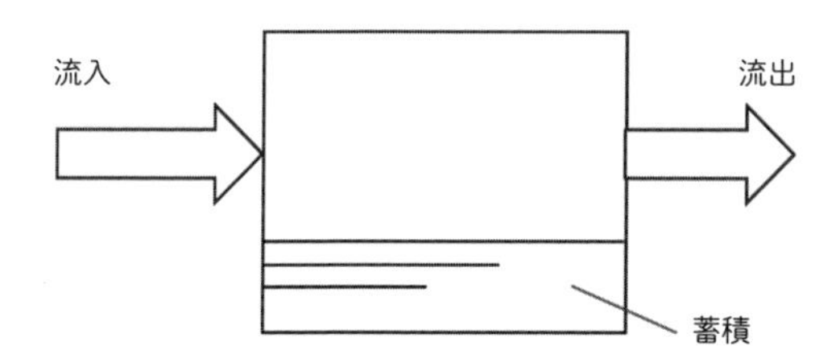

図 6-1　物質収支の考え方

$$(\text{蓄積する物質量})=(\text{流入する物質量})-(\text{流出する物質量}) \quad (6\text{-}5)$$

定常状態，つまり，時間とともに系に変動のない場合は，蓄積量はゼロであり，式(6-5)は次式となり，極めて簡単な物質収支となる．

$$(\text{流入量})=(\text{流出量}) \quad (6\text{-}6)$$

式(6-5)，式(6-6)は，単位時間つまり1秒あたりの量での収支とすると，流量(単位は，物理量/秒)での物質収支式となる．物質収支としては，保存される物理量，すなわち質量あるいはモル数での収支をとる．体積は圧力や温度で変化するため，収支式では通常は用いない．

反応が生じると，生成する物質や消失する物質もあるが，炭素，水素，酸素原子の元素については上記の物質収支が成立する．特定の分子に着目すると，収支が簡単にとれる場合があり，定常状態は以下で表される．

$$\begin{aligned}(\text{流出する物質量})&=(\text{流入する物質量})+(\text{反応生成する物質量})\\&\quad-(\text{反応消失する物質量}) \quad (6\text{-}7)\end{aligned}$$

6.2.2　物質収支の計算

化学プロセスには反応器や分離器など多くの装置がある．それらは配管で接続され連続的に運転されており，図6-2に示すような分岐，合流，さらにはリサイクルを伴う複雑な構成をしている．これらを定量的に理解するうえで物質収支は重要であり，以下を考慮して立式する．

①　物質の流れの概略図を描き，全体像を把握する．

②　ある検査面(system boundary；図6-2中の点線で囲った閉じた面)を設定し，その検査面での物質収支を考える．あらゆる検査面で収支が成立する．たとえば，図6-2のリサイクルのある系では3個の検査面があり，それぞれで収支が成立する．

③　系内に変化しない物質(たとえば，空気を用いた酸化反応で，反応に関わらない窒素)があると，その量を基準とすると計算が簡単になる場合がある．

④　反応がある場合は，反応前後の各成分の物質量の変化を表にして物質収支を立てる．

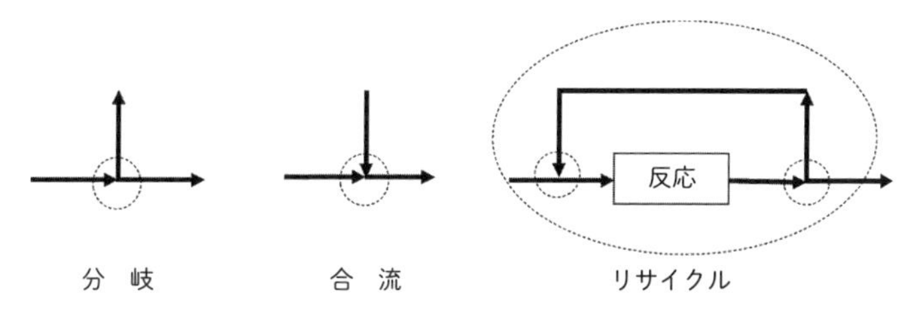

図 6-2　物質収支が成立する流れ形式

以下の例題に従って，理解を深めよう．

例題 6-2　**合流の物質収支**

海水(3.5 wt%，密度 1.02 g cm^{-3}) 100 kg s^{-1} と河川水(密度 1.00 g cm^{-3}) 200 kg s^{-1} とが連続的に合流している(図 6-3)．海水の塩化ナトリウム(NaCl)および水のモル濃度[mol m^{-3}]，NaCl のモル分率[—]，さらに混合後の水およびNaCl の流量を求めよ．NaCl の分子量は 58.4 である．

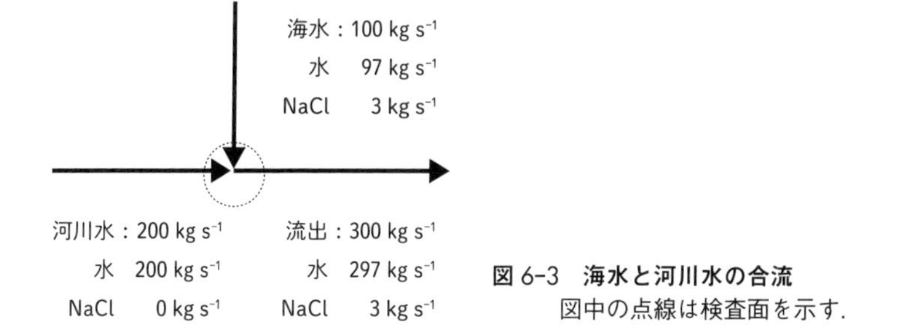

図 6-3　海水と河川水の合流
図中の点線は検査面を示す．

解　説

まず，海水の各種濃度を求める．100 cm^3 は 102 g となり，その中に 102×0.035＝3.57 g の NaCl と水 102－3.57＝98.43 g が含まれる．したがって，体積 100 cm^3 の海水に NaCl は 3.57/58.4＝0.061 mol 含まれる．1 cm^3＝10^{-6} m^3 より，モル濃度は以下の式で求められる．

$$\frac{0.061\ \mathrm{mol}}{100\ \mathrm{cm}^3}=\frac{0.061}{100\times10^{-6}}=611\ \mathrm{mol\ m}^{-3}$$

同様に水のモル濃度は以下の式で求められる．

$$\frac{98.43/18}{100\times10^{-6}}=54\,683=54.6\times10^3\ \mathrm{mol\ m}^{-3}$$

NaCl モル分率は，以下の式となる．

$$\frac{3.57/58.4}{(3.57/58.4)+(98.4/18)}=0.011$$

それぞれの流れが混合したあとの流量は，図中の検査面(点線で囲った閉じた面)での水および NaCl の物質収支は以下の式となる．

水：流入＝河川水＋海水＝97＋200＝297 kg s^{-1}＝流出(混合後)

NaCl：流入＝河川水＋海水＝0＋3＝3 kg s^{-1}＝流出(混合後)

例題 6-3　バブラーでの水素の収支

固体高分子形燃料電池では，原料の水素は高分子膜内のイオン導電性を高めるために加湿して供給されることがある．最も簡便な加湿法は図 6-4 に示すようなバブラーを用いる方法であり(温度一定の水中に水素を送ることで水蒸気を同伴する)，水素を60 °C の水温に保ったバブラーに 1 mol s^{-1} で供給する．バブラー内部の気相の水蒸気は，液相の水と常に気液平衡であると考えると，飽和水蒸気圧 20 kPa (60 °C) で保たれる．全圧を 100 kPa とするときの，バブラー出口での水素および水蒸気の流量を求めよ．

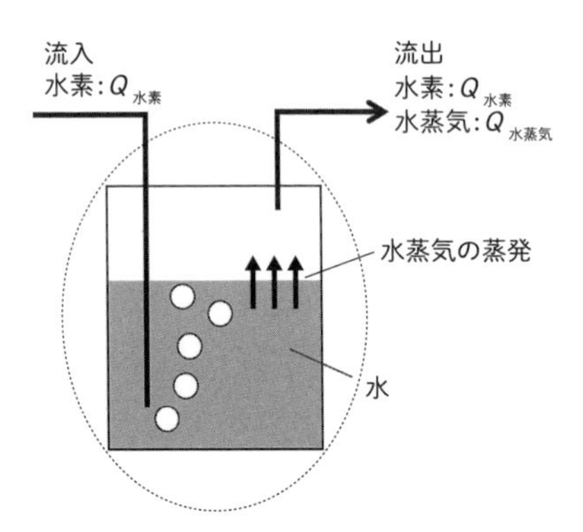

図 6-4　バブラーによる加湿

解　説

まず気相での圧力について考える．バブラー内での気相では水素と水蒸気が存在する．各成分の圧力を分圧，分圧の総和を全圧といい，それぞれ P_i，P_{total} と表すと，$P_{\mathrm{total}}=P_{水蒸気}+P_{水素}$ である．全圧 100 kPa，バブラー内の水は連続的に蒸発し気相の水蒸気分圧は 20 kPa に保たれるため，水素分圧は 80 kPa．したがってバブラー流出の水素モル分率は 0.8 となる．水素はバブラー前後で変化しない量であり，検査面での流入と流出する水素流量 $Q_{水素}$ は等しい．流出する水素と水蒸気の流量は $(Q_{水素}+Q_{水蒸気})$，水素モル分率 $x_{水素}$ は $x_{水素}=Q_{水素}/(Q_{水素}+Q_{水蒸気})=0.8$ であることから，水素の物質収支は以下が成立する．

$$Q_{水素}=x_{水素}(Q_{水素}+Q_{水蒸気})=0.8(Q_{水素}+Q_{水蒸気})$$

よって，水蒸気流量は以下のようになる．

$$Q_{水蒸気}=(1-0.8)/0.8\ Q_{水素}=0.25\ \mathrm{mol\ s^{-1}}$$

例題 6-4　二酸化炭素吸収プロセスの物質収支

発電所は天然ガスなどの化石燃料を空気燃焼し，燃焼熱により水蒸気を発生させタービンを回すことで，電気エネルギーを取り出している．燃焼用空気は過剰に供給され，燃料の炭素はすべて燃焼し二酸化炭素(CO_2)となり排出される．この排出される CO_2 を回収すれば，CO_2 を排出しない発電プロセスとなる．

回収プロセスは図 6-5 に示す吸収塔で，アミン水溶液を用いて CO_2 を吸収する．CO_2 を吸収したアミン水溶液は加熱することによって放散塔で CO_2 を放出し，再び吸収剤として利用できる．回収した CO_2 を地中や海底などに隔離し閉じ込めることで，大気中への CO_2 排出を抑制する技術が注目されている．また最近では廃棄するのではなく，CO_2 を“資源”ととらえ，素材や燃料に再利用する研究も進められている．簡単のために，発電所の排ガスの組成を N_2 80 %，CO_2 20 % と考え，アミン水溶液は蒸発せず常に液相として系内に

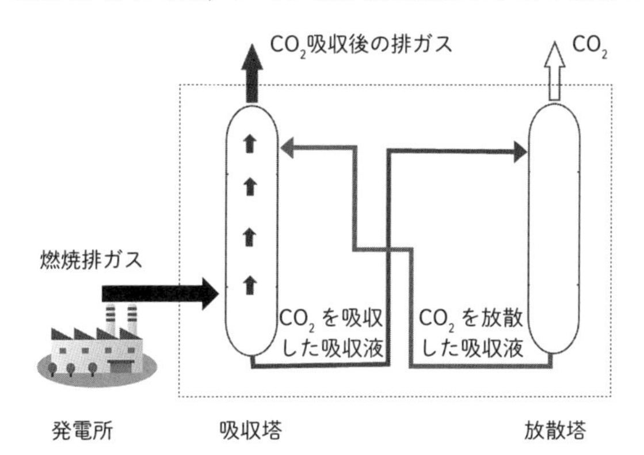

図 6-5　発電所からの CO_2 回収・放散プロセス(吸収液：アミン水溶液)

存在するとして，以下の問いに答えよ．

(1)　排ガス流量 500 mol s^{-1}，吸収塔入口での CO_2 が 90 % 回収されるとき，吸収塔のガス出口での CO_2 濃度と流量を求めよ．

(2)　吸収塔に流入するアミン水溶液の液流量を 200 mol s^{-1}，流入時のCO_2 モル分率を x_{CO_2} とする．吸収塔出口液（放散塔の入口液）の CO_2 およびアミン水溶液の流量を x_{CO_2} を用いて求めよ．

(3)　放散塔では液相中の CO_2 が気相に放散される．その放散率（放散される CO_2 量/放散塔出口アミン水溶液中 CO_2 量）を 95 % とする．放散 CO_2 流量，および吸収塔入口液（放散塔出口液）中の CO_2 モル分率 x_{CO_2} を求めよ．また，吸収塔出口のアミン水溶液中の CO_2 濃度を求めよ．

解　説

検査面としては吸収塔，放散塔，さらには全体システム（図中の点線）があり，そのすべてにおいて，物質収支が成立する．

(1)　排ガスは，CO_2=100 mol s^{-1}，N_2=400 mol s^{-1} で，題意より入口 CO_2 の 90 %（=100×0.9=90 mol s^{-1}）が吸収されるので，吸収塔の塔頂からのガス出口では CO_2=100×(1−0.9)=10 mol s^{-1} となる．

N_2 は吸収されないので 400 mol s^{-1} のままで排出されるため，吸収塔の出口ガス CO_2 濃度は，10/(400+10) より 2.44 % となる．（**注意**：入口濃度 20 % を 90 % 減少として，20×(1−0.9)=2 % とはならない）．

(2)　吸収塔の入口液の総モル数が 200 mol s^{-1} であり，その中の CO_2 モル分率は x_A，アミン水溶液は $(1-x_{CO_2})$ である．

気相から CO_2 が 90 mol s^{-1} で液相側に移動するので，各流量は以下となる．

吸収塔の出口アミン水溶液中の CO_2 流量：$200x_{CO_2}+90$

アミン水溶液流量：$200(1-x_{CO_2})$

(3)　吸収塔の塔頂から CO_2 が 10 mol s^{-1} で排出されるため，図 6-5 の検査面より，放散塔の塔頂からは 90 mol s^{-1} で排出される．この量が放散塔入口での CO_2 流量 $(200x_{CO_2}+90)$ の 95 % に相当するため，以下が得られる．

$$90=0.95(200x_{CO_2}+90)$$

$$x_{CO_2}=0.0237$$

放散塔入口での全液流量は 200+90=290 である．したがって，吸収塔出口 CO_2 濃度は以下となる．

$$\frac{(200\times0.0237+90)}{290}=0.327=32.7\ \%$$

6.2.3 物質収支の計算(反応を伴うケース)

反応を伴う際は，存在する元素ごとに物質収支を考える必要がある．反応器に供給された成分Aの流入量に対して，反応で消失した成分Aの量の割合を反応率あるいは転化率という．燃焼反応プロセスでは，原料の完全燃焼に必要な空気量を理論空気量とよび，それに対して，実際の操業では不完全燃焼を避けるために理論空気量より余剰な空気が供給される．この余剰の空気を過剰空気という．

例題 6-5　メタンの燃焼と過剰空気・乾きガスと湿りガス

メタン 1 mol s^{-1} を過剰空気量 20 % で燃焼したところ，メタンの反応率は 90 % であった．燃焼器出口での湿りガスおよび乾きガス基準での組成を求めよ．ただし，空気は O_2 21 %，N_2 79 % とし，メタンの燃焼は以下の反応のみと考えてよい．

$$CH_4 + 2\,O_2 \longrightarrow CO_2 + 2\,H_2O$$

解　説

メタン 1 mol に対して，理論空気量としては O_2 2 mol が必要であり，過剰率が 20 % のため 2×1.2＝2.4 mol を供給する．メタン反応率が 90 % のため，メタンは 0.9 mol 反応し，酸素は 1.8 mol 消費された．したがって，燃焼の各成分の物質収支は以下の表に示される．なお，水分を除いた量を乾きガス基準とよぶ．

成　分	モル数(反応前)	モル数(反応後)	モル分率(湿りガス)	モル分率(乾きガス)
CH_4	1	1×(1−0.9)＝0.1	0.0074	0.0086
O_2	2×1.2＝2.4	2.4−2×0.9＝0.6	0.0448	0.0518
N_2	2.4×79/21＝9.98	9.98	0.7459	0.8618
CO_2	0	1×0.9＝0.9	0.0673	0.0777
H_2O	0	2×0.9＝1.8	0.1345	—
合　計	13.38	13.38	1.00	1.00

例題 6-6　アンモニア合成の収支

アンモニア(NH_3)は肥料などの基礎化学品としてだけでなく，水素を多く含んでいることから水素エネルギーを液体として運ぶ媒体(キャリア)としての利用も注目されている．NH_3 は窒素と水素からハーバー-ボッシュ法により以下の反応式に従い合成される．

$$N_2+3\,H_2 \longrightarrow 2\,NH_3$$

なお，窒素は空気を液化して蒸留する深冷分離とよばれる方法で分離精製され，また水素はメタンから製造される．図 6-6 にアンモニア合成のフローシートを示す．量論比 (N_2:H_2=1:3) の N_2 と H_2 を反応器に供給し，生成した NH_3 を分離器で冷却液化することで NH_3 のみを全量取り出し，未反応の N_2 と H_2 をリサイクルする．反応器の入口と出口で求まる反応率は N_2 の 1 回通過反応率または単通反応率ともいい，ここでは 10 % とする．

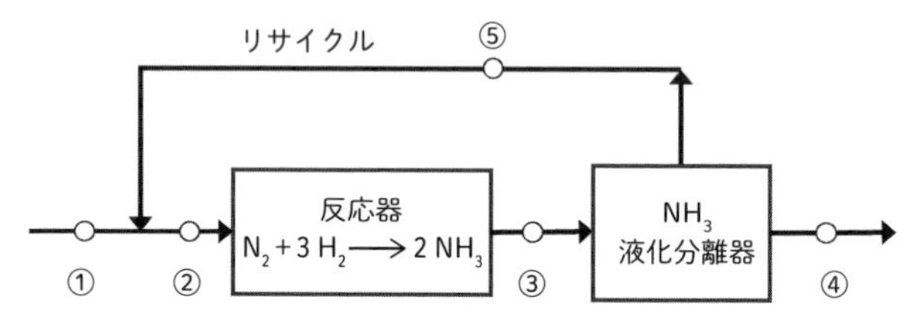

図 6-6　NH_3 合成プロセス
① 供給原料，② 反応器入口，③ 反応器出口，④ 製品 NH_3，
⑤ リサイクル(未反応 N_2，H_2) を表す．

(1)　反応器入口 N_2 流量を 100 mol s^{-1} としたとき，図中の各点での各成分の流量 F_i を求めよ．

(2)　リサイクル量 ⑤ と反応供給原料 ① との比(リサイクル比)を求めよ．

(3)　N_2 の 1 回通過反応率が 20 % のときのリサイクル比を求めよ．

解　説

(1)　合流，反応器および分離器での物質収支は以下となる．

合　流：供給原料 ①＋リサイクル ⑤＝反応器入口 ②

反応器：入口 ②＝出口 ③＋反応生成

分離器：反応器出口(分離器流入) ③＝リサイクル ⑤＋製品 NH_3 ④

表に物質収支より求めた各位置での流量を示す．位置 j での成分 i の流量を $F_{i,j}$ と表すと，反応器に量論比で流入するため $3\,F_{N_2,②}=F_{H_2,②}$，$F_{N_2,②}=100$ mol s^{-1} 基準より，$F_{H_2,②}=300$ mol s^{-1} である．反応器での 1 回通過反応率が 10 % より，N_2 流量基準で表すと NH_3 生成量は $0.2\,F_{N_2,②}=20$ mol s^{-1}，N_2 および H_2 消失量はそれぞれ $0.1\,F_{N_2,②}=10$ mol s^{-1} と $0.3\,F_{N_2,②}=30$ mol s^{-1} とな

成 分	① 供給原料	② 反応器入口	③ 反応器出口	④ 製 品	⑤ リサイクル
N_2	10(20)	100	90(80)	0	90(80)
H_2	30(60)	300	270(240)	0	270(240)
NH_3	0(0)	0	20(40)	20(40)	0
合 計	40(80)		380(360)	20(40)	360(320)

り，反応器出口 ③ での成分流量を決定できる．分離器では生成した NH_3 のみが製品として回収されて，N_2 および H_2 がリサイクルされる．供給原料 ① は，リサイクルとの合流での収支 ②−⑤ として求められる．全体のシステムとしてみると，① より量論比で流入したNとH元素が，全量 NH_3 として ④ より流出しており，元素に関して収支がとれていることが確認できる．

(2) 表よりリサイクル比 360/40＝9 となる．供給原料 ① は N_2 10 mol s^{-1} で，製品 NH_3 20 mol s^{-1} なので，分離とリサイクルを行うことで，1 回通過反応率 10 % の反応率を 100 % にすることができる．

(3) 1 回通過反応率が 20 % のときの流量を表中の(　)で示す．この場合のリサイクル比は 320/80＝4 となり，1 回通過反応率が向上するとリサイクル比を大きく低減することができる．

本例題は反応器入口を 100 mol s^{-1} とすることで，容易に解けた．もちろん，供給原料 ① N_2 を 100 mol s^{-1} 一定として解くことも可能である．

例題 6-7　アンモニア合成：パージのある系

例題 6-6 において，空気から純窒素を得ることは難しく，供給窒素にはアルゴン(Ar)が N_2:Ar＝100:1 で混入する．この場合はリサイクルを繰り返していると分離器で排出されない Ar が系内に蓄積してしまうため，分離器のあとでパージする(一部を排出すること)で Ar を廃棄する必要がある．パージガス中の Ar 濃度を 5 % とするときの，図 6-7 の各点での流量を求めよ．

解 説

例題 6-6 と同様に，N_2 と H_2 を量論的(N_2:H_2＝1:3)に反応器に供給しているため，反応器出口も量論比となる．N_2 と H_2 のリサイクル流量を R，$3R$ とし，Ar リサイクル流量を y とする．例題 6-5 と同様に，合流と反応器，アンモニア分離器での収支式が成立し，さらにパージでの分岐では以下が成立する．

バージ流入 ⑥＝リサイクル ⑤＋パージ ⑦

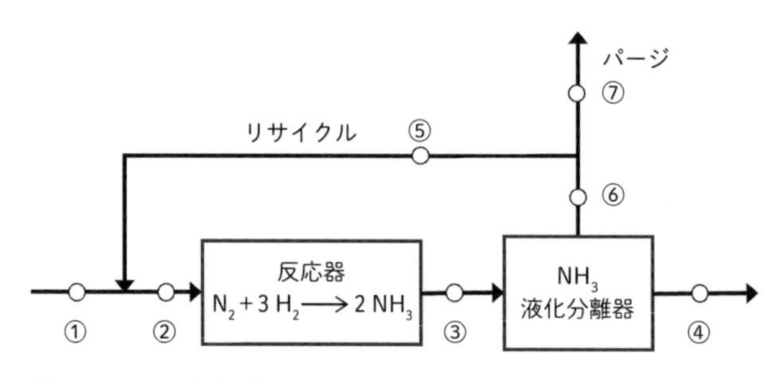

図 6-7　NH_3 合成プロセス
①〜⑤の図中番号は図 6-6 に同じ．⑥パージ流入，⑦パージを表す．

成　分	①供給原料	②反応器入口	③反応器出口	④製　品	⑤リサイクル	⑥分離器気相	⑦パージ
N_2	100	$100+R$	$0.9(100+R)$	0	R	$0.9(100+R)$	4.75
H_2	300	$300+3R$	$0.9(300+3R)$	0	$3R$	$0.9(300+3R)$	14.25
NH_3	0	0	$0.2(100+R)$	$0.2(100+R)$	0	0	0
Ar	1	$1+y$	$1+y$	0	y	$1+y$	1
合　計					$4R+y$	$3.6(100+R)+(1+y)$	20

供給原料を N_2 100 mol s^{-1}，H_2 300 mol s^{-1} とすると Ar 1 mol s^{-1} となる．以上より，各位置における流量は表のように表される．パージでは成分分離を行なわず分岐しているので⑤⑥⑦での組成は等しく，それぞれでの N_2/Ar の流量比（もちろん H_2/Ar も）は等しくなる．$R/y=0.9(100+R)/(1+y)$ より，$R=90y/(1+0.1y)$ となる．また，リサイクル⑤中の Ar 濃度 5％より，$y/(4R+y)=0.05$ が成立し，$R=((1-0.05)/0.2)y$ となる．2 式より $y=179.47$ mol s^{-1}，$R=852.5$ mol s^{-1} となる．

定常状態ではすべての分子について蓄積がないので，Ar に注目すると，原料①中の Ar 流量＝パージ⑦中の Ar 流量となる．パージ中の Ar 流量 1 mol s^{-1}，モル分率 0.05 より，パージガス流量は $1/0.05=20$ mol s^{-1} となる．N_2 と H_2 は 1:3 で存在するためパージ中の $N_2=19\times0.25=4.75$ mol s^{-1}，$H_2=14.25$ mol s^{-1} となる．パージ分岐での N_2 収支に代入して，$R=0.9(100+R)-4.75$ より $R=852.5$ mol s^{-1} としてもよい．

6.2.4　ま と め

本節では，化学プロセスなどすべての操作で重要となる物質収支の考え方を学んだ．検査面を考え，その中での流入物質量は，流出物質量および反応に伴う変化量，さらに蓄積量の和に等しい．また，系内での蓄積量がない定常状態における物質収支での理解を深めた．この考え方は，化学工学の基礎となる考え方であり，物理量の出入りが伴うさまざまなシステムで応用できる．

6.3 熱　収　支

熱収支とは，ある系に流入するエネルギー量と流出するエネルギー量，および系の内部での発熱・吸熱の総和をさす．エネルギーの形態には，内部エネルギー，運動エネルギー，位置エネルギー，ある空間領域（系）の境界を通じた系への正味の熱量，仕事量が存在するが，熱力学の第一法則，エネルギー保存則により，系内のエネルギーの蓄積は，以下の関係をもつ．

（系がもつ熱エネルギー量の蓄積）＝（系に流入する熱エネルギー量）
－（系から流出する熱エネルギー量）
＋（系内部の熱エネルギー発生量）
－（系内部の熱エネルギー消費量）

収支を考えるうえで，流入量と流出量をもつ系は，化学反応や製造プロセスから，動力エネルギーシステム，温室や家屋のような空間，さらには地表面・河川・大気あるいは地球全体を対象として，規模の大小に関わりなく考えることができる．とくに，ものづくりにおける化学反応や製造プロセスでは，6.2 節で述べた物質の変換と分離を伴う物質収支と同時に，熱の伝達を伴うエネルギー収支を考える必要がある．

熱エネルギー収支の考え方を理解すると，対象となる化学反応に必要な燃料や電力，あるいは冷却水量などを見積もることができる．

6.3.1 熱収支の基礎式

前述のように，系内のエネルギーの蓄積は，図 6-8 のように表せる．系への物

系内のエネルギー変化	=	系の境界を通じた系内へのエネルギー移動	−	系の境界を通じた系外へのエネルギー移動	+	系内のエネルギー発生	−	系内のエネルギー消費

図 6-8　エネルギー収支の概念

質の出入りがない場合，系内のエネルギー変化 ΔE は，系内の物質の内部エネルギー変化 ΔU，運動エネルギー変化 ΔK，位置エネルギー変化 ΔP の総和である．ΔE は，系が系の境界を通じて系外に向けて行う正味の仕事(系内へのエネルギー移動－系外へのエネルギー移動) W，系内の熱エネルギー(エネルギー発生－エネルギー消費) Q を用いると，以下のように表すことができる．

$$\Delta E = \Delta U + \Delta K + \Delta P = Q - W$$

蒸留，抽出，吸着，膜分離などの物理的操作や，合成や分解などの化学的操作では，運動エネルギーや位置エネルギーは無視することができるため，以下の式となる．

$$\Delta U = Q - W$$

さらに，物質の物理的変化，化学的変化は一定圧力のもとで起こることが多く，系に対して定圧変化で出入りするエネルギーをエンタルピーとして扱うことができ，定圧下のエネルギー収支は，最初と終わりのエンタルピー変化 ΔH となる．つまり，系に与えられた熱エネルギーはエンタルピー変化に使われることを示しており，このことを熱収支という．図 6-8 を単位時間，つまり 1 秒あたりの量での収支とすると，熱量(単位は，物理量/秒)での熱収支式となる．

(系に蓄積される熱量)＝(系に流入する熱量)－(系から流出する熱量)
＋(系内部の発熱量)－(系内部の吸熱量)　(6-8)

系の状態が時間とともに変化しない，すなわち定常状態では，系に蓄積される熱量はゼロであり，式(6-8)は次式で表される．

(系に流入する熱量)＝(系から流出する熱量)－(系内部の発熱量)
＋(系内部の吸熱量)　(6-9)

6.3.2　熱収支の計算(相変化・反応のないケース)

反応などによる系内部の熱変化を伴わない場合には，式(6-9)は次式となる．

(系に蓄積される熱量)＝(系に流入する熱量)－(系から流出する熱量)　(6-10)

高温流体から低温流体に熱を伝える機器を熱交換器という．内管と外管に温度の異なる流体を流すと，内管に流す流体の温度を目的の温度まで下げる，もしくは上げることが可能である．流体の移動が完全に止まっている状態での熱収支は，熱量 $Q=mc\Delta T$（m：質量，c：比熱，ΔT：温度変化）で表せる．これに対して，熱交換器では流体の流れがある状態での熱収支であるため，質量の代わりに質量流量 W [kg s^{-1}] を使用する．

低温流体（水）の熱流量 Q_{L} は低温流体の質量流量 W_{L}，比熱 c_{L}，出口温度 $T_{\mathrm{L\,out}}$，入口温度 $T_{\mathrm{L\,in}}$ とすると，以下のように求められる．

$$Q_{\mathrm{L}}=W_{\mathrm{L}}\times c_{\mathrm{L}}\times(T_{\mathrm{L\,out}}-T_{\mathrm{L\,in}}) \tag{6-11}$$

高温流体（油）の熱流量 Q_{H} は高温流体の質量流量 W_{H}，比熱 c_{H}，出口温度 $T_{\mathrm{H\,out}}$，入口温度 $T_{\mathrm{H\,in}}$ とすると，以下のように求められる．

$$Q_{\mathrm{H}}=W_{\mathrm{H}}\times c_{\mathrm{H}}\times(T_{\mathrm{H\,in}}-T_{\mathrm{H\,out}}) \tag{6-12}$$

熱収支式は，$Q_{\mathrm{L}}=Q_{\mathrm{H}}$ となる．

例題 6-8　熱交換器の熱収支

流量 2 kg s^{-1} の油（平均熱容量 $C_p=2.1$ kJ kg^{-1} k^{-1}）を内管に流し，流量 2.4 kg s^{-1} の水（$C_p=4.2$ kJ kg^{-1} k^{-1}）を外管に流して，油を冷却したい．油の入口温度 370 K，水の入口温度 287 K，水の出口温度 311 K の場合，油の出口温度は何度まで冷却されるか求めよ．ただし，高温流体（油）を冷却する際に発生した熱量は，すべて低温流体（水）の温度上昇に消費されるものとする．

解　説

熱収支式は $Q_{\mathrm{L}}=Q_{\mathrm{H}}$ となるため，式(6-11)および式(6-12)に数値を代入すると，$T_{\mathrm{H\,out}}$ を算出することができる．

$$W_{\mathrm{L}}\times C_{\mathrm{L}}\times(T_{\mathrm{L\,out}}-T_{\mathrm{L\,in}})=W_{\mathrm{H}}\times C_{\mathrm{H}}\times(T_{\mathrm{H\,in}}-T_{\mathrm{H\,out}})$$

$$2.4\times4.2\times(311-287)=2.1\times2\times(370-T_{\mathrm{H\,out}})$$

よって，$T_{\mathrm{H\,out}}=312.4$ K

6.3.3　熱収支の計算(反応のないケース)

物質を加熱または冷却すると，物質の温度変化，あるいは一定温度での相変化が起こる．前者のことを顕熱といい，後者のことを潜熱という．

ある一定量の物質の温度を 1 K 上昇させるために必要な熱量を熱容量といい，圧力を一定に保った場合の熱容量 C_p と体積を一定に保った場合の熱容量 C_v の 2 種類ある．固体や液体では C_p と C_v の差はほとんどなく，温度による熱容量の変化も小さい．しかしながら，気体では，C_p と C_v の値は大きく異なり，理想気体では，次の関係が成立する．

$$C_p = C_v + R$$

実在の気体の熱容量は温度の関数であり，次の実験式で表される．

$$C_p = a + bT + cT^2$$

ここで，a，b，c は気体固有の定数である．

例題 6-9　相変化に伴う熱収支

一定圧力 101.3 kPa において，263 K の氷 10 kg を 400 K の水蒸気にするために必要な最低熱量を求めよ．

ただし，氷，水，水蒸気の比熱容量 c_p はそれぞれ 2.029，4.186，1.970 kJ kg^{-1} K^{-1} とし，氷の融解熱は 335 kJ kg^{-1}，373 K における水の蒸発熱は 2257 kJ kg^{-1} とする．

解　説

加熱とともに以下の変化が起き，その際にエネルギー変化が生じる．

① 263 K の氷が 273 K の氷に温度上昇する際の顕熱
② 273 K の氷が 273 K の水に相変化する際の潜熱
③ 273 K の水が 373 K の水に温度上昇する際の顕熱
④ 373 K の水が 373 K の水蒸気に変化する際の潜熱
⑤ 373 K の水蒸気が 400 K の水蒸気に変化する際の顕熱

顕熱変化は，以下のように求められる．

$$\Sigma c_p \Delta T = 2.029(273-263)+4.186(373-273)+1.97(400-373)$$
$$=492.08\ \mathrm{kJ\ kg^{-1}}$$

潜熱変化は，以下のように求められる．

$$\Sigma L = 335+2257=2592\ \mathrm{kJ\ kg^{-1}}$$

全エンタルピー変化は，顕熱変化と潜熱変化の総和となる．

$$\Delta H=(492.08+2592)\times 10=30\,840.8\ \mathrm{kJ}$$

なお，これは最低必要な熱量で，実際には熱損失があるため，これ以上の加熱が必要となる．

6.3.4 熱収支の計算(反応を伴うケース)

化学反応による物質の生成や消失を伴う場合のエンタルピー変化は，反応熱といわれる．しかし，この反応熱は反応物質・生成物質の化学的性質のみならず物理状態を考慮しなければならないため，温度が 298 K，圧力が101.3 kPa のとき，物質の構成成分元素の単体からその物質を生成するときの反応熱を，その物質の標準生成エンタルピーとする．

$$a\mathrm{A}+b\mathrm{B}\longrightarrow c\mathrm{C}+d\mathrm{D}$$

上式で表される反応の反応熱 $\Delta_r H^\circ$ は，各成分の標準生成エンタルピーを用いて，以下のように表される．

$$\Delta_r H^\circ = c\Delta_r H_C{}^\circ + d\Delta_r H_D{}^\circ - (a\Delta_r H_A{}^\circ + b\Delta_r H_B{}^\circ)$$

ここで，$\Delta_r H^\circ$ が負の値のときは発熱反応となり，$\Delta_r H^\circ$ が正の値のときは吸熱反応となる．

例題 6-10　メタンの水蒸気改質における熱収支

水素エネルギー社会で必要な効率的な水素製造プロセスの1つに，天然ガスなどに含まれているメタンを水と反応させる水蒸気改質がある．

$$\mathrm{CH_4\,(g)+H_2O\,(g)\longrightarrow CO\,(g)+3\,H_2\,(g)}$$

この反応を 1273 K に保つために加えるべき熱量を求めよ．ただし，上記反応は $\Delta_r H^\circ = 205.9$ kJ の吸熱反応，メタン，水，一酸化炭素，水素の定圧モル平

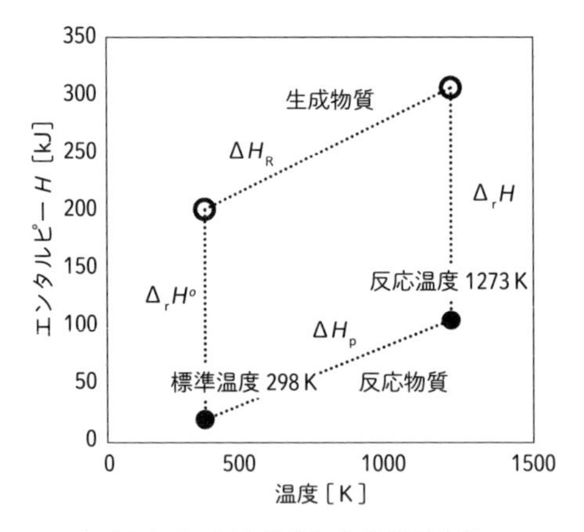

図 6-9　反応温度における反応熱

均熱容量 $C_{p,\mathrm{m}}$ はそれぞれ，60.77，38.66，31.70，29.78 J mol^{-1} K^{-1} である．

解　説

この反応の 1273 K における反応熱を求めればよい．

標準生成熱から推算される標準反応熱は 298 K での値である．実際の反応温度 1273 K における反応熱は，図 6-9 に示すように，反応ガスと生成ガスのエンタルピーを考慮して次のように算出される．

$$\Delta_{\mathrm{r}}H=(\Delta H_{\mathrm{P}}-\Delta H_{\mathrm{R}})+\Delta_{\mathrm{r}}H^{\circ}$$

ただし，ΔH_{P} は 297 K から反応温度における生成物質エンタルピー変化，ΔH_{R} は 297 K から反応温度における反応物質エンタルピー変化である．

$$\begin{aligned}\Delta_{\mathrm{r}}H&=(\Delta H_{\mathrm{P}}-\Delta H_{\mathrm{R}})+\Delta_{\mathrm{r}}H^{\circ}\\&=\int_{298}^{1273}(C_{p\mathrm{CO}}+3\times C_{p\mathrm{H_2}})-(C_{p\mathrm{CH_4}}+C_{p\mathrm{H_2O}})\mathrm{d}T+\Delta_{\mathrm{r}}H^{\circ}\\&=(1273-298)\{(C_{p,\mathrm{mCO}}+3C_{p,\mathrm{mH_2}})-(C_{p,\mathrm{mCH_4}}+C_{p,\mathrm{mH_2O}})\}+\Delta_{\mathrm{r}}H^{\circ}\\&=21.1+205.9\\&=227.0\ \mathrm{kJ}\quad（吸熱）\end{aligned}$$

すなわち，この反応を 1273 K に維持するには反応熱分の熱量を外部から補う必要がある．

6.3.5　物質収支と熱収支の組合せ

これまでは熱収支を個別に取り扱ってきたが，実際には，物質収支と熱収支は

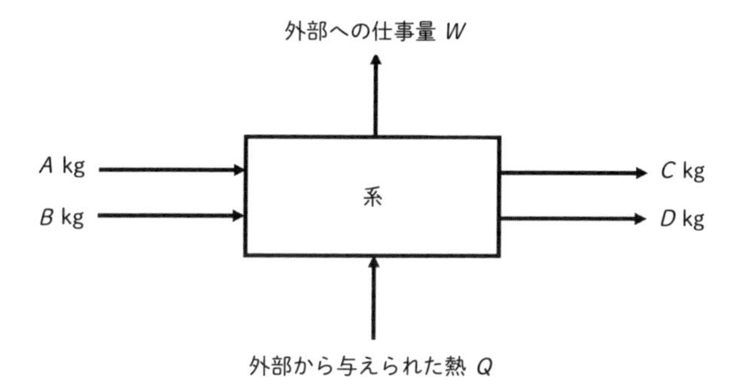

図 6-10　化学反応を伴う系の概図

同時に考えなければいけない．

ある系について，全物質収支，各成分に対する物質収支，熱収支を記述することができる．定常状態にある系の概図を図 6-10 に示す．系は，装置，空間，人間などいずれでも同様に考えられる．任意の成分の重量分率を x_i，ある基準温度に対する任意成分の単位質量あたりのエンタルピーを $\Delta\hat{H}_i$ と表すと，物質収支は次のように書くことができる．

収 支	流 入		流 出
全物質	$A+B$	$=$	$C+D$
成分 1	$A_{xA1}+B_{xB1}$	$=$	$C_{xC1}+D_{xD1}$
成分 2	$A_{xA2}+B_{xB2}$	$=$	$C_{xC2}+D_{xD2}$
⋮		⋮	
成分 i	$A_{xAi}+B_{xBi}$	$=$	$C_{xCi}+D_{xDi}$

加えて，総括エネルギー収支は次のように書くことができる．

$$Q-W=(C\Delta\hat{H}_{\mathrm{C}}+D\Delta\hat{H}_{\mathrm{D}})-(A\Delta\hat{H}_{\mathrm{A}}+B\Delta\hat{H}_{\mathrm{B}})$$

各成分についてエネルギー収支をとることはできない．

例題 6-11　SO_2 の空気酸化プロセスの収支

硫酸は二酸化硫黄(SO_2)を酸化し水と反応させることで製造されている．固体触媒を使い SO_2 ガスを直接酸化させ不純物の少ない三酸化硫黄(SO_3)を得て，この生成物を濃硫酸に過剰に吸収させて発煙硫酸とし，純水の希釈水で最終製品である濃硫酸を得る．ここでは，SO_3 を得る以下の反応について考える．

$$SO_2+\frac{1}{2}O_2 \longrightarrow SO_3$$

8.0 mol% の SO_2 を含む 673 K の空気を 100 mol h^{-1} で反応器に供給し，出口での SO_3 の反応率が 80 % となるように運転している場合，反応器出口での混合物の濃度と温度を求めよ．

ただし，空気は窒素と酸素の分圧が，それぞれ 0.80，0.20 と仮定する．また，SO_2，SO_3 の 298 K における標準生成熱 $\Delta_f H$ [kJ mol^{-1}] は，それぞれ −297.0，−395.2 であり，各成分のモル平均熱容量 $C_{p,\mathrm{m}}$ [J mol^{-1} K^{-1}] は表 6-4 を用いて求めることとする．

表 6-4　各物質のモル熱容量に関するパラメータ

物　質	a	$b\times10^3$	$c\times10^5$
SO_2	23.85	66.99	−4.961
SO_3	19.21	1374	−11.76
N_2	27.016	58.12	−0.289
O_2	28.11	−0.0036 80	1.746

解　説

まず，物質収支を考える．反応器入口および出口の各成分の濃度は図 6-11 のように求められる．

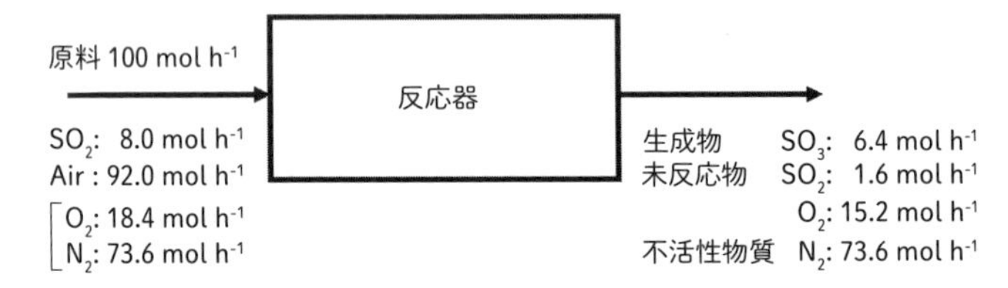

図 6-11　SO_2 の空気酸化プロセスのフローチャート

反応熱は以下の式で表される．

$$\begin{aligned}\Delta_r H^\circ &= \Delta_f H^\circ_{SO_3}-\left(\Delta_f H^\circ_{SO_2}+\frac{1}{2}\Delta_f H^\circ_{O_2}\right)\\ &=-395.2-(-297.0+0)\\ &=-98.2\ \mathrm{kJ\ mol^{-1}}\end{aligned}$$

反応熱が負となるため，この反応は発熱反応である．

次に熱収支を考える．反応器へのエンタルピー流入速度は，

$$H_{\mathrm{in}}=\Sigma F_{j0}H_{j0}=\Sigma F_{j0}C_{p_{avj}}(673-298)$$

$$=(8\times 45.3+18.4\times 31.0+73.6\times 29.8)\times 10^{-3}\times 375$$
$$=1172\ \mathrm{kJ\ h^{-1}}$$

反応によるエンタルピー変化は $-98.2\ \mathrm{kJ\ mol^{-1}}\times 6.4\ \mathrm{mol\ h^{-1}}=630\ \mathrm{kJ\ h^{-1}}$ と求められる.

反応器出口での温度を T_{out} として，エンタルピー流出速度は以下の式で表される.

$$H_{\mathrm{out}}=\Sigma F_{j0}H_{j0}=\Sigma F_{j0}H_{j0}(T_{\mathrm{out}}-298)$$

これと反応によるエンタルピー変化との和を，エンタルピー流入速度と一致するように T_{out} を求める．出口温度は 860 K となる.

6.3.6 非定常状態での熱収支

これまでは定常状態での収支を取り扱ってきたため，蓄積や生成がなかった．しかし系内で熱の発生，消費がある場合は，温度が時間とともに変化する．このような状態を非定常状態という．たとえば，水槽にお湯が一定流量で流れ込み，同じ流量で流出しており，さらに，水槽から外気への熱のロスがある場合，熱収支は以下の式で表される.

（水槽の温度上昇に必要な熱量）＝（お湯の流入・流出で出入りする熱量）
－（外気への放熱）

このように非定常状態の収支式は時間 t に関する微分方程式となる．詳細は別書に譲ることとする.

6.3.7 ま と め

本節では，熱収支の組み立て方や解法を学んだ．検査面を考え，その中での流入，流出，発生，消費は，その検査面内での蓄積量を与える．ここでは蓄積のない定常状態を例にとり理解を深めた．系が複雑になっても，全体が取り扱いやすいように系の検査面を設定し，その中で熱収支を取り扱えば，多種多様な実際の課題解決につながる.

7

物質移動

7.1　粘性と流れ

反応や分離などを連続的に行うには，気体や液体などの物質を移動させなければならなく，流れとして移動させることになる．本節では，化学工学の基礎である粘性と流れを学ぶ．

流れる物を流体とよび，空気や水などの気体や液体であっても流体である．流体は粘度をもち，粘度は流れに大きく影響する．また，流れている流体が円管などの壁と接している部分では流体は動けなく，線速度が 0 となる．壁から離れれば離れるほど線速度は速くなり，流体内部での線速度には分布ができる．この線速度の分布は円管の場合に定量的に解くことができ，平均流速も求められる．さらに発展させ，粒子と粒子の隙間などの複雑な形状を流体が流れる場合でも，簡単なモデルを考えることにより表現できる．

粘性と流れを学習すれば，流れる速度や流れの変化が理解でき，流体の移動を伴う現象やプロセスを設計し，最適化できる．ここでは，粘性と流れを理解し，家庭用浄水器および砂ろ過器を設計する．

7.1.1　流速と流量

流体とは先述したように空気や水などの気体や液体であり，流体のイメージをもつことが重要である．円管の中を気体や液体を通す操作や，小さな孔の空いた膜による分離現象を理解するには，流れを把握する必要がある．

まず，流体が流れる速度を表すために，円管の場合を考える．単位時間内に流体が円管を流れる量を流体の体積流量 F [$\mathrm{m^3\,s^{-1}}$] とする．式(7-1)に示すように，平均の流速 u [$\mathrm{m\,s^{-1}}$] は体積流量 F [$\mathrm{m^3\,s^{-1}}$] を管の断面積 S [$\mathrm{m^2}$] で除した値であり，体積流束 [$\mathrm{m^3\,m^{-2}\,s^{-1}}$] とよぶこともあるが，本書では流速とよぶ．

$$u=\frac{F}{S} \tag{7-1}$$

直径 d の円管の場合，断面積 S は $\dfrac{\pi d^2}{4}\ \mathrm{m^2}$ である．したがって，次式となる．

$$F=\frac{\pi d^2}{4}u \tag{7-2}$$

また，流体の密度 ρ [$\mathrm{kg\,m^{-3}}$] を考えれば質量流量 w [$\mathrm{kg\,s^{-1}}$] に変換できる．

$$w=\rho F \tag{7-3}$$

例題 7-1　**円管の流速**

内径 1.0 cm の円管内を水が流れている．水の密度は 1000 $\mathrm{kg\,m^{-3}}$ である．質量流量 w が 100 $\mathrm{g\,s^{-1}}$ のときの流速 u を求めよ．

解　説

質量流量を体積流量に変換する．

$$F=\frac{w}{\rho}=1.00\times10^{-4}\ \mathrm{m^3\,s^{-1}}$$

体積流量を断面積で割ると，流速 u が求められる．

$$u=\frac{4F}{\pi d^2}=\frac{4\times1.00\times10^{-4}}{3.14\times0.01^2}=1.27\ \mathrm{m\,s^{-1}}$$

7.1.2　連続の式

流体はつながっているため，定常状態では，直径が異なる管を接続しても，管を流れる質量流量 w は管の軸方向にどこでも一定である．つまり，異なる径の管を図 7-1 のように接続すると，太い管 1 でも細い管 2 でも質量流量 w は一定である．したがって，以下の式が成立する．

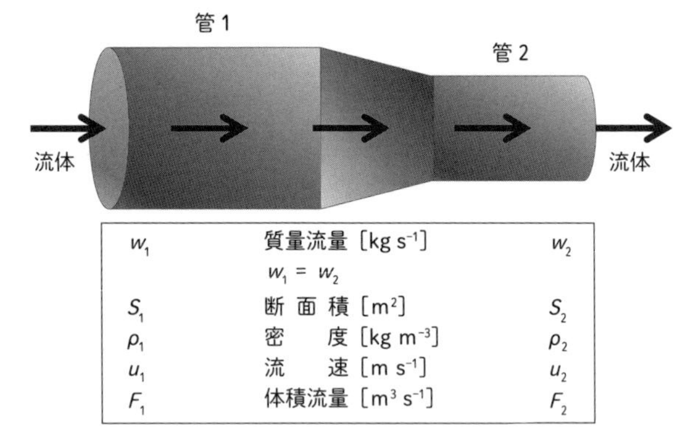

図 7-1　つながった 2 種類の円管を流れる流体

$$w_1 = w_2 \tag{7-4}$$

$$u_1 S_1 \rho_1 = u_2 S_2 \rho_2 \tag{7-5}$$

式(7-5)より，流速 u は太い管よりも細い管で速くなる．

例題 7-2　異なる内径の管をつなげた場合の流速

内径 5.0 cm の円管 1 の 1 点で気体の流れを測定したところ，流速は 1.5 m s^{-1}，圧力は 250 kPa，温度は 20 °C であった．この円管に内径 3.0 cm の別の円管 2 を接続する．接続した内径 3.0 cm の円管 2 の出口では圧力が 200 kPa，温度は 20 °C であった．円管 2 の出口におけるガスの流速を求めよ．

解　説

内径 5.0 cm の円管 1 での速度 u_1，断面積 S_1 および密度 ρ_1 と内径 3.0 cm の円管 2 での速度 u_2，断面積 S_2 および密度 ρ_2 を考える．管断面積は管内径の 2 乗に比例し，流体は気体であるため密度と圧力は比例する．したがって，以下の式が成立する．

$$\frac{\rho_1}{\rho_2} = \frac{P_1}{P_3},\quad \frac{S_1}{S_2} = \left(\frac{d_1}{d_2}\right)^2$$

これらの式を式(7-5)に代入する．

$$u_2 = u_1 \frac{S_1 \rho_1}{S_2 \rho_2} = u_1 \left(\frac{d_1}{d_2}\right)^2 \frac{P_1}{P_2} = 5.21 \text{ m s}^{-1}$$

7.1.3　ニュートンの粘性法則と粘度

流体には粘性があり，水，空気などにも粘性がある．図 7-2 のように上下 2 枚の板で挟む．上の板(移動板)だけ，速度 u で動かした場合を考える．ただし，最初に水は動いていない．

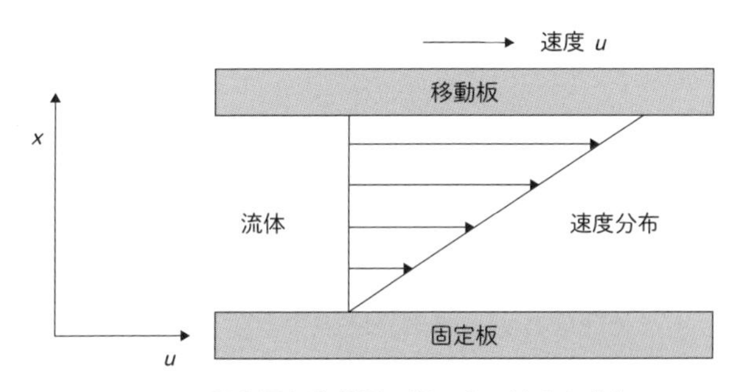

図 7-2　固定板と移動板の間の水の線速度分布

固定板に接している水分子の速度は 0 である．移動板に接している水分子は板と一緒に動く．つまり，移動板と移動板に接している水分子の相対速度は 0 である．移動板と固定板の間にある水分子の速度は，図に示すように，固定板上の速度 0 の水分子と移動板と一緒に動く移動板上の水分子の速度との間で徐々に変化する．

力で考えると，移動板を動かせば，板の間にある水には，移動板の動きを止める方向に抵抗力がはたらく．この抵抗力をせん断応力 τ [$\mathrm{kg\,m^{-1}\,s^{-2}}$] とよび，図中の速度 u の傾きに比例する．この法則を，ニュートンの粘性法則とよぶ．

$$\tau = -\mu \frac{\mathrm{d}u}{\mathrm{d}x} \tag{7-6}$$

ここで，比例定数が粘度 μ [Pa s] であり，せん断応力 τ と速度の傾きが比例する流体をニュートン流体とよぶ．水や空気，アルコールなど多くの流体はニュートン流体である．非ニュートン流体に関しては Note-1 を参照してほしい．

7.1.4　円管中の流体の線速度分布

円管の左右に圧力差をつけて水を流す．円管は動かないため，図 7-3 のように円管に接している部分では水の線速度は 0 である．円管と接している部分のすぐ

Note

1　非ニュートン流体

せん断応力τと$-du/dx$の関係が比例ではない流体を，非ニュートン流体とよぶ．非ニュートン流体には，たとえば以下の式に従うビンガム流体があげられ，水あめ，泥，バター，石けん水などがある．

$$\tau=\tau_0+\mu\left(-\frac{du}{dx}\right) \tag{7-7}$$

内側の水では遅い線速度となり，管壁から離れれば離れるほど水の線速度は速くなり，図に示すような線速度分布ができる．同じ圧力差，同じ長さの管を比べた場合，太い管の方が細い管よりも管中心部を流れる線速度は速くなるため，太い管の方が管全体の平均値である水の流速も速くなる．

また，管壁の水は線速度0であるが，そのすぐ隣の水に相互作用をするため，隣の水はゆっくりとしか動かない．この作用は前項の粘度と同じである．気体でも管壁では線速度0であり，管壁から離れるに従って速度が速くなる現象は同じであるが，気体は液体よりも粘度が極めて低いため，同じ圧力差を与えると流速は極めて大きくなる．

一般的に，円管の中を流体が流れるには圧力差が必要となるが，流体の粘度が低いほど通りやすい．流速uは，圧力差ΔPに比例し，管の長さLおよび流体の粘度μに反比例する．式(7-8)はダルシー(D'arcy)の式とよばれ，k_Dは比例定数である．

$$u=\frac{F}{S}=k_{\mathrm{D}}\frac{\Delta P}{\mu L} \tag{7-8}$$

図7-3で示した円管の中の線速度分布は，微分・積分を使うと解くことができる．また，その解から，円管を流れる流体の流速uと円管の長さL，円管の両端での圧力差ΔP，円管の直径d，流体の粘度μとの関係は式(7-9)で表される．

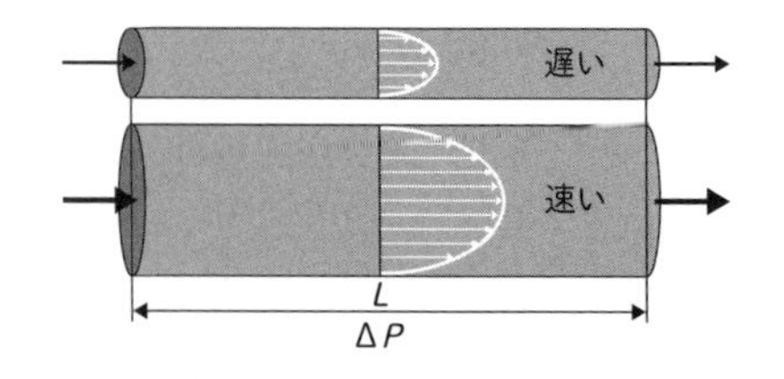

図7-3　細い管と太い管に流れる流体の流速分布の違い

$$u=\frac{d^2}{32}\frac{\Delta P}{\mu L} \tag{7-9}$$

この式をハーゲン-ポアズイユ(Hagen-Poiseuille)式とよぶ．ハーゲン-ポアズイユ式の導出は，Note-2 を参照してほしい．

Note 2　ハーゲン-ポアズイユ式の導出

半径 r_0，長さ L の円管に流体が層流で流れている．管の両端には ΔP の圧力差があり，断面積 πr^2 に力がかかる．管の内表面積 πrL では流速 0 であるため，流体が流れる方向と逆方向にせん断応力 τ が管の内面にかかっている．流体にはたらく力のバランスを考えると，以下の式となる．

$$\pi r^2\Delta P=2\pi rL\tau \tag{7-10}$$

また，層流のせん断応力は，ニュートン流体の場合，ニュートンの粘性法則(式(7-6))より以下となる．

$$\tau=-\mu\frac{\partial u_r}{\partial r} \tag{7-11}$$

したがって，

$$\frac{\partial u_r}{\partial r}=-\frac{\pi r^2\Delta P}{2\mu\pi rL}=-\frac{r\Delta P}{2\mu L} \tag{7-12}$$

$r=r_0$ では $u_r=0$ である．積分すると，

$$u_r=\frac{-\Delta P}{2\mu L}\int_{r_0}^{r}r\mathrm{d}r=\frac{-\Delta P}{2\mu L}\left[\frac{r^2}{2}\right]_{r_0}^{r}=\frac{\Delta P}{4\mu L}(r_0{}^2-r^2) \tag{7-13}$$

円管の中心部 $r=0$ での速度は最大となり，以下となる．

$$u_{\mathrm{max}}=\frac{\Delta Pr_0{}^2}{4\mu L} \tag{7-14}$$

u_{max} を用いて表すと，半径 r 方向の流速分布は，以下の式となる．

$$u_r=u_{\mathrm{max}}\left\{1-\left(\frac{r}{r_0}\right)^2\right\} \tag{7-15}$$

円管断面積あたりの平均速度 u は，以下となる．

$$u=\frac{1}{\pi r_0{}^2}\int_0^{r_0}2\pi ru_r\mathrm{d}r=\frac{(2\pi)(\Delta Pr_0{}^2/4\mu L)}{\pi r_0{}^2}\int_0^{r_0}\left\{r-\frac{r^3}{r_0{}^2}\right\}\mathrm{d}r=\frac{\Delta P}{2\mu L}\left[\frac{r^2}{2}-\frac{r^4}{4r_0{}^2}\right]_0^{r_0}$$
$$=\frac{\Delta P}{2\mu L}\left(\frac{r_0{}^2}{2}-\frac{r_0{}^2}{4}\right)=\frac{\Delta Pr_0{}^2}{8\mu L}=\frac{1}{2}u_{\mathrm{max}} \tag{7-16}$$

断面あたりの平均速度は最大速度の半分である．半径 r_0 を直径 d に直すと，以下のハーゲン-ポアズイユ式となる．

$$u=\frac{d^2}{32}\frac{\Delta P}{\mu L} \tag{7-9}$$

例題 7-3　**円管の径と必要な圧力差**

円管の径が半分の太さになると，同じ流速で水を流すためにはどの程度の圧力差をかける必要があるか.

解　説

式(7-9)より，流速は円管内径 d の 2 乗に比例する．同じ流速にするためには，4 倍の圧力差が必要となる.

7.1.5 層流と乱流

円管内部で線速度分布ができることを学んだが，この現象には限界がある．圧力差を大きくして管の中の流体の流速を速くすると，流速分布を維持する“粘性力”よりも水を流す“慣性力”が大きくなり，渦などが生じ，線速度分布が維持できなくなる．つまり，この線速度分布が乱れることになる．図 7-4(上)のように線速度分布がきれいにできている状態を層流とよび，線速度分布が乱れ，小さな渦などが発達した状態を乱流とよぶ．図の下の写真のように，水道の蛇口をひねると，最初は細く透明に流れていた水が，蛇口を大きくひねると渦を伴って

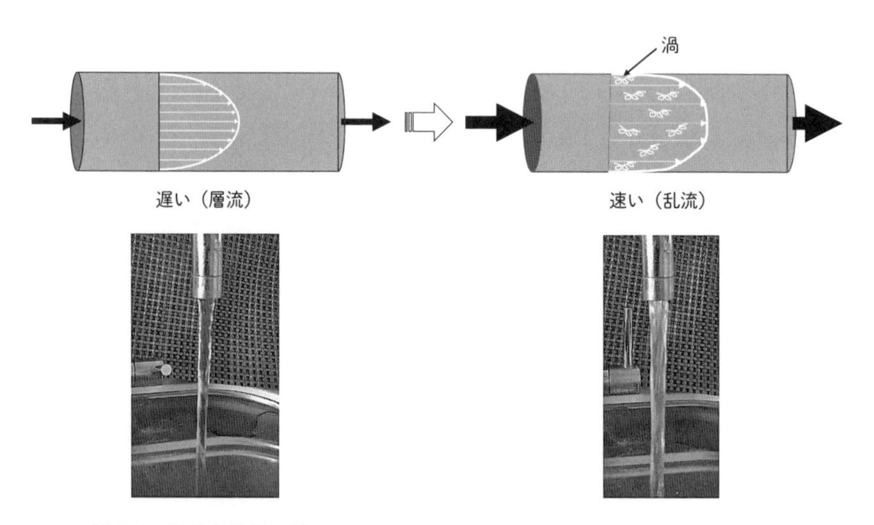

図 7-4　層流と乱流の違い
流速を速くすると，線速度分布が乱れ，渦を伴った乱れた流れとなる.

濁って出てくる．これが，層流と乱流の違いである．

ハーゲン-ポアズイユ式は，線速度分布が保たれている層流の範囲内でしか成立しない．しかしながら，この式が使えるかどうかを判断できないと困る．

水が流れる慣性力と線速度分布をつくる粘性力の比を考えれば，線速度分布が保たれる範囲を議論できる．慣性力と粘性力の比をレイノルズ数 Re とよび，以下の式で定義される．レイノルズ数は無次元数であり，円管の中の流体の流れだけでなく，あらゆる形状の流れに適用できる．レイノルズ数が無次元数であることは Note-3 で解説する．

$$Re = \frac{\text{慣性力}}{\text{粘性力}} = \frac{\rho u^2}{\mu \frac{u}{d}} = \frac{\rho u d}{\mu} \qquad (7\text{-}17)$$

ここで，ρ は密度 [kg m^{-3}]，u は流速 [m s^{-1}]，d は相当直径 [m]，μ は粘度 [Pa s] である．

どのような流れでも，レイノルズ数が 2100 以下では層流であり，4000 以上では乱流となる．流体の流れを考えるうえで，とても重要な指標になる．

層　流：$Re < 2100$

乱　流：$4000 < Re$

式(7-17)の相当直径 d は，円管では内管の直径であるが，複雑な形状にも当てはめられる．現象としては，管の断面積中を流体が流れ，管壁では線速度が 0 となり流れを妨げることになる．つまり，流体が流れる断面積と流体と管が接する

Note

3　レイノルズ数の単位

粘度 μ の単位は [Pa s] である．1 Pa は，1 m^2 の面積につき 1 N の力が作用する圧力である．

$$\text{Pa} = \text{N m}^{-2}$$

また，1 N は，1 kg の質量をもつ物体に 1 m s^{-2} の加速度を生じさせる力である．

$$\text{N} = \text{kg m s}^{-2}$$

したがって，レイノルズ数の単位は以下の式となり，レイノルズ数は無次元数である(11 章も参照)．

$$\frac{\text{kg}}{\text{m}^3}\frac{\text{m}}{\text{s}}\frac{\text{m}}{\text{Pa s}} = \frac{\text{kg}}{\text{m s}^2}\frac{\text{m}^2}{\text{N}} = \frac{\text{kg m}}{\text{s}^2}\frac{\text{s}^2}{\text{kg m}} = 1\ [-]$$

速度 0 の長さの比で表される．

相当直径 d は以下の式で決まる．この式は，次項の粒子充填層や 16 章の逆浸透膜でも利用する考え方である．

$$d=\frac{4(\text{管の断面積})}{\text{速度が 0 となる管壁面と流体の接する長さ}} \quad (7\text{-}18)$$

層流か乱流かによって流体が流れる現象は大きく変わるため，レイノルズ数を計算して判断する必要がある．また，乱流での流れに関しては，Note-4 を参照してほしい．

Note 4　円管に関する摩擦係数を用いる流れの式と乱流における実験式

直径 d，長さ L の円管に圧力差 ΔP で流体が流速 u で流れている場合に関して，層流と乱流の別の表現を説明する．式(7-10)を管の半径 r から直径 d に変更すると，以下の式となる．

$$\Delta P\frac{\pi d^2}{4}=\tau\pi dL \quad (7\text{-}19)$$

せん断応力 τ は，摩擦係数 f で表現すると，以下の式となる．

$$\tau=f\frac{1}{2}\rho u^2 \quad (7\text{-}20)$$

この 2 式から以下が得られる．

$$\Delta P=\frac{4}{\pi d^2}\pi dL\tau=\frac{4L}{d}f\frac{1}{2}\rho u^2=\frac{2fL\rho u^2}{d} \quad (7\text{-}21)$$

層流の場合のハーゲン-ポアズイユ式（式(7-9)）と比べてみると，以下の式が得られる．

$$\Delta P=\frac{32\mu Lu}{d^2}=2f\frac{L\rho u^2}{d} \quad (7\text{-}22)$$

したがって，層流の場合， f は以下の式で表される．

$$f=\frac{d}{2L\rho u^2}\frac{32\mu Lu}{d^2}=\frac{16\mu}{\rho ud}=\frac{16}{\rho ud/\mu}=\frac{16}{Re} \quad (7\text{-}23)$$

乱流の場合は，$4000<Re<10^5$ の範囲で，以下のブラジウス（Blasius）式を用いることができる．この式は，乱流域の実験式である．

$$f=0.0791Re^{-0.25} \quad (7\text{-}24)$$

乱流に関しては，ハーゲン-ポアズイユ式のような理論式はないが，多くの実験結果から求めた実験式としてさまざまな式が提案されている．また，近年，コンピューターの計算速度が速くなり，数値シミュレーションにより乱流流れを理論的にナビエ-ストークス（Navier-Stokes）方程式から解くことも可能となっている．

例題 7-4　層流と乱流

内径 d_0 の円管および内径 d_2 と外径 d_1 の間を流体が流れる二重管($d_2>d_1$)の相当直径を求めよ．また，内径 0.2 m と外径 0.1 m の二重管の間を 20 ℃の水が 1.2 m^3 h^{-1} で流れている．この流れは層流か，乱流かレイノルズ数で判断せよ．ただし，20 ℃の水の密度は 1000 kg m^{-3}，粘度は 1.0×10^{-3} Pa s である．

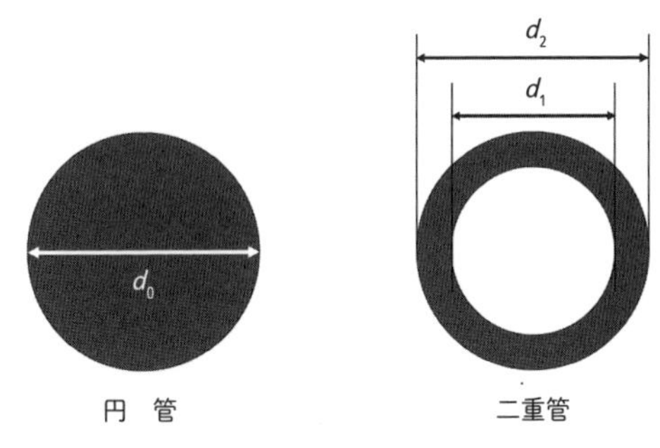

図 7-5　円管と二重管

解　説

内径 d_0 の円管では，相当直径 d は以下の式となる．

$$d=\frac{4\{\pi(d_0/2)^2\}}{\pi d_0}=d_0$$

二重管では以下の式となる．

$$d=\frac{4\left\{\pi\left(\dfrac{d_2}{2}\right)^2-\pi\left(\dfrac{d_1}{2}\right)^2\right\}}{\pi d_2+\pi d_1}=\frac{(d_2{}^2-d_1{}^2)}{d_2+d_1}=\frac{(d_2+d_1)(d_2-d_1)}{d_2+d_1}=d_2-d_1$$

二重管の相当直径は d_2-d_1 であり，0.1 m である．流速の単位を m s^{-1} に変換する．

$$u=\frac{1.2}{3600}\left(\frac{1}{\dfrac{(0.04)^2\pi}{4}-\dfrac{(0.01)^2\pi}{4}}\right)=0.0142\ \mathrm{m\ s^{-1}}$$

レイノルズ数を計算する．

$$Re=\frac{\rho ud}{\mu}=1000(0.0142)\frac{0.1}{10^{-3}}=1420<2100$$

レイノルズ数は 1420 であり，2100 より小さく流れは層流である．

7.1.6 粒子充填層の中の流れ

円管の中の流れを考えてきたが，粒子を充填した層でも粒子と粒子の隙間を細い円管(細孔)と考えれば，同様に考えられる．図 7-6 に示すように，粒子と粒子の隙間を細孔と考える．

円管の場合と異なり，粒子充填層には水が透過できない粒子自身も存在するため，粒子層中での隙間の割合である空孔率 ε を考える．粒子層全体の流速 u は単位断面積あたりの体積流量であるから，隙間での流速 u_e とは空孔の割合 ε を使い，以下の式で表すことができる．

$$u=\varepsilon u_{\mathrm{e}} \tag{7-25}$$

粒子と粒子の隙間を細い円管と考えれば，流速 u_e は，前述のとおり，層流条件では式(7-9)のハーゲン-ポアズイユ式で表すことができる．

$$u_e=\frac{d^2}{32}\frac{\Delta P}{\mu L} \tag{7-9}$$

よって，粒子層全体としては，以下の式となる．

$$u=\varepsilon\frac{d^2}{32}\frac{\Delta P}{\mu L} \tag{7-26}$$

水と粒子との界面では，粒子自身は動かないため，水の線速度は 0 である．円管の場合と同様に，粒子表面から離れれば離れるほど，流体の線速度は速くなる．また，その線速度分布は，ハーゲン-ポアズイユ式を導出したときと同様で

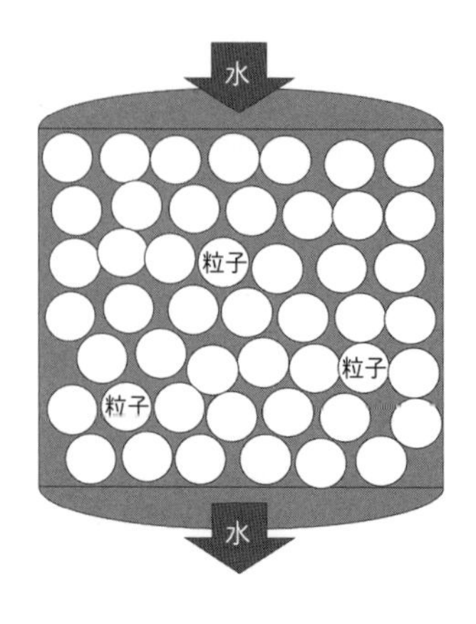

図 7-6　粒子充填層の模式図
粒子と粒子の隙間を水が流れる．

ある．違いは，円管の内径の代わりに，粒子と粒子の隙間径を用いるだけである．

粒子の隙間径を考えるとき，水は粒子と粒子の隙間を通るため，その隙間の断面の形は円形ではない．式(7-18)と同様に，粒子の隙間径dは線速度が 0 の部分の長さと断面積の比として考える．

$$d = \frac{4(\text{管の断面積})}{\text{管壁面と流体の接する長さ}} = 4\frac{\text{流体で満たされた体積}}{\text{濡れ面積}} \quad (7\text{-}27)$$

粒子と流体が接する濡れ面積とは粒子表面積である．これを 1 m の厚さ，断面積 1 m^2 の粒子充塡層で考える．粒子単位体積あたりの粒子の表面積を S_v [m] とする．流体で満たされた体積は粒子と粒子の隙間の割合である空孔率 $1\times\varepsilon$ [m^3] となる．線速度が 0 となるのは粒子の表面積であるため，粒子単位体積あたりの粒子表面積 S_v に層の中に含まれる粒子体積 $1\times(1-\varepsilon)$ m^3 を掛け算した値となる．

$$d = 4\frac{(\text{粉体層単位体積あたりの空隙体積})}{(\text{粉体層単位体積あたりの粒子表面積})} = 4\frac{\varepsilon}{(1-\varepsilon)S_\mathrm{v}} \quad (7\text{-}28)$$

式(7-26)に式(7-28)を代入すると，以下の式となる．

$$u = \frac{\varepsilon d^2}{32}\frac{\Delta P}{\mu L} = \frac{1}{2}\frac{\varepsilon^3}{(1-\varepsilon)^2 S_\mathrm{v}{}^2}\frac{\Delta P}{\mu L} \quad (7\text{-}29)$$

ここで，粒子単位体積あたりの表面積 S_v がわかると，粒子径が求められる．

面積基準で粒子が球状であることを仮定して得られる粒子径を比表面積径 d_ps [m] とよび，以下の式で表される．

$$S_\mathrm{v} = \frac{4\pi\left(\dfrac{d_\mathrm{ps}}{2}\right)^2}{\dfrac{4}{3}\pi\left(\dfrac{d_\mathrm{ps}}{2}\right)^3} = \frac{6}{d_\mathrm{ps}} \quad (7\text{-}30)$$

実際の粒子は球状ではなく，粒子径にはさまざまな定義法や測定法がある．比表面積径は表面積を基準にしているが，体積を基準とし，粒子と同じ体積の粒子を球と仮定したときの粒子径を体積球相当径 d_pv [m] とよぶ．換算には形状係数 ϕ_s [—] を用い，以下の式で表される．

$$d_\mathrm{ps} = \frac{6}{S_\mathrm{v}} = \phi_\mathrm{s} d_\mathrm{pv} \quad (7\text{-}31)$$

実際の粒子層内の透過は，まっすぐとは異なり曲がりくねった行路となるため，計算値よりも遅くなる．したがって，式(7-32)の係数は 1/2 でなく，$1/k$ で表し，この式をコゼニー-カルマン(Kozeny-Carman)式とよぶ．多くの実験を行った結果，$k=5$ で実験結果を表現できる．

$$u=\frac{1}{k}\frac{\varepsilon^3}{S_\mathrm{v}^2(1-\varepsilon)^2}\frac{\Delta P}{\mu L} \tag{7-32}$$

また，この式は線速度分布が保たれるハーゲン-ポアズイユ式を仮定しているので，層流の場合にだけ使える式である．

粒子充塡層の場合，層流か乱流かの判定は，レイノルズ数の代わりに，粒子レイノルズ数 Re_p を用いる．

$$Re_\mathrm{p}=\frac{\rho_\mathrm{g}ud_\mathrm{p}}{\mu} \tag{7-33}$$

ここで，d_p は粒子直径，ρ_g は流れる流体の密度である．粒子レイノルズ数が 10 以下で層流，1000 以上で乱流となる．

7.1.7　乱流状態も含んだ透過流動現象

乱流の領域でも，粒子充塡層内の流体の流速は表現できる．粒子充塡層を流れる流体にとって，流れるための抵抗は，層流および乱流に起因する抵抗の和で表すことができ，以下の式で表現できる．

$$\frac{\Delta P}{L}=a\mu u+b\rho_\mathrm{g}u^2=(\text{層流項})+(\text{乱流項}) \tag{7-34}$$

ここで a，b は定数である．層流項はコゼニー-カルマン式で表し，乱流項はバーク(Burke)らの実験式を使うと，以下のエルガン(Ergun)式となり，層流でも乱流でも成り立つ式として使いやすい．

$$\frac{\Delta P}{L}=150\frac{(1-\varepsilon)^2}{\varepsilon^3}\frac{\mu u}{(d_\mathrm{ps})^2}+1.75\frac{(1-\varepsilon)}{\varepsilon^3}\frac{\rho_\mathrm{g}u^2}{d_\mathrm{ps}} \tag{7-35}$$

ただし，コゼニー-カルマン式の k を 5 とした場合，式(7-35)の第 1 項の係数は 150 でなく 180 となる．数学的に求められたハーゲン-ポアズイユ式とは異なり，コゼニー-カルマン式もエルガン式も係数は実験値に合うように決められているため，微妙に異なる数値が使われる．

7.1.8 浄水処理と家庭用浄水器の設計

私たちが使う水道水は，貯水池に貯まった水を浄化し使うことになる．浄水処理として最初に凝集剤を入れ，水中に含まれる有機物，無機物を大きな凝集体にする．この水を静置すれば凝集体は底に沈殿するため，上澄みの水を使うことができる．ただし，上澄みの水にも凝集体が含まれるため，凝集体を砂ろ過器という粒子充填層に流す．水は粒子と粒子の隙間を通れるが，凝集体は粒子と粒子の隙間を通れないため，きれいな水を得ることができる．その後，殺菌のための塩素を含ませ，各家庭に配る．さらに，各家庭では水道出口に浄水器を設置している場合が多い(図 7-7)．本節では，はじめに家庭用浄水器に使う中空糸膜について考え，その次に，河川・湖沼水の浄化法である砂ろ過器を設計する．

一般的な家庭用浄水器では，水を殺菌するために入れる塩素から生成する塩素化合物などの低分子を活性炭で吸着し，水道管から出る赤さびやカビ臭のもとと考えられている植物プランクトン，混入が起こるとたいへんな細菌を中空糸膜で除去する．

中空糸膜によるろ過により，膜細孔よりも大きい物質は膜を通らず，水だけが通ることにより水を精製する．しかし，膜細孔を小さくしすぎれば，水を通すのに必要な圧力が大きくなり，エネルギーが必要となる．水道水の圧力には上限があるため，小さくできる細孔サイズには限度がある．中空糸膜で除去したい物質の大きさは 0.5～1 μm 程度のため，中空糸膜の細孔径を 0.1 μm 程度まで小さく

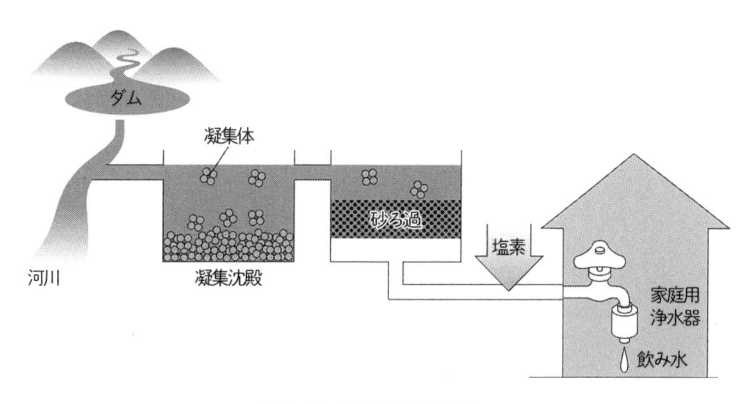

図 7-7　浄水処理の流れ

すれば混入を防げる．次の例題 7-5 では，ハーゲン-ポアズイユ式を用いて家庭用浄水器に使う中空糸膜の膜厚を設計する．

例題 7-5　家庭用浄水器の中空糸膜の設計

家庭で使用するのに適した中空糸膜として，0.1 MPa の圧力差で，膜面積 0.4 m^2，細孔の直径 0.1 μm，空孔率 50 % 程度の性能をもち，毎分 6 L の水が出てほしい．この条件を満たすには，細孔の直径 0.1 μm の 1 本の細孔を通る水の透過係数が 5.0×10^{-9} $m^3\,m^{-2}\,s^{-1}\,Pa^{-1}$ 以上であればよい．

膜の厚さをどの程度に薄くすれば達成できるか計算せよ．また，最初にレイノルズ数を計算し，式(7-9)のハーゲン-ポアズイユ式が使えるかどうかを判断したあとで，膜厚を計算せよ．なお，20 °C の水の密度は 1000 kg m^{-3}，粘度は 1.0×10^{-3} Pa s である．

解　説

流速 u は以下で求められる．

$$u=(5.0\times10^{-9})(1\times10^{5})=5.0\times10^{-4}\ \mathrm{m\,s^{-1}}$$

$$Re=\frac{\rho ud}{\mu}=\frac{(1000)(5.0\times10^{-4})(1\times10^{-7})}{1\times10^{-3}}=5\times10^{-5}$$

レイノルズ数はとても小さく層流であることを確認でき，ハーゲン-ポアズイユ式を使ってよい．

式(7-9)を変形し，以下のように必要な膜厚が計算できる．

$$L=\frac{d^2}{32}\frac{\Delta P}{\mu u}=\frac{(1\times10^{-7})^2}{32}\frac{(1\times10^{5})}{(1\times10^{-3})(5.0\times10^{-4})}=6.3\times10^{-5}\ \mathrm{m}$$

よって，中空糸膜の膜厚は 63 μm 以下であれば達成できる．

7.1.9　上水処理のための砂ろ過器の設計

図 7-7 に示したように，水道水は河川・湖沼の水中の不純物を凝集沈殿させたあと，砂ろ過器で除去している．本項では，砂などの粒子の隙間を流体が通る砂ろ過器を設計する．

砂ろ過器では，砂の隙間を水が通り抜けるため，層流であればコゼニー-カルマン式(式(7-32))を，層流か乱流かわからないときにはエルガン式(式(7-35))を用いれば設計できる．次の例題 7-6 で砂ろ過器を設計する．

例題 7-6　砂ろ過器の設計

断面積 6000 cm^2 の砂ろ過器に密度 2650 kg m^{-3}，比表面積径 0.350 mm の粒子を 1080 kg，厚さ 120 cm で敷き詰め，粒子充塡層によるろ過層を形成し，水を透過した．水が 80.0 m day^{-1} で透過するには，どのくらいの水頭差(砂ろ過層の上に設置する水の高さのこと．高さで，水圧の調整ができる)を与えればよいか計算せよ．なお，20 °C の水の密度は 1000 kg m^{-3}，粘度は 1.00×10^{-3} Pa s である．

解　説

砂を詰めた層の空孔率 ε を求める．砂の重さ W，密度 ρ，粒子充塡層の断面積 S，層の高さ L とすると，以下の式が成り立つ．

$$W = \rho SL(1-\varepsilon)$$

$$1-\varepsilon = \frac{1080}{(2650)(0.6)(1.2)} = 0.566$$

したがって，$\varepsilon = 0.434$ である．次に，必要な水の流速の単位を変換する．

$$u = \frac{80.0}{(24)(3600)} = 9.26\times10^{-4}\ \mathrm{m\ s^{-1}}$$

層流か乱流かわからないので式(7-35)のエルガン式を用い，必要な圧力差 ΔP を算出する．

$$\begin{aligned}\Delta P &= L\left\{150\frac{(1-\varepsilon)^2}{\varepsilon^3}\frac{\mu u}{(d_{\mathrm{ps}})^2} + 1.75\frac{(1-\varepsilon)}{\varepsilon^3}\frac{\rho_{\mathrm{g}} u^2}{d_{\mathrm{ps}}}\right\} \\ &= (1.20)\left\{150\frac{(0.566)^2}{(0.434)^3}\frac{(1.00\times10^{-3})(9.26\times10^{-4})}{(0.350\times10^{-3})^2}\right. \\ &\quad \left. + 1.75\frac{(0.566)}{(0.434)^3}\frac{(1000)(9.26\times10^{-4})^2}{(0.350\times10^{-3})}\right\} = (1.20)\{4.44\times10^3 + 2.97\times10^1\} \\ &= 5.37\times10^3\ \mathrm{Pa}\end{aligned}$$

$$\Delta h = \frac{\Delta P}{\rho g} = \frac{5.37\times10^3}{(1000)(9.80)} = 0.548\ \mathrm{m}$$

よって，54.8 cm の水頭差(高さ)があればよい．

7.1.10　ま　と　め

本節では，反応や分離などすべての操作で重要となる，気体や液体などの物質を移動させる“流体の流れ”について学んだ．また，流れには流体の粘性が影響し，流体と管が接する管壁では線速度が0となり，管壁から離れるに従って徐々に線速度が速くなる速度分布ができる．この状態を層流とよび，円管ではハーゲン-ポアズイユ式で線速度分布を記述できる．また，流れが速くなると線速度分布が乱れ，渦を伴った乱流に遷移する．レイノルズ数を用いれば，層流と乱流のどちらの状態で流れているかを判定できる．この考え方は，複雑な形状の輸送管でも，粒子と粒子の隙間を流体が流れる粒子充塡層でも，同様に考えることができる．化学工学では，単純なモデルを考えることにより複雑な流路でも定量的に扱える．

これらの考え方を使えば，家庭用浄水器の中空糸膜や浄水のための砂ろ過器の設計が可能となる．私たちの使う水道水は，化学工学によって設計されたプロセスで浄化され，安心して使うことができる．

本節で用いた相当直径やレイノルズ数の考え方は他章でも用いるので覚えていてほしい．また，エルガン式(式(7-35))は第Ⅲ編の15章「ドリップコーヒーの淹れ方」でも使用する．本節では円管に流体が流れる細孔膜(細孔径10 nm以上の場合に適用)に関して考えたが，第Ⅲ編の16章で取り上げる逆浸透膜のように細孔が分子レベルまで小さく水とイオンを分離する場合は，ハーゲン-ポアズイユ式とは異なる透過モデルを用いる．

7.2　混合・攪拌

化学の重要な役割の1つは有用な化合物をつくることである．反応を用いることが多く，反応の進行には混合という現象が深く関わる．本節では，複数の物質を混ぜ合わせる混合と，そのための攪拌(かくはん)を学ぶ．

7.2.1　化学における混合

2種類の液体を反応させて新しい物質を得る場合を考える．反応によって原料がすべて使われたとき，図7-8に示すように，原料の液体に含まれる分子のすべてが相手となる分子と出会ったことになる．

原料の液体の中の分子の数はアボガドロ数のオーダーである．そのすべてが反応する相手と出会っているのは奇跡とも思える．混合はこの出会いを生み出す操

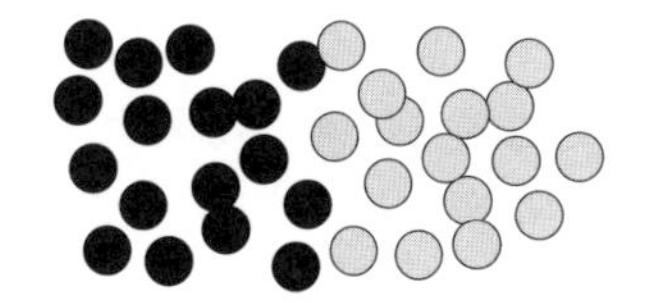
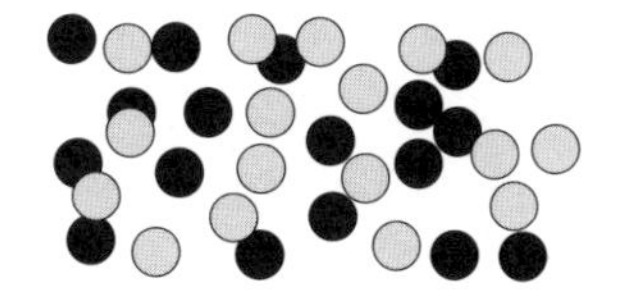

図 7-8　2 種類の分子が相手と出会うイメージ

図 7-9　フリーデル-クラフツ反応
[S. Suga, *et al.*: *Chem. Comm.*, **3**, 354 (2003)]

作であり，うまくいかなければ反応は進行しない．場合によっては反応の進行が遅くなるだけではなく，副反応が進行して不要な物質が生成する場合もある．たとえば図 7-9 のような反応がある[1)]．

図 7-9 は，官能基 ① が化合物 ② に導入され，目的物質である ③ が生成する反応である．③ は ② に ① が 1 つ付加した物質であり，① と ② を同じモル数だけ反応器に投入して反応させることになる．実際には ③ の物質にさらにもう 1 つ官能基が付加し，④ の化合物が生じて ③ の収率が低下する問題がある．④ の発生を極力抑えるには，② との反応だけで ① を早く消費するように，原料の ① と ② をできるだけ迅速に混合しなくてはならない．

図 7-9 の例では液体同士を混合させる場合を取り上げて説明したが，反応を目的とする接触は液体同士の場合だけではない．ガスの燃焼など気体同士が混合される場合もある．また，固体と液体，液体と気体，あるいは水と有機物という互いに交ざり合わない相の物質を接触させる場面も多い．

混合が大切なのは反応だけではない．たとえば，水中の汚染物質を捕捉剤で回収する作業は分離の一種であるが，汚染物質と捕捉剤が十分に接触する混合が求められる．各種の分離操作においても混合は非常に重要な役割を果たしている．

私たちは経験によって，液体の混合速度を速くするには，液体をかき混ぜればよいことを知っている．流体をかき混ぜる操作は攪拌とよばれる．本節の最後では新しい化学装置として注目されているマイクロミキサーを題材に，混合について説明する．

マイクロミキサーにはいろいろな形状があるが，最も単純なのは直径 1 mm 程度の T 字型をした管路のものである．これは混合を促進するための攪拌機構などはない．しかし，攪拌装置に比べて非常に高い混合性能を発揮する．実際にビーカーを使って図 7-9 のフリーデル-クラフツ（Friedel-Crafts）反応を行うと目的物質は理論量の 36 % しか得られない．しかしマイクロミキサーを使って原料を高速混合すると，理論量の 92 % の目的物質が得られる[1)]．混合を制御することがいかに重要かを示す例である．

7.2.2 分子から見た混合

化学では無数にある分子それぞれが相手と出会う必要があり，そのような状態にいたるまでの混合を人間や機械の作用のみによって行うことは不可能である．

混合の進行には，分子の熱運動が寄与している．分子は温度に応じた運動エネルギーをもっており，空間内を動き回る．気体中では多くの分子が飛び回り，分子同士が互いに頻繁に衝突を繰り返す．1 つの分子の動きに注目すると少し進んではランダムに向きを変えるという運動を繰り返している．液体の場合は，分子間力が強く作用するので，気体ほど自由に飛び回ることはできないが，分子が温度に応じた速度で動きながら向きをランダムに変える運動をしている（図 7-10）．このランダム運動のために，たとえば図 7-11 に示すように，ある時刻に局所的に溶質が存在していたとしても，時間が経過するとともにしだいに薄く広がっていく．

この現象は，濃度の濃い部分から薄い部分へと物質が移動しているととらえることができ，分子拡散とよばれる．分子拡散は分子のランダムな動きに起因しているので，分子拡散が進行すると図 7-8 に示したような分子レベルでの混合を実現できる．この現象は身近な例で観察することができる．たとえば，紅茶にミルクを入れて長時間放置するとミルクが全体に広がっていく，水の中に角砂糖を入れて放置するとそのうち溶けてなくなる，濡れた紙の上でインクがにじんで広が

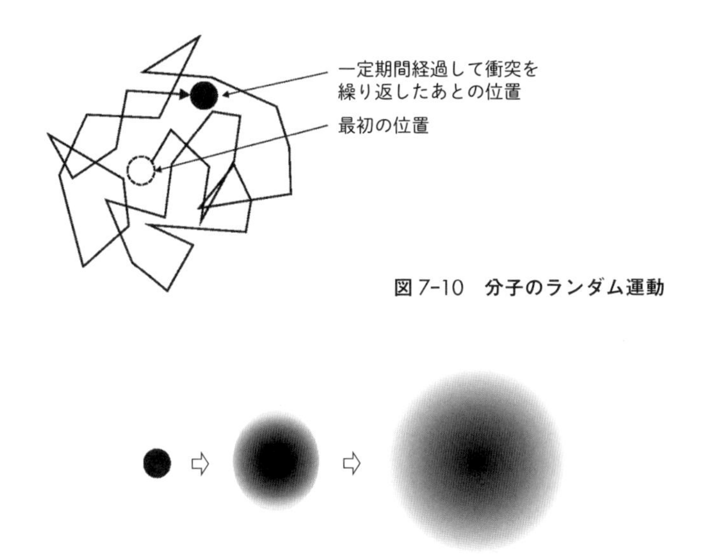

図 7-10 分子のランダム運動

図 7-11 分子の拡散によって溶質が広がる様子のイメージ

るのも，分子拡散が原因である．

7.2.3 分子拡散の速度

分子拡散は分子レベルでの混合に欠かせない現象であるが，その速度は遅い．図 7-10 において時間が t だけ経過したとき，分子拡散によって溶質が最初の位置から移動する距離の平均 $\bar{l}$ [m] は，拡散の理論によって次の式で表される．

$$\bar{l} \approx \sqrt{Dt} \qquad (7\text{-}36)$$

ここで，D [$\mathrm{m^2\,s^{-1}}$] は拡散係数とよばれる物性値であり，溶質や溶媒の種類，温度によって変化する．常温の液体の場合には，Dはおよそ 10^{-10}～$10^{-9}\ \mathrm{m^2\,s^{-1}}$ のオーダーである．分子サイズが大きい場合や，液体の粘度が高い場合にはさらに小さい値となる．仮に $10^{-9}\ \mathrm{m^2\,s^{-1}}$ だとすると，10 秒間で拡散によって広がる距離は約 0.1 mm 程度でしかない．もっと長い距離を拡散させようとしても，時間の平方根に比例する程度でしか距離が伸びない．たとえば 1200 秒(20 分)経過しても拡散の距離は 1 mm 程度である．ビーカーは数 cm の大きさであるし，工業的な反応器はメートルサイズである．分子拡散にのみ依存していては混合が

Note

5　自己拡散係数と相互拡散係数

流体中に濃度差があると拡散によって濃度分布が平均化されるように溶質が移動する．このときの拡散速度は濃度勾配に比例し，その係数は相互拡散係数とよばれる．一方で，熱運動による分子の移動は濃度勾配がなくても起こっている．式(7-36)は厳密には後者の現象を表す式であり，式中の拡散係数は自己拡散係数とよばれ，相互拡散係数とは区別されている．これらの係数は希薄系では同じになるので，本書では違いを意識していない．

まったく進行しない．

7.2.4　撹拌の意義

すでに述べたように，私たちは撹拌すれば液の混合が速く進行することを経験によって知っている．紅茶とミルクをスプーンで混ぜると数秒でミルクティーができあがる．お風呂に入浴剤を入れたのち，撹拌することによって迅速に入浴剤が全体に広がる．化学実験でも，撹拌することによって数分で完了できる反応は多くある．

ここで撹拌が混合に対して与える影響について考える．液体の中でスプーンや撹拌翼を動かすと，その液体は流動し変形する．たとえば，ミルクを入れた紅茶をゆっくりとかき混ぜると，ミルクがスプーンの動きによって引き伸ばされる様子を観察できる．スプーンを動かし続けると，ミルクは引き伸ばされ続けて薄い膜状になってカップ全体に広がる．このときカップの断面を見ると紅茶とミルクが縞状になっていることは容易に想像できる．このとき，ミルクが分子拡散によって広がるべき距離は，この縞の幅であり，コップサイズよりも格段に小さい．この効果により拡散に必要な時間が極端に短くなる．式(7-36)が示すように，0.1 mm の縞状にまで変形させれば 10 秒ほどで，混合が完了する．もしも 0.01 mm になれば，分子拡散に要する時間は 0.01 秒でよいことになる．

以上のように考えると，撹拌を行ったとき，2 つの段階を経て混合が進行することがわかる．1 つは機械的変形の過程であり，これはマクロ混合とよばれる．もう 1 つは分子拡散であり，分子レベルでの混合なのでミクロ混合とよばれる．

例題 7-7　酸素の水への吸収

静止している純粋な水が空気と接触すると，空気中の酸素が溶解して水中に拡散する．このとき表面での水中の酸素濃度は飽和濃度で一定とする．最初に水面に接触し飽和した酸素が拡散によって水面から 1 cm ほど水中に向かって広がるために要する時間を求めよ．水中での酸素の拡散係数は 2.4×10^{-9} $m^2\,s^{-1}$ である．

解　説

式(7-36)より，

$$t=\frac{\bar{l}^2}{D}=\frac{(0.01)^2}{2.4\times10^{-9}}=4.2\times10^5\ \mathrm{s}=11.6\ \mathrm{h}$$

したがって，11.6 時間である．1 cm 拡散するだけでも非常に長い時間を要することがわかる．

7.2.5 層流における変形と混合

攪拌によって流体がどのように変形しているのか考える．まずは流体の変形と混合の関係を理解するため，速度分布が単純な層流での変形を考える．流体の変形で代表的なのはせん断による変形である．せん断とは，7.1 節で学んだように速度が異なる並行平面の間で流体に対して力がはたらいている状態である．せん断が生じると図 7-12 のように 2 つの面の速度差によって内部の流体は引き伸ばされる．

カップの中の紅茶や，フラスコ内部の試薬をゆっくり攪拌したとき，スプーン付近の流体が最も速い速度をもっており，内壁付近の流体は止まっている．ス

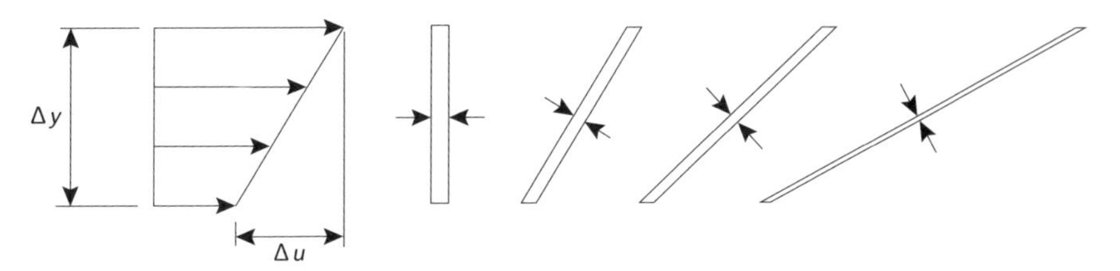

図 7-12　せん断による流体の変形

[J. M. Coulson *et al.*: "Chemical Engineering Volume 1 — Fluid Flow, Heat Transfer and Mass Transfer, 6th Ed.", p. 277, Butterworth-Heinemann (1999)]

プーンが動くことによってこの速度差が流体中にせん断を生み，流体が変形し薄く引き伸ばされる．流体が薄く変形されれば分子拡散も有利となる．

別の見方をすると流体の厚みは拡散の抵抗に相当しているととらえることができる．厚みを小さくすることで拡散が有利になる．これは7.3.3項で扱うガス吸収などにおける境膜に類似した考え方になっている．

7.2.6 乱流混合

実際の混合装置は，通常，乱流状態となっている(乱流については，7.1節参照)．乱流では流体の平均速度が大きいだけでなく，あらゆる場所の速度が高速かつランダムに振動しているので，その全容を正確にとらえることができない．

乱流を考えるとき，渦という重要なとらえ方がある．かき混ぜているコップをのぞき込むと渦が見える．この渦の大きさは，コップサイズである．しかし，微視的に現象を見ていくと，もっと小さな渦があることも想像できる．乱流状態の流体のごく小さな領域に注目する．ここを通る流体が速度の振動によって進む向きを変えたとする．このとき流体は粘性をもっているので，そのまわりの一定の範囲にある流体も一緒に向きを変える．つまり，乱流中では流体があるサイズをもった小さな塊となって，移動や回転運動をしていると考えることができる．回転している流体は渦であるので，この様子は渦が移動しているともいえる．この小さな渦はコップの中に多数存在しているが，独立して存在しているのではなく，コップサイズの大きな渦の中に多数存在している．以上の考察から乱流はさまざまな大きさの渦の重なりとしてとらえることができる．

このような流体のうち，最も小さい渦の性質に注目する．渦は流れによって移動することで溶質を高速に運ぶことができる．回転運動はその外部との間にせん断を生じさせ，流体を変形させる．したがって，渦の外部では分子拡散も高速に進行している．

一方で，渦の中は粘性に支配されていて流れはほとんどない．このため，渦の内部の混合は分子拡散に依存せざるを得ない．もしも渦が小さければ，分子拡散であっても短時間で混合を完了できる．このように考えると，混合に要する時間は，乱流中に存在する最小の渦のサイズによって決まることがわかる．この最小の渦の大きさはコルモゴロフスケール(Kolmogorov scale)とよばれる．

7.1節で述べたように，レイノルズ数が4000以上であれば乱流が生じるが，レイノルズ数が大きいほど乱流としてのエネルギー，すなわち速度の振動が大きくなり，より小さな渦が生成される．激しくかき混ぜるという操作は，流れを乱して渦を小さくするということにほかならない．

7.2.7 攪　拌　槽

液体の攪拌はタンク型の装置(攪拌槽)で行われることが多い．ビーカーやコップもその１つである．ビーカーやコップは小さいので，流体を混合することはそれほど難しくない．小型装置では全体に乱流強度を高め，細かい渦をまんべんなく発生させることができる．しかし，工業的に使われる大型の攪拌槽で高い混合性能を発揮させるには慎重な設計が必要である．

大型の攪拌槽を設計する際の指針はいくつか提案されている．代表的なのは，流体の単位体積あたりの攪拌動力が一定になるように大型化するというものである．攪拌動力は攪拌翼を回すモーターの消費エネルギーであるが，このエネルギーは理想的にはすべて流体に伝わり，流体を変形させて，渦を細かくするために使われる．単位体積あたりの投入エネルギー量が同一であれば，体積を大きくしても，同じように流体が乱れると予想される．

例題 7-8　大型攪拌槽の設計

攪拌槽のスケールアップを検討する．直径 0.2 m，高さ 0.4 m の攪拌槽を 0.1 kW の動力で攪拌したとき，十分な攪拌性能が得られた．単位体積あたりの攪拌動力を一定にすると同等の攪拌性能が得られると仮定すると，同じ流体を直径 0.8 m，高さ 1.5 m の攪拌槽を使って同じ攪拌性能を得るには，攪拌動力はいくらでなくてはならないと予想されるか．

解　説

単位体積あたりの攪拌動力が一定であれば同じ攪拌性能が得られると予想される．したがって，求める動力 P [kW] は，次式のとおりである．

$$P=\frac{(\pi/4)(0.8)^2(1.5)}{(\pi/4)(0.2)^2(0.4)}(0.1)=6\ \mathrm{kW}$$

図 7-13 は代表的な攪拌槽の概略である．攪拌翼は通常タンク状の容器の中央

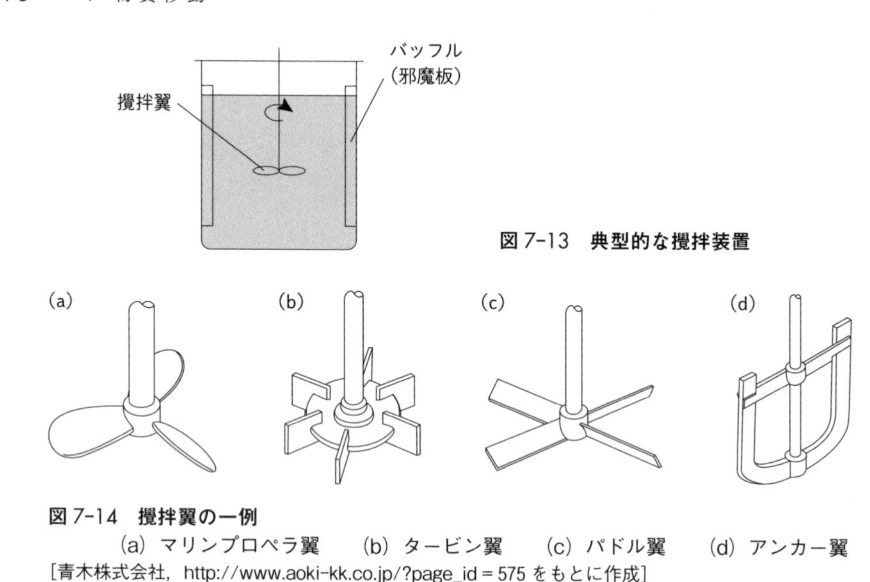

図 7-13　典型的な撹拌装置

図 7-14　撹拌翼の一例
(a) マリンプロペラ翼　(b) タービン翼　(c) パドル翼　(d) アンカー翼
[青木株式会社, http://www.aoki-kk.co.jp/?page_id = 575 をもとに作成]

に配置される．タンクの内壁には周回する流体の流れを乱すために板が垂直に取り付けられることがある．これはバッフル(邪魔板)という．撹拌翼には多様な種類があり，その代表例を図 7-14 に示す．粘度が小さい流体は，小型の撹拌翼でも流体の全体を流動させることが可能である．流体の粘度が高い場合には，撹拌翼が小さければそのまわりの流体が回るのみになるため，面積が大きい撹拌翼が用いられる．粒子が存在するときは粒子が底部に停滞しないような流れが生まれるように配慮が必要である．細胞培養槽内の液を混ぜる際には，せん断が強すぎると細胞が壊れてしまうので，せん断をある程度に抑えたうえで混合を進行させなければならない．このように混合装置の設計は，対象とする流体ごとに設計の指針を注意深く設定する必要がある．

7.2.8　マイクロミキサー

7.2.1 項に述べた，マイクロミキサーが高い混合性能を発揮する理由について述べる．マイクロミキサーは 1 mm 程度の太さの管路で構成された T 字流路が代表的と述べた．大型装置に比べてマイクロミキサーは直径が 1 mm 程度と小さいので，混合が早く進むと思われるかもしれないが，先述したとおり，1 mm の空間で拡散が完了するには約 20 分を要する．とても混合が高速とは考えられ

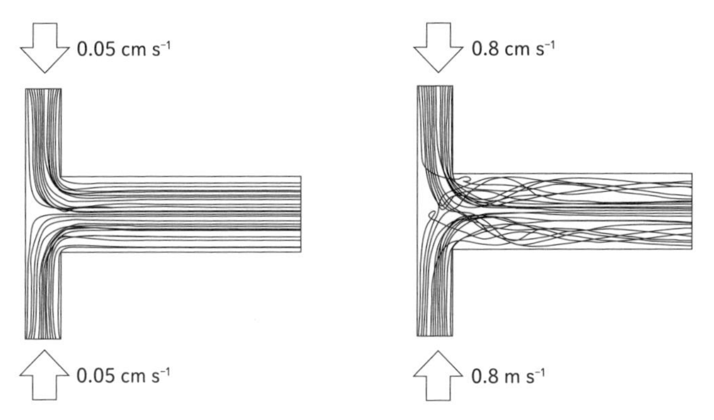

図 7-15　T字流路における流れのシミュレーション計算結果
深さ：0.3 mm，幅：0.3 mm（合流前），0.6 mm（合流後）.

ない．

T字型のマイクロミキサーにおいて 2 つの流体を合流させる場合，流量が大きければ図 7-15 に示すように合流部で流れが乱れて流体が入り混じった状態となる．研究によれば，単純なT字流路であっても，流量が大きければ流体のサイズを一瞬で 10 μm 以下にできる[2]．このとき，式(7-36)によると混合を 0.01 秒で完結できる．これはタンク型攪拌装置では実現できない混合速度である．

7.2.9　ま　と　め

攪拌は流体を細かく変形させることで，拡散距離を短くし，物質移動を有利にできるという考え方を紹介した．化学工学では伝熱や物質移動を速くするために 7.3 節で扱う境膜を薄くする工夫がなされるが，この考え方と高い類似性を見ることができる．

7.2.1 項で述べたように，化学では物質を混合する場面が非常に多く，混合性能が装置性能に直結するケースが多い．混合の現象を理解し，制御することは非常に重要である．

7.3　物質移動係数と境膜

気相と液相との間における物質（分子）の移動は，ガス吸収，蒸留，乾燥といった分離操作の最適化や，設計において不可欠な現象である．たとえば，地球温暖化ガスとして懸念される二酸化炭素(CO_2)の回収技術は，近年注目される分離技術の1つである．火力発電所や製鉄所から排出される排ガス中には，高濃度のCO_2が含まれるため，発電プラントや製鉄プラントには，排ガス中のCO_2を回収する設備が設けられていることがある．CO_2のような気体成分を分離・回収する際に利用される技術が，ガス吸収プロセスである．ガス吸収プロセスでは，気体成分が物理的に吸収液へ溶解する物理吸収と，吸収液中の成分との反応生成物として溶解する化学吸収に分類される．ガス吸収プロセスでは，気体成分を含む気相を，吸収液の液相と接触させることで，気体成分を選択的に吸収液中へ溶解させることで，気体成分の分離・回収が可能となる．

ガス吸収プロセスを設計する際には，吸収過程における気体成分の物質移動を把握することが必要不可欠となる．本節では，気体成分が液体へ移動する過程を理解するうえで基礎となる，物質移動係数と境膜について説明する．

7.3.1　液体に対する気体成分の溶解度

気体成分の液体への物質移動を把握するうえで，液体に対する気体成分の溶解度が重要となる．気体成分を含む混合ガスを，十分な時間に液体に接触させた場合，図7-16に示すように，液体中の気体成分の濃度は時間経過に対して一定となり，これを溶解平衡という．

溶解平衡において，気相中(混合ガス)における気体成分の分圧p [Pa]と，液体における気体成分の溶解度c [mol m^{-3}]には，次式のような比例関係が成り立つ．

$$p = Hc \tag{7-37}$$

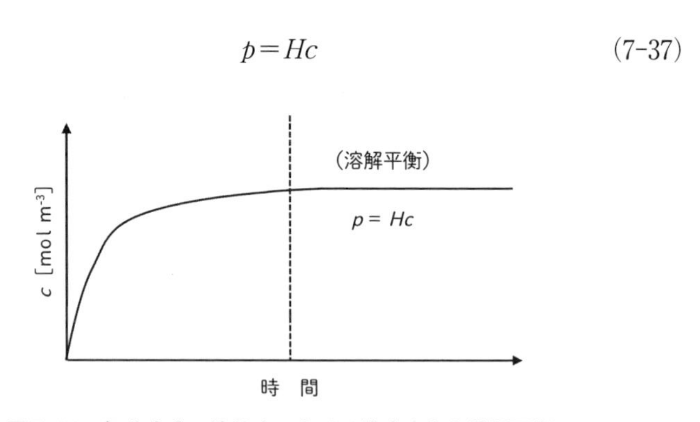

図7-16　気体成分の液体中における濃度変化と溶解平衡

この比例関係をヘンリー(Henry)の法則といい，H [Pa m^3 mol^{-1}] はヘンリー定数である．また，気相中の気体成分のモル分率 y，液相における気体成分のモル分率 x を用いた場合でも，ヘンリーの法則は表現される．

$$y = mx \tag{7-38}$$

$$p = Kx \tag{7-39}$$

ここで，m [—]，K [Pa] もヘンリー定数とよばれる．そのため，ヘンリーの法則を用いて，気相中における気体成分の分圧と，液相中における気体成分の溶解度を求める際には，式(7-37)～(7-40)で与えられる定義式の単位に注意する必要がある．一般的に，ヘンリー定数は気体成分，液体成分の種類や，温度によって異なる値を示す．さらに，全圧 P [Pa] と，液相のモル濃度 C [mol m^{-3}] を用いた場合，おのおののヘンリー定数は，次式で関係づけられる．

$$H = m\frac{P}{C} \tag{7-40}$$

$$H = \frac{K}{C} \tag{7-41}$$

例題 7-9　**液体に対する気体成分の溶解度**

図 7-17 に示す物理吸収液として用いられる安息香酸メチル，カプロン酸エチル，ヘプタン酸メチルに対する CO_2 の溶解度を考える．式(7-39)で定義されるヘンリーの法則について，温度 20 °C におけるヘンリー定数が，それぞれ 6.74 MPa (安息香酸メチル)，4.19 MPa (カプロン酸エチル)，4.39 MPa (ヘプタン酸メチル) である場合[3)]，CO_2 分圧 0.1 MPa に対する，吸収液中の CO_2 溶解度が最も高い吸収液を答えよ．

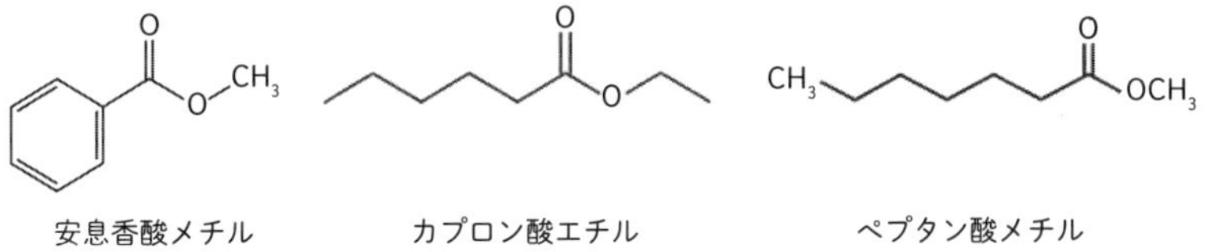

図 7-17　CO_2 吸収に用いられる物理吸収液の種類
[Y. Li, *et al.*: *J. Chem. Thermodyn.*, 127, 25 (2018)]

解　説

式(7-39)で与えられるヘンリーの法則より，吸収液中の CO_2 溶解度は，

$$x=\frac{p}{K}$$

気相における CO_2 分圧が一定である場合，ヘンリー定数 H が低い値の吸収液も用いた場合，CO_2 溶解度が大きくなる．温度 20 °C において，ヘンリー定数が最も低い値であるカプロン酸エチル(4.19 MPa)が，最も高い CO_2 溶解度となる．

7.3.2　分子の拡散

気相や液相といった媒体に含まれる分子は，濃度の高い箇所から，濃度の低い箇所へ移動する．この現象を一般に拡散という．単位時間における単位断面積を通過する分子の拡散流束 J [mol m^{-2} s^{-1}] は，次式のフィックの第一法則で与えられる．

$$J=-D\frac{\mathrm{d}c}{\mathrm{d}z} \tag{7-42}$$

ここで，c は分子の濃度 [mol m^{-3}]，z は位置座標を表す．式(7-42)中の右辺に含まれる $\mathrm{d}c/\mathrm{d}z$ は，z 軸方向に対する分子の濃度勾配を示しており，分子の拡散流束は，濃度勾配に比例する．式(7-42)において，拡散流束と濃度勾配の関係を表す比例定数 D は拡散係数という．拡散係数は，分子の種類と，気相や液相の媒体の種類によって決まる．

このように，気相や液相といった媒体における分子の拡散を理解するうえでは，媒体中の分子の濃度を把握する必要がある．とくに，ガス吸収のような異相間の物質移動を対象に考える場合には，分子が移動する媒体に対する溶解度に関する知見が不可欠となる．

7.3.3　境膜モデルによる気液相間の物質移動

静止した流体中の物質移動は，式(7-42)で与えられる拡散流束で与えられるが，実際の化学プロセスにおける物質移動現象には，対流を伴う場合が多い．拡散と対流が同時に生じる気液相間の物質移動を考える場合，図 7-18 に示す境膜モデルが用いられる．図に示すように，気液界面から液相中へ成分 A が移動する過程において，気液界面付近には濃度分布が生じる境膜を考える．また，気液界

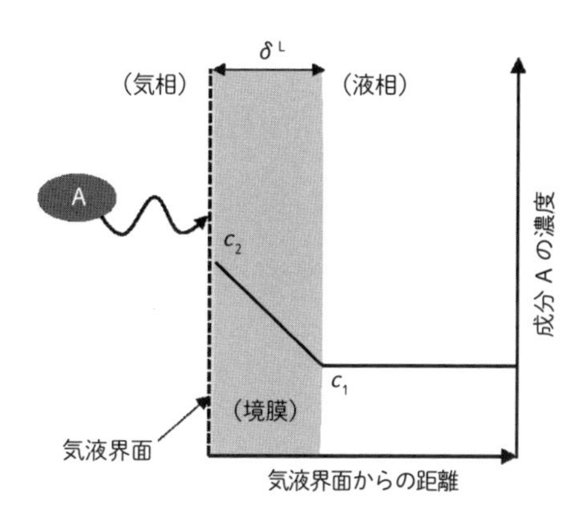

図 7-18　液相への物質移動における境膜モデル

面から十分に離れた液相では，成分Aの濃度は一定であると考える．これを境膜モデルといい，気液界面から液相中への物質移動について，単位時間・単位面積あたりに移動する物質量を，物質移動流束 N [mol m^{-2} s^{-1}] といい，成分(A)の濃度差に比例する．

$$N_{\mathrm{L}}=k_{\mathrm{L}}(c_2-c_1) \tag{7-43}$$

ここで，k_{L} [m s^{-1}] は液相物質移動係数という．図 7-18 のように，境膜内における成分Aの濃度勾配が直線で表現でき，境膜内が静止流体であると仮定した場合，成分Aの物質移動係数は式(7-42)を用いて表すことができ，次式で与えられる．

$$N_{\mathrm{L}}=-D\frac{\mathrm{d}c}{\mathrm{d}z}=D^{\mathrm{L}}\frac{c_2-c_1}{\delta^{\mathrm{L}}} \tag{7-44}$$

ここで，D^{L} [m^2 s^{-1}]，δ^{L} [m] は，液相中における成分Aの拡散係数，液相側の境膜厚さを示す．式(7-43)と式(7-44)の比較より，液相物質移動係数を次式のように表すことができる．

$$k_{\mathrm{L}}=\frac{D^{\mathrm{L}}}{\delta^{\mathrm{L}}} \tag{7-45}$$

このように，液相物質移動係数は，拡散係数と境膜モデルにおける境膜厚さとの比で表すことができる．

ガス吸収過程における気相から液相への成分Aの物質移動を考える場合，図 7-19 のように，気相側においても気液界面付近には濃度勾配が生じる気相側境

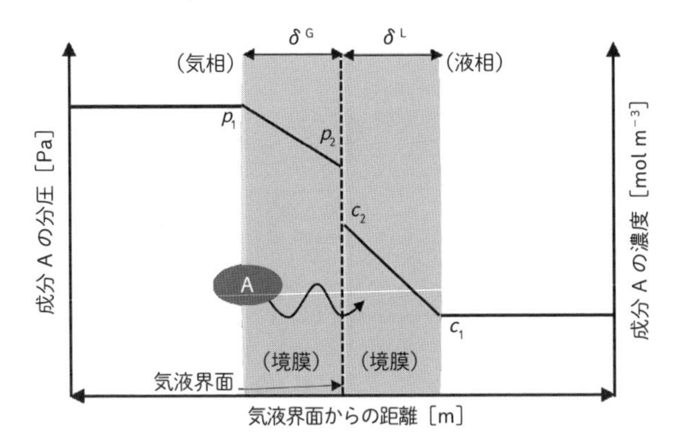

図 7-19　気相から液相への物質移動における二重境膜モデル

膜を考慮した，二重境膜モデルが用いられる．気相側の境膜における物質移動流束は，式(7-46)のように成分Aの分圧差を用いて与えられる．

$$N_{\mathrm{G}}=k_{\mathrm{G}}(p_1-p_2) \tag{7-46}$$

ここで，k_{G} [mol m^{-2} s^{-1} Pa^{-1}] は気相物質移動係数という．

また図 7-19 に示すように，気液界面においては，気相における気体成分Aの分圧と，液体中における濃度との間に，溶解平衡が成り立つ．式(7-37)～(7-39)で定義されるヘンリーの法則を用いて，気相における気体成分Aの分圧と，液相における濃度との関係が得られる．

気体成分Aの吸収液への物質移動が，定常的に進行する場合，式(7-46)で示される気相中から気液界面への物質移動流束と，式(7-43)で示される気液界面から液体中への物質移動流束は等しくなる．ここで，物質移動流束をN [mol m^{-2} s^{-1}] とすると次式が得られる．

$$N=k_{\mathrm{G}}(p_1-p_2)=k_{\mathrm{L}}(c_2-c_1) \tag{7-47}$$

例題 7-10　**気体成分の液体への物質移動**

メタノールを用いた CO_2 のガス吸収操作を考える．温度 20 °C において，液相物質移動係数 k_{L} が 5.0×10^{-4} m s^{-1} である[4]．気液平衡が成立し，液相中

の CO_2 濃度 c_1 が 150 mol m^{-3} である場合，物質移動流束は 0.1 mol m^{-2} s^{-1} であった．気液界面における CO_2 濃度 c_2 [mol m^{-3}] を求めよ．

解　説

式(7-46)より，

$$N=k_L(c_2-c_1)$$

$$c_2=\frac{N_L}{k_L}+c_1$$

$$c_2=\frac{0.1}{5.0\times10^{-4}}+150=350\ \mathrm{mol\ m^{-3}}$$

例題 7-11　物質移動過程における気体成分の物質移動係数

メタノールを用いた CO_2 のガス吸収について，温度 20 °C において，式(7-37)で定義されるヘンリー定数は 543 Pa mol^{-1} m^3，液相物質移動係数 k_L が 5.0×10^{-4} m s^{-1} である[4,5]．気液平衡が成立し，液相中の CO_2 濃度 c_1 が 150 mol m^{-3} である場合，物質移動流束は 0.1 mol m^{-2} s^{-1}，気相中の CO_2 分圧 p_1 が 0.2 MPa であった．気相物質移動係数 k_G [mol m^{-2} s^{-1} Pa^{-1}] を求めよ．

解　説

例題 7-10 より，気液界面における CO_2 濃度 c_2 は，350 mol m^{-3}．気液界面では，溶解平衡が成り立つため，

$$p_2=Hc_2=543\times350=0.19\ \mathrm{MPa}$$

$$N=k_G(p_1-p_2)$$

$$k_G=\frac{N}{p_1-p_2}=\frac{0.1}{(0.2-0.19)\times10^6}=1.0\times10^{-5}\ \mathrm{mol\ m^{-2}\ s^{-1}\ Pa^{-1}}$$

例題 7-12　物質移動係数と境膜

メタノールを用いた CO_2 のガス吸収について，温度 20 °C において，メタノール中の CO_2 拡散係数は 4.75×10^{-9} m^2 s^{-1}，液相物質移動係数 k_L が 5.0×10^{-4} m s^{-1} である．液相側境膜の厚さ δ^L [m] を求めよ．

解　説

式(7-45)より，以下のように求まる．

$$\delta^{L}=\frac{D^{L}}{k_{L}}=\frac{4.75\times10^{-9}}{5.0\times10^{-4}}=9.5\ \mu\mathrm{m}$$

境膜の厚さは，気相，ならびに液相の流動状態により変化する．たとえば，ガス吸収過程において，吸収液である液相を攪拌する場合，攪拌速度を増大することで，液相側境膜の厚さを小さくすることができる．液相側境膜が小さくなることで，気体成分の拡散距離が短くなり，吸収液への物質移動流束が増大する．このように境膜の導入により，気相，ならびに液相の流動状態を考慮した物質移動を考えることができる．

7.3.4　物質移動係数と物質移動の抵抗

気体成分の液体への物質移動を考える場合，図7-19に示したような二重境膜モデルが用いられる．式(7-47)で与えられるように，気相側，ならびに液相側境膜における物質移動流束は等しくなる．ここで，式(7-47)における物質移動流束の関係式は，次式のように変形される．

$$N=\frac{p_{1}-Hc_{1}}{1/k_{G}+H/k_{L}}=\frac{p_{1}-p_{*}}{1/k_{G}+H/k_{L}} \tag{7-48}$$

式(7-48)の Hc_1 は，定常状態における気液界面から離れた液相中の成分Aの濃度 c_1 と溶解平衡にある，気相中の成分Aの分圧 p_* となる．

ここで，式(7-48)に含まれる気相物質移動係数の逆数と，液相物質移動係数の逆数との和を式(7-49)のようにおく．

$$\frac{1}{K_{G}}=\frac{1}{k_{G}}+\frac{H}{k_{L}} \tag{7-49}$$

式(7-49)で与えられる K_G は，気相側分圧基準の総括物質移動係数といい，単位は気相物質移動係数 k_G と同様の $[\mathrm{mol\ m^{-2}\ s^{-1}\ Pa^{-1}}]$ である．よって，物質移動流束は，気相側分圧基準の総括物質移動係数 K_G を用いて，次式で表される．

$$N=K_{G}(p_{1}-p_{*}) \tag{7-50}$$

式(7-50)のように，気体成分の液体への物質移動における物質移動流束は，気液界面から離れた気相中の成分Aの分圧と，気液界面から離れた液相中の成分Aの濃度と，溶解平衡にある分圧との差を駆動力として表される．

式(7-49)で示される気相側分圧基準の総括物質移動係数 K_G の逆数は，気体成分の液体への物質移動における物質移動の抵抗を表す．気相側分圧基準の総括物質移動係数 K_G の逆数は，気相物質移動係数の逆数 $1/k_G$ と，液相物質移動係数の逆数 H/k_L との和で与えられる．式(7-49)における右辺第1項の気相物質移動係数の逆数 $1/k_G$ は，気相境膜での物質移動の抵抗を示し，第2項の液相物質移動係数の逆数 H/k_L は，液相境膜での物質移動の抵抗を示す．気相境膜，ならびに液相境膜における物質移動の抵抗を比較することで，気体成分の液体への物質移動過程での物質移動に対して，気相側境膜と液相側境膜の物質移動のどちらがおもな抵抗になっているかを把握することができる．

例題 7-13　物質移動の抵抗

メタノールを用いた CO_2 のガス吸収について，温度 20 °C において，式(7-37)で定義されるヘンリー定数は 543 Pa mol^{-1} m^3，液相物質移動係数 k_L が 5.0×10^{-4} m s^{-1} である[4,5]．物質移動流束は 0.1 mol m^{-2} s^{-1} である場合，気相物質移動係数 k_G は 1.0×10^{-5} mol m^{-2} s^{-1} Pa^{-1} であった．

気相側分圧基準の総括物質移動係数 K_G [mol m^{-2} s^{-1} Pa^{-1}] を求めよ．また，ガス吸収の物資移動に対する，気相境膜における物質移動の抵抗の割合を求めよ．

解　説

式(7-49)より，気相側分圧基準の総括物質移動係数は，

$$\frac{1}{K_G}=\frac{1}{k_G}+\frac{H}{k_L}=\frac{1}{1.0\times10^{-5}}+\frac{543}{5.0\times10^{-4}}=1.18\times10^{-6}\ \mathrm{mol^{-1}\,m^2\,s\,Pa}$$

$$K_G=8.4\times10^{-7}\ \mathrm{mol\,m^{-2}\,s^{-1}\,Pa^{-1}}$$

気相境膜における物質移動の抵抗の割合は，

$$\frac{1/k_G}{1/K_G}\times100=\frac{1/(5.0\times10^{-4})}{1/(8.4\times10^{-7})}\times100=8.3\ \%$$

7.3.5 まとめ

本節では，気相と液相といった異相間を分子が移動する過程を理解するうえで重要となる物質移動現象のモデル化において，物質移動係数と境膜の考え方について学んだ．異相間の物質移動を理解するうえでは，それぞれの相における流動状態が大きく影響することが考えられる．流動状態が関与する物質移動は，複雑な現象となるが，本節で述べたように，物質移動係数と境膜を関連づけることで，流動を伴う複雑な物質移動を，単純化したモデルで理解することができる．

ガス吸収，抽出などの分離プロセスでは，異相間における物質移動を利用することで，対象成分が分離・濃縮される．そのため，分離プロセスの設計や，操作条件を最適化する際には，対象成分の物質移動に関する知見が必要不可欠となる．実際の分離プロセスでは，それぞれの相が攪拌・流動した状態で操作される場合が多く，流動を伴う複雑な物質移動を理解することが必要となる．本節で学んだ，物質移動係数と境膜の考え方は，分離プロセスの設計や，操作条件の最適化において，大いに役立てることができる．

引用文献

1) S. Suga, A. Nagaki, J. Yoshida: *Chem. Comm.*, **3**, 354 (2003).
2) N. Aoki, R. Umei, A. Yoshida, K. Mae: *Chem. Eng. J.*, **167**, 643 (2011).
3) Y. Li, Q. Liu, W. Huang, J. Yang: *J. Chem. Thermodyn.*, **127**, 25 (2018).
4) I. T. Pineda, D. Kim, Y. T. Kang: *Int. J. Heat Mass Trans.*, **114**, 1295 (2017).
5) M. Décultot, A. Ledoux, M. C. Fournier-Salaün, L. Estel: *J. Chem. Thermodyn.*, **138**, 67 (2019).

さらに発展的な学習のための資料

本章で学んだ項目について，さらに詳しく勉強したいときには，以下を推薦する．

【7.1 節】
1) R. B. Bird, W. E. Stewart, E. N. Lightfoot: “Transport Phenomena”, Revised 2nd Ed., John Wiley (2006).
2) 宗像健三，守田幸路：“輸送現象の基礎”，コロナ社 (2006).
3) 化学工学会 編：“改訂七版 化学工学便覧”，丸善出版 (2011).

【7.2 節】
1) 化学工学会 監修：“最新 ミキシング技術の基礎と応用”，三恵社 (2008).
2) 7.1 節 3)の文献に同じ.

【7.3 節】

1）浅野康一：“物質移動の基礎と応用”，丸善（2004）.
2）化学工学会 監修：“拡散と移動現象”，培風館（1996）.

8

熱　移　動

8.1　伝導伝熱・熱伝導

熱は温度として伝わる．これを伝熱とよぶ．本節では，伝熱現象の中で最も基本的な伝導伝熱を学ぶ．また，伝熱現象を単純なモデルで表し，伝導伝熱の基本を理解する．熱が伝わる“伝導伝熱”の考えは，生活の中でも使っている．たとえば，お茶を淹れるときにあらかじめ茶碗を熱湯で温めておけば，淹れたての熱いお茶をその茶碗へ注いだとき冷めにくくなる．以下，伝導伝熱の第一の基本を整理して学習する．

8.1.1　“熱が移動する”という考え方

熱は温度差によって伝わるので，相互に接触する2つの物体間の温度が等しくなれば移動しない熱平衡(熱力学第零法則)にいたる．ここで，相互に接触する2つの物体間の熱移動過程の“向き”を考える．温度の高い物体が低い物体と接触していると，高い物体から低い物体へ熱が伝わる．熱は温度が高い方から低い方へと移動する．

8.1.2　熱が移動する速度を表現する(フーリエの法則)

温度差による熱の移動はどの程度の速度で起きるのかを考える．本節では身近な事例にもとづいて伝導伝熱の基本を単純なモデルにより表現し，理解する．たとえば，料理人は，銅鍋は火にかけるとすぐに温まる性質があるので使いやすい

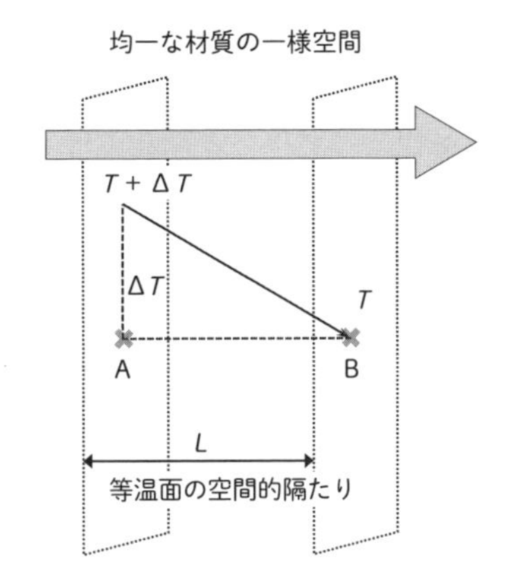

図 8-1　*L* だけ隔たった 2 地点 A，B 間の温度差 Δ*T* により生じる熱移動
熱の移動方向は必ず温度降下の方向.

ことを経験的に知っている．一方で，しゃもじやおたまの柄の部分に使うプラスチックは，熱い料理を扱っても熱くならない．つまり，熱が伝わる速さが違うのである．

図 8-1 のように，均質な材質でできた一様な空間に 2 地点 A，B があり，AB 間の隔たりを L とする．また，地点 A，B での温度はそれぞれ $T+\Delta T$，T とする．熱の移動は，A から B へ向かう．この熱の移動の速度をどのように定式化するかが，本項のおもな課題である．

熱の移動は“単位断面積を単位時間内に通過する”量である流束で表す．たとえば，図 8-1 の例でいえば，$Q(>0)$ という量の熱が図中の左の面（面積 S）から右の面（同じく面積 S）へ，線分 AB と平行な方向で短い時間 Δt のうちに移動したとすると，そのときの熱の流束（熱流束）q は以下の式で表される．

$$q=\frac{Q}{S\Delta t} \tag{8-1}$$

熱流束は温度差 ΔT に比例し，距離 L に反比例する．熱流束 q と ΔT，L の 3 つの量の関係をまとめると，以下の関係式が得られる．

$$q\propto\frac{\Delta T}{L} \tag{8-2}$$

式(8-2)の右辺 $\Delta T/L$ は，単位距離の隔たりあたりの温度差，すなわち温度の勾配に相当する．ここで，温度差 ΔT，空間的な隔たり L の単位はそれぞれ K，m，温度勾配 $\Delta T/L$ の単位は $\mathrm{K\ m^{-1}}$ である．次に，式(8-2)へ比例定数 $k(>0)$ を導入して書き直すと以下になる．

$$q = k\frac{\Delta T}{L} \tag{8-3}$$

式(8-3)はフーリエ(Fourier)の法則とよばれ熱移動によって生じる熱流束は温度勾配に比例することが表されている．この比例定数kは熱伝導率といい，伝導伝熱を定量的に扱う場合に最も重要な物性定数である．熱伝導率は材質により決まる値である．たとえば，銅の熱伝導率はプラスチックのそれよりもはるかに大きい．熱流束は必ず温度Tが高い点から低い点へ流れるので，符号に注意する．式(8-3)を微分を用いて書き換えると式(8-4)になる．

$$q = -k\frac{\partial T}{\partial x} \tag{8-4}$$

ここで，qは熱の流束，すなわち単位断面積 [m^2]，単位時間 [s] あたりの熱 [J] の移動量であり，単位は $\mathrm{J\,m^{-2}\,s^{-1}}$ となる．$\mathrm{J\,s^{-1}}$ は W と書き換えられるので，$\mathrm{W\,m^{-2}}$ と表記されることも多い．熱伝導率kの単位は熱流束qを温度勾配$\partial T/\partial x$で除した量の単位なので，$\mathrm{J\,m^{-2}\,s^{-1}}$ を $\mathrm{K\,m^{-1}}$ で除したもの，すなわち $\mathrm{J\,m^{-1}\,K^{-1}\,s^{-1}}$ すなわち $\mathrm{W\,m^{-1}\,K^{-1}}$ となる．

熱伝導率の値は材質により決まる．なおかつ，それは大きく異なる．身近な素材を例にあげると，金属は $10^2\,\mathrm{J\,m^{-1}\,K^{-1}\,s^{-1}}$ のオーダーであるのに対し，プラスチックは $10^1\,\mathrm{J\,m^{-1}\,K^{-1}\,s^{-1}}$ 程度である．空気にいたっては $0.02\,\mathrm{J\,m^{-1}\,K^{-1}\,s^{-1}}$ 程度と極めて小さい．ダウンジャケットのような空気を内部に保持できる衣服が防寒具として有効なのは，空気の熱伝導率が小さいからである．

8.1.3　身近な事例：窓を通過する熱の移動速度

例題として，先述したフーリエの法則(式(8-3))を利用し，冬季に室内からガラス窓を通して屋外へ逃げる熱の移動速度を計算する．計算を簡単にするため，窓の面積は 1 m^2 とする．また，室内側，屋外側の窓の表面の温度をそれぞれ 20 °C，0 °C とする．

例題 8-1　**1 枚のガラス板でできた窓を通じて起こる熱移動**

厚さ 5 mm のガラス板 1 枚で窓ができている場合を考える(図 8-2)．この状況下での窓を通過する熱の移動速度を求めよ．

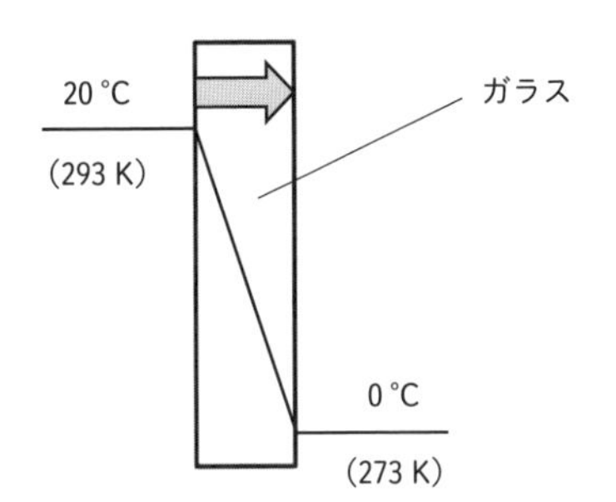

図 8-2　窓ガラスの両面間に一定の温度差がある場合の熱移動
➡は窓を通して逃げる熱の流束の方向.

解　説

ガラスの熱伝導率はおおむね $1\,\mathrm{J\,m^{-1}\,K^{-1}\,s^{-1}}$ である．また，厚さ 5 mm のガラス板の両表面間での温度勾配は $20/(5\times10^{-3})\,\mathrm{K\,m^{-1}}$ である．よって，この窓を通しての室内から屋外への熱流束は下記のようになる．

$$(1)\left(\frac{20}{(5\times10^{-3})}\right)=4\times10^{3}\ [\mathrm{J\,m^{-2}\,s^{-1}}] \tag{8-5}$$

窓の面積は $1\,\mathrm{m^2}$ なので，この窓を通して熱が逃げる速度は $4\times10^{3}\,\mathrm{W}$ (=4 kW) と推算される．これは，伝導伝熱だけでも 1 kW の電気ヒータ 4 台に相当する熱が，ガラス窓を通して屋外に逃げていることを示している．外気自体の流入は完全に遮断できるガラス窓でも，屋外に逃げる熱を無視できるほど小さくないことが予測できる．

例題 8-2　窓ガラスの厚さを 2 倍にした場合の熱移動

例題 8-1 の場合と比較して，窓ガラス(ガラス板)の厚さを 2 倍にしたときの熱の移動速度を求めよ(ほかの条件は例題 8-1 と変わらない)．

解　説

この場合，窓の材質はガラスのままなので，熱伝導率は例題 8-1 の場合と変わらない．一方，温度勾配は 1/2 になる．よって答えは，$2\times10^{3}\,\mathrm{W}$ (=2 kW) となる．単に窓が厚くなるだけでも，伝導伝熱による熱のロスは有意に低減できると予測できる．

例題 8-3　2 枚の窓ガラスの間に空気の層をはさんだ窓(二重窓)を通じて起こる熱移動

例題 8-1 と同じ窓ガラス(ガラス板) 2 枚の間に空気の層をはさんだときの熱の移動速度を計算せよ(ほかの条件は例題 8-1 と変わらない).

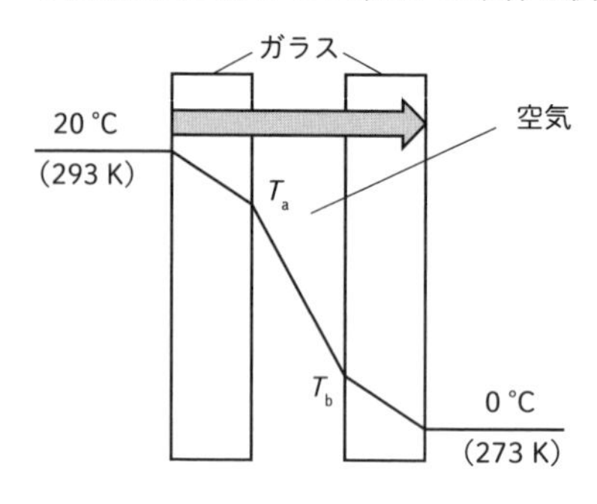

図 8-3　二重窓の両面間に一定の温度差がある場合の熱移動
➡は窓を通して逃げる熱の流束の方向.

解　説

このような構造の窓は二重窓とよばれ，寒冷地などで重用される(近年は，一般家屋の窓構造としても全国的に普及している)．二重窓による熱の遮断性の向上を予測する．2 枚のガラス板にはさまれた空間には空気があり，その熱伝導率は 0.02 $\mathrm{J\,m^{-1}\,K^{-1}\,s^{-1}}$ 程度である.

図 8-3 にこの概略図を示す．この状況での熱の移動速度を計算するためには，室内側のガラス板，中間の空気層，屋外側のガラス板それぞれの内部での温度勾配を求める必要がある．図内に示したように，室内側，屋外側それぞれのガラス板と空気層の境界での温度を T_a，T_b とする．これらの 2 つの未知数 T_a，T_b を決定するためには，2 つの仮定がいる．それは，図に示した 3 層を通して移動する熱の流束は，層間で相等しいということである．単純なことだが，これは重要な状況設定である．たとえば，もしも室内側のガラス板を通過する熱流束が，隣り合う空気層を通過する熱流束よりも大きければ，ガラス板と空気層の境界部分に熱が蓄積される．もしこのような事態が起これば，境界部分の温度が上昇していくはずである．しかし，そのようなことは通常は想定されず，各点の温度は一定であると考える．これは定常状態とよばれる．数学的には，以下のように，これは 2 本の条件等式に相当するので，上で述べた T_a，T_b を決定するために必要十分な 2 個の条件である.

(室内側ガラス板内通過熱流束)＝(中間空気層内通過熱流束)　(8-6)

＝(屋外側ガラス板内通過熱流束)　(8-7)

式(8-6)，式(8-7)を式(8-3)のフーリエの法則に従い具体的に表すと以下のようになる.

$$q=\frac{(1)(20-T_a)}{5\times10^{-3}}=\frac{(0.02)(T_a-T_b)}{1\times10^{-2}} \tag{8-8}$$

$$=\frac{(1)(T_b-0)}{5\times10^{-3}} \tag{8-9}$$

式(8-8)と式(8-9)は，2つの未知数 T_a，T_b を含む一次の二元連立方程式であり，これらは容易に解けて下記の T_a，T_b の具体的な値が得られる．

$$T_a=\frac{2000}{101}\approx19.8\ ^\circ\mathrm{C}$$

$$T_b=\frac{2000}{(101)^2}\approx0.196\ ^\circ\mathrm{C}$$

すなわち，熱の伝導が発生しづらい中間の空気層中で温度低下のほとんどが生じる．これは，電気回路でいえば，大抵抗と小抵抗が直列に接続されている場合，大部分の電圧降下は大抵抗において生じることと同じである．次に，上記の値を用いて熱流束を計算する．式(8-8)，式(8-9)のいずれの辺を用いても同じ熱流束の値が得られるはずである．式(8-9)の右辺が最も計算しやすそうなので，ここへ T_b の実値を代入すると下記のようになる．

$$q=\frac{2000}{(101)^2(5\times10^{-3})}\cong39.2\ \mathrm{J\ m^{-2}\ s^{-1}} \tag{8-10}$$

この値は，例題8-1で計算した厚さ5 mmのガラス板1枚のみでつくられた窓での熱の流束のわずかに1/100ほどである．二重窓はごく単純な構造上の工夫であるが，これだけの改良であっても，その効果は劇的であることが推測できる．

今回の平面窓の熱伝導では，熱流束の方向に直交する面内の温度が均一で，一次元の伝熱として扱えたが，複雑な形状でも考え方は同じであり，三次元のシミュレーションツールなどで計算できる．

8.1.4 まとめ

伝熱現象はフーリエの法則で説明できる．熱の移動速度を表現する量である熱流束が，材質によって決まる熱伝導率に温度勾配を乗ずることで求められる．次節で扱う流れが関与する伝熱(対流伝熱)でも，境膜などモデルを単純化すればフーリエの法則で理解できる．伝導伝熱は多くの工業操作における伝熱速度や伝熱効率を理解するうえで基本的なモデルである．フーリエの法則を利用してさまざまな熱の移動速度の推算が可能になり，ひいては工業装置の設計も可能になる．

8.2 対流伝熱

反応で発熱した気体や液体の冷却，液体原料を蒸留するための加熱は化学工場で広く行われ，これらは流体から熱を取り去ったり熱を加える操作と表される．日常生活でもドライヤーで髪を乾かすとき，髪は熱風で温められ，温泉では湯の熱が身体に移動している．これらの場合，熱の移動は流体と固体の間で起こり，8.1 節で学んだ，静止した物体の中での熱移動である熱伝導と区別して，対流伝熱とよばれる．対流伝熱で扱う対流とは，温められた水や空気が密度の低下とともに上昇する自然対流のみではない．むしろ，ポンプやファンによる強制的な送液や送風といった強制対流のもとでの伝熱現象が多い．

本節では，対流伝熱の伝熱速度や熱流束を取り扱うために便利で重要な，流体中の境膜という考え方と，流れの状態に対応した伝熱装置の設計の方法を学ぶ．実例として，省エネルギーを実現する換気機器としてよく知られる熱交換器，すなわち室内と屋外空気の換気の際に熱を交換する装置の中で，どれだけ熱が移動するのか，また，どれくらいエネルギー低減に有効なのかを計算で確かめる．

8.2.1 熱伝導と対流伝熱の違い

熱伝導ではおもに固体の 2 点間の温度差によって熱が移動する場合を考えた．対流伝熱では熱が流体から固体に，もしくは逆に固体からまわりの流体に向けて熱が伝わるので，温度差を固体と流体の間でとることが特徴である．流体の内部は流速が大きくなるとともに渦が生じて乱れる．そのため，対流伝熱による熱の伝わりやすさは，流体の乱れの強さにより大きく変わる．7.1.5 項で学んだように，流れのうちで乱れの小さいものを層流，乱れの大きいものを乱流とよび，乱流の方が熱は伝わりやすいことが容易に想像できるだろう．

熱い温泉に入るとき，静かな湯にそっと身体をつけると，それほど熱さを感じないのに，別の人が入ってきて湯を激しくかき混ぜたら，とたんに熱く感じられた経験があるだろう．これは湯の流れの状態によって湯から身体への対流伝熱の熱流束が変わる良い例である．同じように，猛暑で身体を速く冷やしたいとき，扇風機を使いエアコンの風量を上げるのは，身体から空気への熱流束を大きくするためである．

(a)
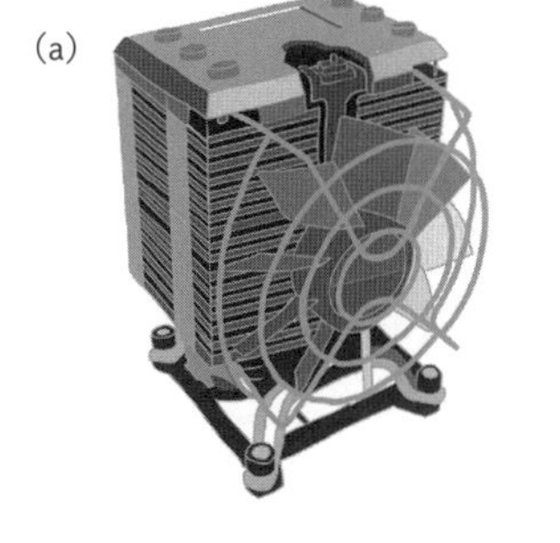
(b)
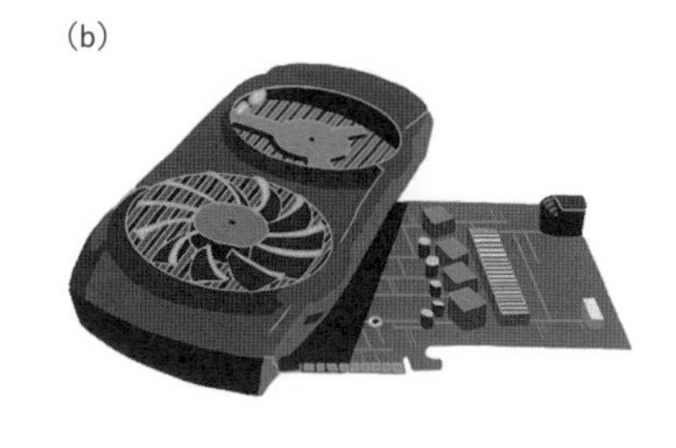

図 8-4 PC 機器(CPU, GPU)の冷却装置の例
冷却ファンを備えた CPU クーラー(a)とグラフィックボード(b).

スマートフォンの使用中に本体が熱くなったり，PC を長時間使って熱くなると冷却のために内蔵された排熱ファンが作動する．スマートフォンや PC には CPU とよばれる中央処理装置や GPU という画像処理装置が入っており，高速な演算を繰り返すことで発熱する．高温になるとこれらの装置の性能が下がり処理速度が落ち画質の低下が起こるので，冷却が必要となる．図 8-4 には市販 PC の CPU クーラーとグラフィックボードを示す．どちらもファンで風を送って CPU や GPU を冷却している．

8.2.2 境膜と熱伝達係数

対流伝熱での伝熱速度を計算するためには，思い切って温度変化の様子を単純化(モデル化)するのが有効だ．たとえば図 8-5(a)のように，表面温度が T_w [K] の高温の板表面から熱が室温 T_∞ [K] の空気に対流伝熱が生じている状況を想像する．板にごく近い空気温度は T_w に近く，板から離れるとともに温度は一定の傾きで低下して，ある距離で T_∞ に達して一定となる．T_∞ を一定と考えるのは，この距離を超えると空気中の乱れが強く，よく混合されているためである．空気のような流体の中で温度が大きく変化している固体壁表面近くの静かな領域を境膜あるいは境界層とよぶ．境膜では流体の乱れがないので熱は伝導伝熱で移動すると考えれば，境膜の厚みによって温度差 $T_w - T_\infty$ は同じでも熱流束は変わり，境膜が厚いとき熱流束が大きく，薄いときに熱流束は小さくなる．図 8-5(a)は空気の乱れが小さい，すなわち空気の流速が小さい場合で，境膜は厚く温度差(温度勾配)も小さいが，(b)では空気の流速が大きく，境膜が薄くなり温度勾配

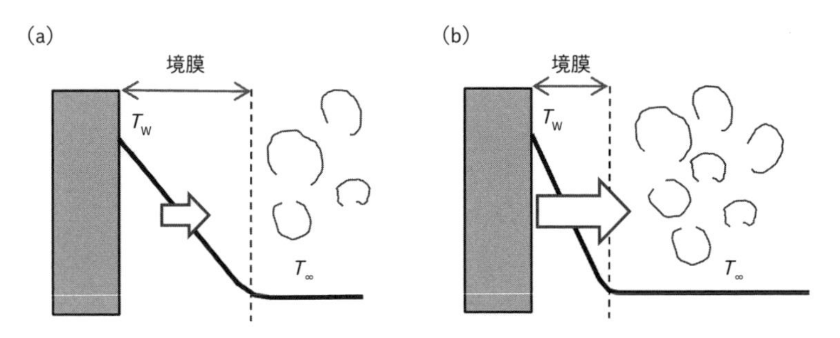

図 8-5　高温の板表面から空気に対流伝熱が生じる場合の温度分布
(a) 空気の乱れが小さい場合　　(b) 空気の乱れが大きい場合

も大きい．境膜の外側の領域は主流とよばれ，流体の乱れが強いために温度はどこでも一定の値と考える．つまり対流伝熱の熱移動は，主流での移動を考える必要はなく，流体境膜での熱伝導として単純化される．熱伝導での熱流束を表す，8.1.2 項で学んだ式(8-3)のフーリエの法則を用いると，対流伝熱の熱流束 q [W m^{-2}] は以下のように書かれる．

$$q=\frac{k_f}{L}(T_\infty-T_w) \tag{8-11}$$

ここで，k_f は空気(流体)の熱伝導率 [W m^{-1} K^{-1}] で，L は境膜厚み [m]，T_w および T_∞ はそれぞれ固体壁面温度および流体の主流温度である．

もし境膜厚みを簡単に決定できれば，対流伝熱の熱流束は容易に求まる．しかし，境膜厚みは流体の流速が同じでも固体表面の粗さなど，固体の条件の影響を受けるため簡単に決めるのが難しい．そこで，境膜厚みを決める困難を避けるため，ニュートン(Newton)の冷却法則を適用する．この法則では固体と流体の温度差があまり大きくない場合，固体と流体間の熱の出入りは両者の温度差に比例するとする．こうすると，対流伝熱の熱流束 [W m^{-2}] は固体表面と流体主流での温度差に比例し，熱伝達係数(伝熱係数，熱伝達率) [W m^{-2} K^{-1}] とよばれる h を用いて次式によって表される．

$$q=h(T_\infty-T_w) \tag{8-12}$$

上の式(8-11)と式(8-12)を比較すると h は k_f/L であるが，L が流体の流速や温度，物体の形状などにより変化するため，h の値としてさまざまな条件で行わ

表 8-1　空気や水流れの状態における熱伝達係数の概略値

流れの状態	概略の熱伝達係数[W m^{-2} K^{-1}]
静止している空気(自然対流)	1 ～ 20
流れている空気(強制対流)	10 ～ 250
流れている水(自然対流)	250 ～ 600
流れている水(強制対流)	1200 ～ 6000
沸騰中の水	12 000 ～ 23 000

れた実験から求められた値を用いる．代表例として表 8-1 に空気や水の流れの状態における熱伝達係数の概略値を示す．流れの乱れが強くなるとともに熱伝達係数は 10 倍以上も大きくなり，熱が伝わりやすくなることがわかる．

例題 8-4　流体から固体壁への対流伝熱

表 8-1 にもとづいて，温泉の湯が激しく混ぜられている場合と穏やかに流れている場合に，湯から身体への対流伝熱での熱流束の大きさの比と，境膜厚みの比を求めよ．ここで，湯温は 45 °C (318 K)，体温は 36 °C (309 K)とする．

解　説

表 8-1 より湯が激しく混合されているときの h を 1200 W m^{-2} K^{-1}，穏やかに流れている場合の h を 250 W m^{-2} K^{-1} とする．

激しい混合時の熱流束 q_1 [W m^{-2}] は式(8-12)より，

$$q_1 = 1200(318-309) = 10\,800 \text{ W m}^{-2}$$

穏やかな場合の熱流束 q_2 [W m^{-2}] は，

$$q_2 = 250(318-309) = 2250 \text{ W m}^{-2}$$

で温度差が同じなので $q_1/q_2 = 1200/250 = 4.8$ となり，熱伝達係数の比に等しい．

湯が激しく混合されているときの境膜厚み L_1 は $k_f/1200$，湯が穏やかに流れている場合の境膜厚み L_2 は $k_f/250$ である．境膜厚みの比は，$L_1/L_2 = 250/1200 = 0.21$ となる．

この例題では k_f の値を必要としないが，温度 318 K と 309 K の平均温度における水の熱伝導率を用いる．温度差が小さい場合には算術平均でよいが，温度差が大きい場合には対数平均温度を用いる．

例題 8-5　固体壁で隔たれた 2 つの流体間の熱移動(熱貫流)

例題 8-1 では面積 1 m² のガラス板 1 枚(厚さ 5 mm，ガラスの熱伝導率 1 W m⁻¹ K⁻¹)の窓を通して熱伝導(伝導伝熱)で 20 ℃ の室内から 0 ℃ の屋外に逃げる熱の移動速度を計算した．

ガラス窓の両側に空気の境膜がある場合に，室内空気からガラスを通じて屋外の空気に熱が定常状態で伝わる場合の熱の移動速度を求めよ．ただし，室内と屋外での空気の熱伝達係数をそれぞれ 25，120 W m⁻² K⁻¹ とする．

解　説

問題の条件にもとづいて図を描くと図 8-6 のようになり，T_1 と T_2 が未知であるので，解くためには少なくとも独立な 2 つの等式が必要である．この場合，室内の熱は室内での対流伝熱，ガラスの熱伝導と屋外での対流伝熱で移動しており，これら 3 つの過程が直列していることに着目する．熱の移動が定常状態のときには直列な各過程で伝熱量 Q [W] は等しいので，次式が成立する．

(室内の対流伝熱による伝熱量)＝(ガラスの熱伝導での伝熱量)
＝(屋外の対流伝熱による伝熱量)

$$Q = qA = (25)(1)(298 - T_1) = \left(\frac{1}{0.005}\right)(1)(T_1 - T_2) = (120)(1)(T_2 - 273)$$

これより 3 つの等式が得られる．

$$298 - T_1 = \frac{Q}{25}$$

$$T_1 - T_2 = 0.005Q$$

$$T_2 - 273 = \frac{Q}{120}$$

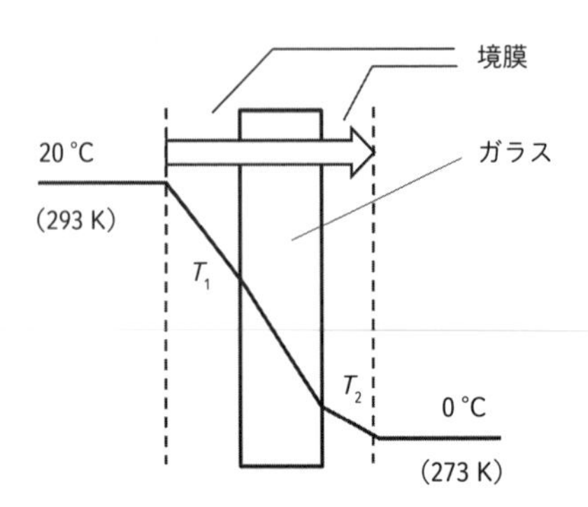

図 8-6　窓ガラスの両側で対流伝熱がある場合の熱移動

辺々足し合わせると，

$$20 = Q(0.04 + 0.005 + 0.0083)$$
$$Q = 375\ \mathrm{W}$$
$$T_1 = 298 - \frac{375}{25} = 283\ \mathrm{K}$$
$$T_2 = \frac{375}{120} + 273 = 276\ \mathrm{K}$$

例題 8-1 の結果と比べると，伝熱量は境膜という動かない空気の層により大きく低減されることがわかる．

8.2.3 伝熱の無次元数と実験式

熱伝達係数は物性値ではないので，状況に応じた特定の値が便覧やデータ集に表としてまとめられていない．その代わり，さまざまな流れ条件で多数の研究者によって決められた熱伝達係数が式の形でまとめられていて，状況の条件を式に代入すれば目的とする熱伝達係数を算出できる．このように，実験結果を整理した式を実験式とよび，無次元数(11 章も参照)を使って数多くの実験式がつくられている．無次元数を使う理由は，伝熱の状況，とくに装置の大きさが異なっても，同じ実験式で熱伝達係数を決められるからである．逆にいえば，無次元数が同じになるように条件を調整すれば，異なる装置での伝熱や流動条件を同じにできる．このことは実験室規模の小型装置で得られた結果にもとづいて実際の規模の装置を設計する，スケールアップの重要な指針を与える．対流伝熱で重要な無次元数は 4 つある．

はじめに，h を含む無次元数にヌセルト(Nusselt)数($Nu = hx/k$)があり，h は熱伝達係数 [$\mathrm{W\,m^{-2}\,K^{-1}}$]，$k$ は熱伝導率 [$\mathrm{W\,m^{-1}\,K^{-1}}$]，$x$ は代表長さ [m] であり状況に応じて適切な値を選ぶ必要がある．ヌセルト数は熱伝達によって移動する熱量と熱伝導により移動する熱量の比という物理的な意味をもつ．2 つめには 7.1.5 項で学んだレイノルズ(Reynolds)数($Re = \rho ux/\mu$)である．3 つめはプラントル(Prandtl)数($Pr = \nu/\alpha$)で，分子は動粘度 ν すなわち μ/ρ を，分母は熱拡散率すなわち $k/(\rho c_p)$ である．ここで，c_p は定圧比熱容量 [$\mathrm{kJ\,kg^{-2}\,K^{-1}}$] である．プラントル数は流体中の運動量の移動しやすさと熱伝導による熱の移動しやすさの比という物理的意味をもつ．4 つめは自然対流での熱伝達のみに関係するグラスホフ(Grashof)数($Gr = x^3 g\beta(T_w - T_\infty)/k^2$)で，分子は浮力を分母は粘性を表す．ここで，$g$ は重力加速度 [m s^{-2}]，β は膨張係数 [K^{-1}]，$T_w - T_\infty$ は加熱面と流体主流の温度差である．熱伝達係数を与える実験式の形は次のようになる．

$$Nu = f(Re,\ Pr,\ Gr) \tag{8-13}$$

よく用いられる2つの実験式をあげる．平板上の流れが乱流での強制対流伝熱では次式が用いられ，

$$Nu = 0.036 Re^{0.8} Pr^{1/3} \quad (0.6 \leq Pr \leq 400) \tag{8-14}$$

円管内の流れが乱流であるときの強制対流伝熱では次式が用いられる．

$$Nu = 0.023 Re^{0.8} Pr^{0.4} \quad (0.7 \leq Pr \leq 120,\ 10^4 \leq Re \leq 1.2 \times 10^5) \tag{8-15}$$

適切な実験式に各物理量を代入してヌセルト数を求めれば熱伝達係数 h [W m^{-2} K^{-1}] を算出できる．

例題 8-6　円管を流れる水中での対流伝熱

内径 60 mm の長い円管内を 293 K の水が流速 0.1 m s^{-1} で流れている．このときの管内の水中での熱伝達係数を求めよ．ただし，水の密度を 1000 kg m^{-3}，粘度を 10^{-3} Pa s，定圧比熱を 4.18 kJ kg^{-1} K^{-1}，熱伝導率を 0.6 W m^{-1} K^{-1} とする．また，水の流速が 10 倍の 1 m s^{-1} のときの熱伝達係数を求めて比較せよ．

解　説

まず，水の流れの状態を知るためレイノルズ数を計算して判定する．

$$Re = \frac{\rho u x}{\mu} = \frac{(1000)(0.1)(0.06)}{10^{-3}} = 6000$$

このレイノルズ数は円管内の乱流に対応するので式(8-15)が適用できる．

$$Pr = \frac{C_p \mu}{k} = \frac{(4180)(10^{-3})}{0.6} = 6.97$$

したがって，

$$Nu = 0.023(6000)^{0.8}(6.97)^{0.4} = 52.7$$

$$h = (52.7)\left(\frac{0.6}{0.06}\right) = 527\ \mathrm{W\ m^{-2}\ K^{-1}}$$

流速が $1\ \mathrm{m\ s^{-1}}$ のとき,

$$Re = \frac{\rho u x}{\mu} = \frac{(1000)(1)(0.06)}{10^{-3}} = 60\ 000$$

$$Nu = 0.023(60\ 000)^{0.8}(6.97)^{0.4} = 332$$

$$h = (332)\left(\frac{0.6}{0.06}\right) = 3320\ \mathrm{W\ m^{-2}\ K^{-1}}$$

水の流速が 10 倍になると, h の値は 6.3 倍に増大する.

8.2.4 熱貫流：対流伝熱と熱伝導が組み合わされた場合

対流伝熱と熱伝導がともに起こる図 8-7 の場合を考える．ここでは 2 つの異なる温度の流体の間に固体壁があり，熱は直列する 3 つの過程を通して移動している．すなわち高温流体から対流伝熱で固体壁への熱の移動，固体壁内での熱伝導，さらに固体壁から低温流体への対流伝熱である．このような熱移動は熱貫流とよばれ，例題 8-5 での室内からガラス壁を通して熱が室外に移動する状況と同じである．熱貫流は多くの伝熱機器や化学プラントの配管での熱移動で広くみられ，装置の設計や省エネルギー化に重要である．

熱貫流の問題を扱うポイントは，定常状態にあるとき 3 つの直列する過程すなわち高温流体中，固体壁中と低温流体中での伝熱量 Q [W] はすべて等しいことで，これにより次式が成立する．

$$Q = qA = h_1 A(T_1 - T_{w1}) = \frac{kA}{b}(T_{w1} - T_{w2}) = h_2 A(T_{w2} - T_2) \quad (8\text{-}16)$$

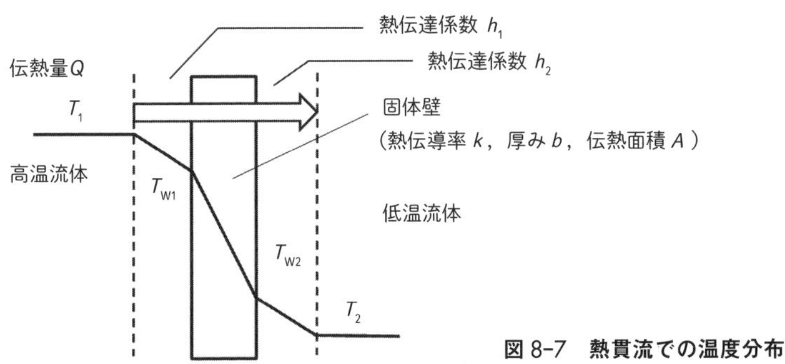

図 8-7 熱貫流での温度分布

変形すると以下の 3 式が得られ，辺々を足し合わせる．

$$\frac{Q}{h_1A}=T_1-T_{w1} \tag{8-17}$$

$$\frac{Q}{\left(\frac{b}{kA}\right)}=T_{w1}-T_{w2} \tag{8-18}$$

$$\frac{Q}{h_2A}=T_{w2}-T_2 \tag{8-19}$$

整理すると Q は以下のように表される．

$$Q=\frac{T_1-T_2}{\frac{1}{h_1A}+\frac{b}{kA}+\frac{1}{h_2A}} \tag{8-20}$$

この式の形は重要で，分子は全体の温度差すなわち，熱移動の総括の駆動力を，分母は総括の熱抵抗を表している．そこで 3 つの直列過程をひとまとめにした，熱貫流における全体の熱伝達係数として総括熱伝達係数 U [W m^{-2} K] を用いると，全伝熱抵抗は以下の式で表される．

$$\frac{1}{UA}=\frac{1}{h_1A}+\frac{b}{kA}+\frac{1}{h_2A} \tag{8-21}$$

伝熱量 Q [W] は次のように書かれる．

$$Q=UA(T_1-T_2) \tag{8-22}$$

このように対流伝熱と熱伝導が組み合わされた場合でも，8.1 節で学んだ多重壁での熱伝導における伝熱抵抗の加成性の考え方を応用して，抵抗と推進力をひとまとめにできる．

8.2.5 熱交換器での熱交換

高温流体から低温流体への固体壁を介しての熱移動は，たとえば工場などで余分に発生した熱の有効利用を目指して熱の回収に用いられる現象である．このために温度の異なる 2 つの流体を流通させる装置を熱交換器という．身近な応用例として，室内空気の換気で使われる，熱交換型の換気機器(商品名ロスナイなど)について，省エネルギー効果の大きさがどれくらいか，また装置の大きさを設計する基礎として，所定の条件を満たすのに必要な伝熱面積を計算する．

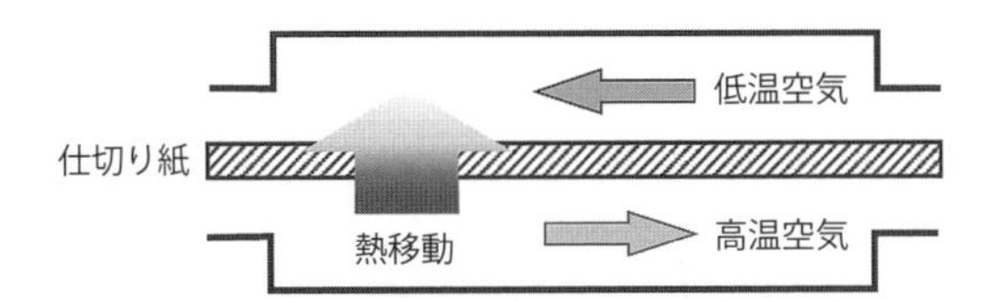

図 8-8 熱交換型換気機器での空気換気における熱交換の概念

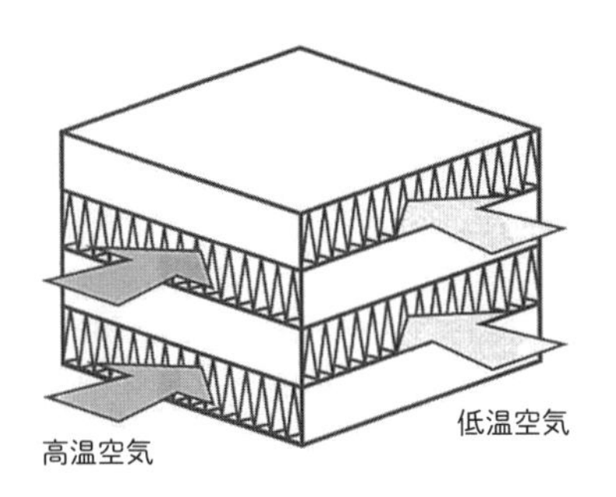

図 8-9 熱交換型換気機器の内部構造の例

外気を取り込む際に，室内から排出される空気の熱だけを室内に入る前の外気に移せば，夏には予冷，冬には予熱できるのでエアコンの負荷を下げられる．このための装置が熱交換型の換気機器である．ロスナイ（三菱電機（株））では固体壁として紙を用いることで湿度の調節機能ももたせている．熱交換の基本的な概念を図 8-8 に示す．この熱交換を行うにあたり，図 8-9 に示す内部構造をとると装置をコンパクト化できる．ここでは固体壁としての仕切り紙が折り畳まれているため，装置体積あたりの伝熱面積が大きくなるからである．

熱交換機で交換される伝熱量 Q [W] は交換熱量とよばれ，交換熱量は高温流体が失う熱量および低温流体が得る熱量と等しい．この関係は次式で書かれる．

$$Q = c_{p\mathrm{h}} W_{\mathrm{h}} (T_{\mathrm{h1}} - T_{\mathrm{h2}}) = c_{p\mathrm{c}} W_{\mathrm{c}} (T_{\mathrm{c2}} - T_{\mathrm{c1}}) \tag{8-23}$$

ここで，c_p は流体の定圧比熱容量 [kJ kg^{-1} K^{-1}]，W は流体の質量流量 [kg s^{-1}]，T [K] は流体温度を表し，添字 h は高温流体，c は低温流体，1 は入口，2 は出口を表す．

一方，交換熱量は壁を通した熱貫流で伝えられた熱なので，総括熱伝達係数 U と伝熱面積 A を用いた次式でも表される．

$$Q = UA\Delta T_{\mathrm{av}} \tag{8-24}$$

ここで，壁の両側での空気の温度差の平均値 ΔT_{av} は入口（添字 1）と出口（添字 2）での対数平均温度差として次式で求められる．

$$\Delta T_{\mathrm{av}} = \frac{(\Delta T_1 - \Delta T_2)}{\ln(\Delta T_1/\Delta T_2)} \tag{8-25}$$

例題 8-7　室内への外気取込みにおける熱交換と効果

熱交換型換気機器を用いて冬に 0 °C の外気を室内に入れ，20 °C の室内空気を 5 °C にして屋外に出す．外気と室内空気の流量を 0.04 kg s^{-1} で同じとすると，室内に入る空気の温度をどれだけ高められるか．また，熱交換型換気機器を使わない場合と比べてどれだけの省エネルギー効果があるか．

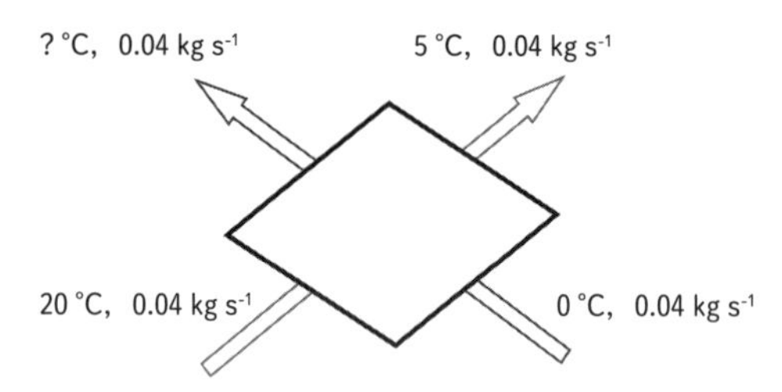

図 8-10　換気装置の入口と出口の空気温度と流量

解　説

20 °C の空気を 5 °C にして排出する際に取り去る熱量 Q [W] を，導入する 0 °C の空気に与えることで T [°C] まで上げるので，交換熱量は次式で表される．

$$Q = (1000)(0.04)(293 - 278) = (1000)(0.04)(T - 273) = 600 \text{ W}$$

これを解くと $T = 288$ K となり 0 °C の屋外空気が 15 °C まで予熱される．

この場合のエアコンの仕事について考えると，15 °C の空気を 20 °C まで 5 °C 上げればよい．熱交換型換気機器を使わない場合，エアコンの仕事は 0 °C の空気を 20 °C に上げるのに必要な量である．エアコンの仕事すなわち所要エネルギーは温度差に比例するから，温度差 5 °C は 20 °C と比べると 1/4 である．したがって熱交換型換気機器を使う場合には，使わない場合と比べて所要エネルギーは 1/4 である．

例題 8-8　熱交換型換気機器の所要伝熱面積の設計

例題 8-6 の条件で運転した場合の総括熱伝達係数 U を $10\ \mathrm{W\ m^{-2}\ K^{-1}}$ として，必要な伝熱面積を求めよ．

解　説

交換熱量 Q [W] は式(8-24)を用いて表される．

$$Q=(10)A(\Delta T_{\mathrm{av}})$$

固体壁の両側での空気の温度差の平均値 ΔT_{av} は，入口での高温流体と低温流体の温度差 ΔT_1 と，出口での高温流体と低温流体の温度差 ΔT_2 から求める．この場合，$\Delta T_1=293-273=20\ \mathrm{K}$，$\Delta T_2=288-278=10\ \mathrm{K}$ であるので，

$$\Delta T_{\mathrm{av}}=\frac{(20-10)}{\ln(20/10)}=14\ \mathrm{K}$$

伝熱面積 A [m²] は式(8-24)より，

$$A=\frac{Q}{U\Delta T_{\mathrm{av}}}=\frac{600}{(10)(14)}=4.3\ \mathrm{m^2}$$

伝熱面積が決まると，必要な装置サイズが決まり，機器の設計ができる．

8.2.6 ま と め

本節では，日常生活から身近な機器での冷却や加熱で重要な，流体と固体の間での熱の移動である対流伝熱について学んだ．流体中の固体壁に近い領域に境膜を考え，その外側の主流では温度が一様になる，と考えることで対流伝熱を境膜内での熱伝導に単純化して扱うことができる．この境膜の考え方は，熱移動だけでなく 7.3 節で学んだ物質の移動にも適用でき，複雑な現象を，本質を失わない程度に単純化して取り扱う，化学工学の優れた手法の 1 つである．

ただし，境膜厚みを決める困難さのため，対流伝熱では熱伝達係数という工学的な係数を用いて，状況に対応した熱の移動しやすさを表現する．熱伝達係数は無次元数を使った実験式としてまとめられており，状況に対応した値を代入して熱伝達係数を算出して設計に用いる．

対流伝熱は，代表的な伝熱装置である熱交換器の設計に役立つ．熱交換器は高温流体と低温流体を固体壁で隔てた構造をとり，高温流体のもつ熱を低温流体に渡すことで，流体を加熱・冷却している．身近な例として室内の換気に使われる

熱交換器の省エネルギー効果と装置の大きさの設計を例題で学習した．本節で学んだ考え方を使うことで，すべての化学プロセスに使われている熱交換器の設計ができるようになる．

さらに発展的な学習のための資料

本章で学んだ項目について，さらに詳しく勉強したいときには，以下を推薦する．

【8章】

1）西川兼康 監修，北山直方 著：“図解 伝熱工学の学び方”，オーム社（1982）．
2）日本機械学会：“JSME テキストシリーズ　演習 伝熱工学”（2008）．

9

反応工学

化学において反応は重要な現象である．これを適切に進行させるには反応の進行に必要な時間を確保する必要がある．気体の燃焼のように1秒以内に反応が完了する場合もあれば，医薬品の合成のような複雑な反応では数時間を要することも珍しくない．さらに糖をアルコールに変換する酒の醸造のような生化学反応では数週間という長い時間が必要な場合もある．

同じ化学反応であっても，反応装置の種類や運転条件が異なると，反応の進行度や生成物は大きく異なってくる．化学製品を高品質かつ高効率につくるためには，いちばん良い反応装置と運転条件をみつけ出すことが重要であり，それらの知識を集めた学問が反応工学である．20世紀の反応工学は主として石油化学製品を大量生産するための方法論として発展してきたが，最近ではナノレベルの材料設計やバイオリアクターの開発，さらには環境問題の解決など幅広い分野に展開している．

本章では，まず基本である溶液中の一次反応について取り上げ，反応速度の取り扱いとそれを利用した反応装置の解析方法を学ぶ．さらに，より複雑な反応であっても同様の考え方でさまざまな反応装置の設計と解析ができることを解説する．

9.1　一次反応

化学反応の反応速度は，単位体積，単位時間あたりの物質量の変化の大きさで表現される．均一な溶液中で進行する以下の簡単な反応について反応速度を考えてみる．

$$\mathrm{A} \longrightarrow \mathrm{P} \tag{9-1}$$

Aは反応物，Pは生成物であり，溶液中で均一に反応が進行するとする．この反応速度を決定する重要な因子の1つは，Aの濃度である．Aの濃度が高くなるにつれて，単位体積あたりのPの生成速度がそれに比例して大きくなると予想される．実際に，このような反応の場合，反応速度はAの濃度に比例することが多い．

物質AまたはPの反応速度は以下のように表される．

$$-r_{\mathrm{A}} = r_{\mathrm{P}} = kC_{\mathrm{A}} \tag{9-2}$$

ここで，r_{A} および $-r_{\mathrm{P}}$ は反応によるAおよびPの反応速度である．反応物Aは反応によって消滅するので符号が負となっている．C_{A} [mol m^{-3}] はAのモル濃度である．k [s^{-1}] は比例定数であり反応速度定数とよばれるパラメータで，反応によって異なる値をとる．式(9-2)のように反応速度が濃度に比例する反応を一次反応という．

一次反応は単純な反応であり，反応物が1分子の分解や異性化反応などでよくみられる反応速度式である．反応物が2分子であっても一方の物質が大過剰に存在すると，過剰側の物質量がほとんど変化しないため一定となり，見掛け上一次反応とみなせる場合がある．

反応速度定数 k は温度に依存しており，その関係はアレニウス(Arrhenius)の式とよばれ，以下の式で表される．

$$k = A\exp\left(-\frac{E}{RT}\right) \tag{9-3}$$

ここで，T は温度 [K]，R は気体定数 [J mol^{-1} K^{-1}] である．A は頻度因子とよばれ反応の種類によって決まる定数である．A の単位は k と一致する．あとで述べるように k の単位は反応速度式の濃度の次数によって変化するので，それに伴って A の単位も変化する．E は活性化エネルギー [J mol^{-1}] とよばれ，化学反応を起こす分子や原子が，活性化状態(化学結合の組換えが可能になるエネルギーの高い状態)になるために必要な最小のエネルギーを意味している．活性化エネルギーは反応の種類によって異なる．活性化エネルギーが大きい反応は，反応速度の温度依存性が大きい．

9.2　回分式反応器

フラスコを使って前節で紹介した一次反応を行う場合を考えてみる．フラスコで反応を行うとき，原料となる試薬を投入し，一定の時間が経過したのちに内容物を取り出す操作を行う．このような原料投入，処理，内容物の取り出しという一連の操作で行う方式を回分操作とよび，回分操作が行われる反応装置を回分式反応器(batch reactor)という．フラスコは回分式反応器の1つである．

さて，フラスコに反応物Aを所定の濃度(C_{A0} [mol m^{-3}])を含む溶液を入れ，反応を行ったときの反応物Aの濃度変化を考える．ここで反応物Aの濃度変化は，単位体積あたりの生成物の生成速度，すなわち反応速度と同じであるので，物質収支から以下が成り立つ．

$$\frac{\mathrm{d}C_A}{\mathrm{d}t}=r_A \tag{9-4}$$

反応速度 r_A が式(9-2)であることを使うと，次のようになる．

$$\frac{\mathrm{d}C_A}{\mathrm{d}t}=-kC_A \tag{9-5}$$

これを $t=0$ で $C_A=C_{A0}$ の条件で積分すると，式(9-6)を得る．

$$C_A=C_{A0}\exp(-kt) \tag{9-6}$$

反応の進行度を表すために，反応開始時から反応物Aの減少した割合を反応率 X_A とすると，X_A は以下のように定義できる．

$$X_A=\frac{C_{A0}-C_A}{C_{A0}} \tag{9-7}$$

したがって，反応率 X_A は式(9-6)から次式となる．

$$X_A=1-\exp(-kt) \tag{9-8}$$

式(9-7)と式(9-8)を用いて，Aの濃度と反応率の時間変化の様子を図9-1にまとめた．式(9-8)から反応時間を求めると，次のようになる．

$$t=-\frac{\ln(1-X_A)}{k} \tag{9-9}$$

一次反応では反応率が X_A となるために必要な反応時間 t は，反応速度定数 k だ

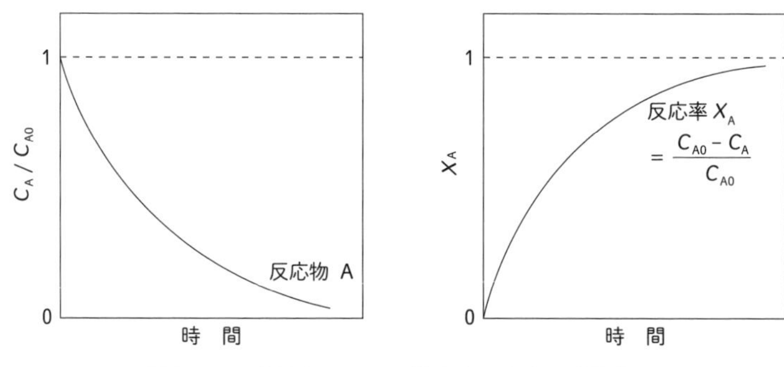

図 9-1　一次反応における濃度と反応率の時間変化

けで決まり，反応器の体積や反応物の初期濃度に依存しないことがわかる．

フラスコは回分式反応器の一種であると述べた．フラスコで反応を行って時間とともに成分AまたはPの濃度変化を測定する．反応率が変化する様子を横軸の時間に対して縦軸に $-\ln(1-X_A)$ をプロットすると，一次反応であれば式(9-9)から直線となり，その傾きの逆数から反応速度定数 k を求めることができる．

例題 9-1　一次反応における回分式反応器の反応時間と体積

回分式反応器で反応物Aの濃度が 5.0 kmol m^{-3} の溶液を使って，生成物Pを製造したい．反応率が 95 % となる反応時間を求めよ．また，1回の反応で 10.0 kmol のPを得るために必要な回分式反応器の体積を計算せよ．ここで，化学反応は溶液中で以下のような一次反応で進行し，反応速度定数 k は 1.0 h^{-1} であるとする．

$$\mathrm{A} \longrightarrow \mathrm{P}$$

解　説

式(9-9)に反応速度定数 $k=1.0\ \mathrm{h}^{-1}$，反応率 $X_A=95\ \%$ を代入すると，反応時間は以下のようになる．

$$t=-\frac{\ln(1-X_A)}{k}=-\frac{\ln(1-0.95)}{1.0}=3.0\ \mathrm{h}$$

1回の反応で 10.0 kmol のPを得るためには反応率が 95 % であることから，回分式反応器の体積を V とすると次のようになる．

$$V(5.0)(0.95)=10.0$$

したがって，体積 V は以下の値となる．

$$V = 2.1\ \mathrm{m^3}$$

9.3　連続撹拌槽反応器

前節で紹介した回分式反応器は，原料投入や反応後の溶液回収作業が必要であり，手間がかかることから，大量生産には不向きである．そこで大量生産を行うために原料をポンプで連続的に供給しながら，内容物を連続的に取り出す反応器が必要となる．連続的に反応させることを念頭に，図 9-2 に示すようなタンク型反応槽を考える．このような反応装置を連続撹拌槽反応器(continuous stirred tank reactor, CSTR)とよぶ．回分式反応器とは異なり，CSTR での反応は，反応器の体積と原料の供給速度で決まることになる．そこで反応器体積と反応率との関係を調べてみる．この場合も物質収支と反応速度式を使った解析が有効である．

CSTR において，タンク内の流体が十分撹拌，混合されており，タンク内のどの位置においても濃度が同じに保たれているとする．さらに反応器が定常状態で，時間変化がないとすると，反応器の入口と出口の流量である F_{in} と F_{out} は等しくなり，タンク内の液体積 V [m^3] は一定となる．この流量を $F(=F_{\mathrm{in}}=F_{\mathrm{out}})$ [m^3 h^{-1}] とすると，反応物 A の物質収支から以下の関係を導くことができる．

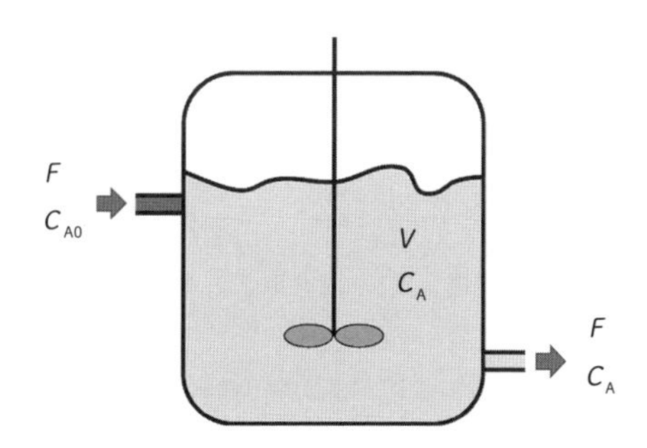

図 9-2　連続撹拌槽反応器(CSTR)

$$FC_A = FC_{A0} + Vr_A \tag{9-10}$$

反応器内では式(9-1)の一次反応が進んでいるとすると，式(9-2)の反応速度の関係を用いると，次のようになる．

$$FC_A - FC_{A0} = -VkC_A \tag{9-11}$$

V/F を τ と定義し，式(9-7)で定義した反応率 X_A について求めると，次の式を得る．

$$X_A = \frac{kV/F}{1+kV/F} = \frac{\tau k}{1+\tau k} \tag{9-12}$$

また変形して τ について求めると，次の式になる．

$$\tau = \frac{V}{F} = \frac{X_A}{k(1-X_A)} \tag{9-13}$$

ここで，新しい変数 τ を導入したが，この値は時間の次元をもち，溶液のタンク内の平均滞留時間を表している．連続攪拌槽反応器の場合，流入する物質がタンク内に留まっている時間すなわち滞留時間は分布をもつ．τ はその滞留時間分布の見掛け上の平均値を表している．式(9-13)より反応率 X_A を達成するために必要な平均滞留時間 τ は，原料の溶液濃度には依存せず，反応速度定数 k だけで決まることがわかる．また反応率 X_A を得るために必要な体積について解くと，次のような式となる．

$$V = \frac{FX_A}{k(1-X_A)} \tag{9-14}$$

例題 9-2　**一次反応における連続攪拌槽反応器の平均滞留時間と体積**

CSTR で反応物 A の濃度が 0.1 mol L^{-1} の溶液を 1.0 L s^{-1} で供給し，1 秒あたり 0.04 mol の生成物 P を製造したい．化学反応は溶液中で，以下のような一次反応で進行し，反応速度定数 k は 0.1 s^{-1} である．

$$\mathrm{A} \longrightarrow \mathrm{P}$$

反応率 X_A，必要な CSTR の体積 V，平均滞留時間 τ を求めよ．

解　説

流入する反応物Aと目的生成物Pの物質量から，必要な反応率は以下のようになる．

$$X_A=\frac{C_{A0}-C_A}{C_{A0}}=\frac{0.1-(0.1-0.04)}{0.1}=0.4$$

また，CSTRの体積は式(9-14)より以下のようになる．

$$V=\frac{FX_A}{k(1-X_A)}=\frac{1.0\times0.4}{0.1(1-0.4)}=6.7\ \mathrm{L}$$

したがって，平均滞留時間τは式(9-13)より以下となる．

$$\tau=\frac{V}{F}=\frac{6.7}{1}=6.7\ \mathrm{s}$$

9.4　管型反応器

タンクではなく，パイプの中に原料を流通させて反応させることもできる．この反応装置は管型反応器とよばれる．管路の中の流れは7.1節で示したように，管の径方向に速度分布が生じているが，ここでは理想的な場合を考えて，図9-3(a)のように，管路の半径方向に速度分布はないことにする．このような流れは，あたかもピストンで液体が押し出されるように流れることから押出し流れ(piston flow)あるいは栓流れ(plug flow)とよばれている．このような流れの管路を利用した反応装置は押出し流れ反応器(piston flow reactor, PFR)またはプラグフ

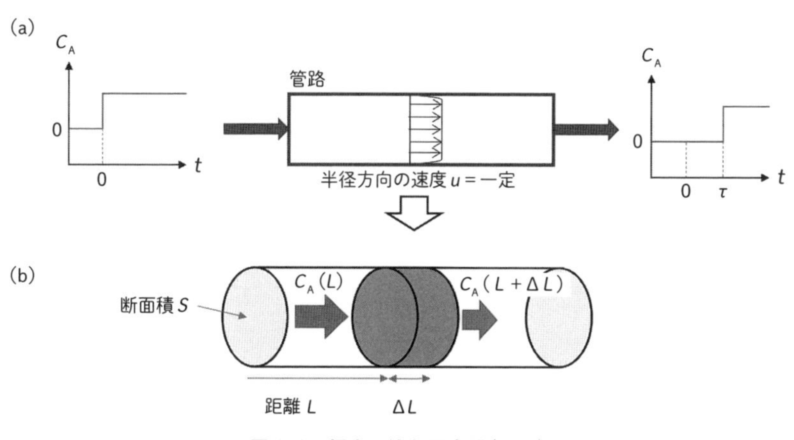

図9-3　押出し流れ反応器(PFR)

ロー反応器(plug flow reactor, PFR)とよばれる．押出し流れは管内の流れ方向に流体の混合や拡散がなく，また流れと直角方向に均一な速度であるため，図9-3(b)に示すようにPFRの入口から流入した流体はすべて$\tau(=V/F)$時間だけ経過したあとに出口からそのまま流出することとなる．そのためPFRはCSTRのような滞留時間分布をもたない．よって，CSTRではτを平均滞留時間とよんでいたが，PFRでは滞留時間とよび，すべての流体は一定の滞留時間後に反応器の出口から流出する．

PFRで式(9-1)の一次反応を行う場合を考える．入口から出口に向かって流体が進むにつれて反応が進行し，反応率が増大していく．ここで，PFRを流れる流体の速度をu [m s^{-1}]，PFRの円管の断面積をS [m^2]，入口からの距離座標をL [m]で表すことにする．図9-3(b)で入口からある距離Lから$L+\Delta L$の区間に注目して，Aの物質収支式をたてると，次のようになる．

$$uSC_A(L+\Delta L)-uSC_A(L)=uS\Delta Lr_A \tag{9-15}$$

左辺は微小区間に流入する反応物Aの物質量と，微小区間から流出するAの物質量の差を表している．また，右辺は微小区間で反応した反応物Aの物質量を表している．ここで，uSを体積流量F，$uA\Delta L$を反応器体積の微小部分ΔVとすると，式(9-15)は次のように変形できる．

$$FC_A(L+\Delta L)-FC_A(L)=\Delta Vr_A \tag{9-16}$$

両辺をΔVで割って，$\Delta V\rightarrow 0$の極限を考えると，次式を得る．

$$F\frac{\mathrm{d}C_A}{\mathrm{d}V}=\frac{\mathrm{d}C_A}{\mathrm{d}(V/F)}=\frac{\mathrm{d}C_A}{\mathrm{d}\tau}=r_A \tag{9-17}$$

ここで，$\tau=V/F$であり，流体が管型反応器に入ってからの滞留時間を表している．このPFR内での濃度変化の式(9-17)は，回分式反応器における式(9-4)の反応時間tを滞留時間τで置き換えた式となっている．このような結果になるのは，PFRの流れは流体の前後と混合せず独立しているため，反応時間を滞留時間として考えることができるためである．一次反応においては，PFRの反応率と滞留時間も同様に回分式反応器の式(9-8)と式(9-9)の反応時間tを滞留時間τで置き換えればよく，次のような関係となる．

$$X_A=1-\exp(-k\tau) \tag{9-18}$$

$$\tau=-\frac{\ln(1-X_A)}{k} \tag{9-19}$$

PFR における滞留時間は流体が反応器の空間に存在する時間でもあることから空間時間(space time)ともよばれる．さらに，空間時間の逆数は，単位時間あたりに中の流体が入れ替わる頻度を表すことから，空間速度(space velocity)とよばれている．

9.5　各反応器の比較

ここまでで回分式反応器，CSTR，PFR について反応率と時間との関係式(式(9-8)，式(9-12)，式(9-18))を得た．これらの関係式を見ると，反応率は反応器が回分式反応器だと kt，CSTR と PFR だと kV/F という無次元数にのみ依存することがわかる．反応速度定数 k の逆数は一次反応に要する時間のオーダー(時定数)を示すことから，これらの無次元数は，化学反応に要する時間と，反応物が反応器内に滞留する時間との比であると解釈することができる．すなわち，この無次元数が大きいほど，化学反応が十分な反応時間を反応器内に確保できることを意味している．これらの一次反応における時間に関する無次元数と反応率との関係を図 9-4 にまとめた．CSTR と PFR では V/F が反応器内の滞留時間であるが，CSTR の方が，同じ滞留時間でも反応率が低くなる．CSTR では反応率が

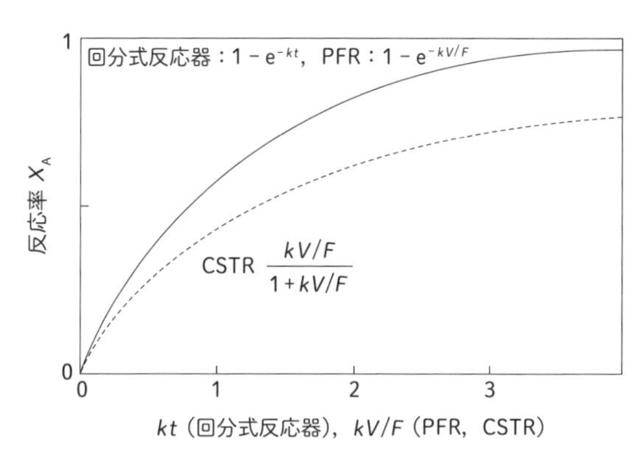

図 9-4　一次反応における時間に関する無次元数と反応率の関係

高くなるほど反応器内の反応物濃度が攪拌により低下し，反応速度が小さくなってしまうことが原因である．以上の結果より一次反応では CSTR は回分式反応器や PFR と比較して反応時間あたりの反応率は低くなることがわかる．

9.6 完全混合槽列モデル(多段 CSTR)

CSTR では物質が反応器に入ると一瞬で反応器全体に混合が起こるが，逆に PFR では物質が反応器に入っても流れ方向には混合が起こらない．すなわち，CSTR と PFR は反応器内の混合状態を理想化した両極の流れを表現しているといえる．しかし，現実の反応器の混合はこれら 2 つの理想流れの中間状態であることから，非理想流れを表す数学モデルが必要となる．そこで，ここでは複数の CSTR を直列に接続して，非理想流れを表現することを考えてみる．これを完全混合槽列モデルという．式(9-11)より体積 V の CSTR では，反応物 A の出口濃度と入口濃度の比は以下の式となる．

$$\frac{C_{\mathrm{A}}}{C_{\mathrm{A0}}}=\frac{1}{1+\tau k} \quad \tau=\frac{V}{F} \tag{9-20}$$

体積 V の CSTR を直列に並べていくと反応器の総体積をいくらでも大きくできてしまい回分式反応器や PFR の結果と比較ができなくなる．そこで図 9-5 のように，反応器の総体積が V で一定になるように体積 V を n 分割して得られる体積 V/n の CSTR を n 個用意し，直列に接続する．このときの各 CSTR における入口濃度と出口濃度の比は式(9-20)から以下の式となる．

$$\frac{C_{\mathrm{A1}}}{C_{\mathrm{A0}}}=\frac{C_{\mathrm{A2}}}{C_{\mathrm{A1}}}=\cdots=\frac{C_{\mathrm{A}}}{C_{\mathrm{A}n-1}}=\frac{1}{1+(\tau k/n)}$$

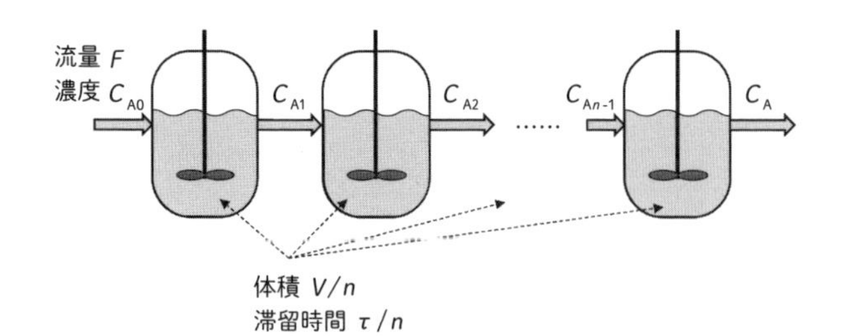

図 9-5　完全混合槽列モデル(多段 CSTR)

したがって，C_{A0} と最終出口での濃度 C_A の比を求めると，次のようになる．

$$\frac{C_A}{C_{A0}}=\left(\frac{1}{1+(\tau k/n)}\right)^n \tag{9-21}$$

ここで，分割を極めて細かくした極限($n \to \infty$)を考えると，次の結果が得られる．

$$\frac{C_A}{C_{A0}}=\lim_{n\to\infty}\left(\frac{1}{1+(\tau k/n)}\right)^n=\exp(-\tau k) \tag{9-22}$$

これより，槽列全体での反応率は次式になる．

$$X_A=\frac{C_A-C_{A0}}{C_{A0}}=1-\exp(-\tau k) \tag{9-23}$$

これは PFR における式(9-18)と一致する．この結果は PFR は極めて小さな CSTR が無数に並んでいる場合と同等であることを示している．このように，完全混合槽列モデルは CSTR と PFR の 2 つの理想流れの中間状態である非理想流れを，槽の数を調整するだけで表現することができるため，簡便で汎用的な反応器モデルとして用いられている．

また，PFR の軸方向の混合を拡散としてモデル化することで，現実の反応器の非理想流れを表現することもできる．これを混合拡散モデルとよぶ．詳細については省略するが，こちらのモデルは拡散係数を無限大にすると CSTR の結果と一致する．混合拡散モデルについては，章末の“さらに発展的な学習のための資料”を参考にされたい．

9.7　複雑な反応の場合

これまで一次反応という最も単純な反応を取り上げ，反応器について議論してきた．しかし，実際の反応はこのようなシンプルなものばかりではない．反応速度式が複雑になると反応率と滞留時間の関係が異なってくるが，解析の基本となるのは一次反応のときと同様に，物質収支の関係と反応速度のみである．実際に，これまでに出てきた式(9-4)，式(9-10)，式(9-17)における反応速度 r_A の部分を適切に置き換えれば，すべての場合についての解析が可能になる．

第II編　基礎編

9.7.1 反応の化学量論

これまで取り上げてきた一次反応では反応物も生成物も1種類しかなかったが，一般には複数の反応物から複数の生成物が生じることになる．反応物がAとBであり，反応物がCとDである次のような反応を考えてみる．

$$aA + bB \longrightarrow cC + dD \tag{9-24}$$

係数 $a \sim d$ は量論関係を表している．このとき各物質の反応速度には次の関係が成立する．

$$\frac{(-r_A)}{a} = \frac{(-r_B)}{b} = \frac{r_C}{c} = \frac{r_D}{d} \tag{9-25}$$

反応が進行したとき，この量論関係があるので，各成分の濃度を1つの成分の濃度変化で表現できる．たとえば，ある時点での反応物Aの濃度 C_A がわかれば，ほかの成分の濃度はAの濃度を使って次のように表現できる．

$$C_B = C_{B0} - \frac{b}{a}(C_{A0} - C_A) \tag{9-26}$$

$$C_C = C_{C0} + \frac{c}{a}(C_{A0} - C_A) \tag{9-27}$$

$$C_D = C_{D0} + \frac{d}{a}(C_{A0} - C_A) \tag{9-28}$$

ここで，下付きの0は反応開始時の濃度を表している．ここではAの濃度を基準としてすべての成分を表現したが，ほかの成分の濃度を基準としても同様な表現が可能である．しかし，反応率を考えるとき，どの物質を基準としてもよいというわけではない．反応を開始させるためにはまず反応物であるAとBを混合する．そのときのAとBの物質量の比がちょうど $a{:}b$ であればAとBの両方が消滅するまで反応が進行する．しかし通常は，反応物の混合比が量論比と一致するとは限らない．たとえばメタンを燃焼させるときは，完全燃焼させるために酸素を量論比よりも多く混合する．このときメタンが消滅した時点で反応が終了するため，酸素が残存することになる．このように，一般には反応が進行したときにどれかの反応物がそのほかよりも早く消滅することが多く，そのような先に消滅する成分を限定反応成分という．反応率は仕込みの物質量に対する反応による消費量で定義されるため，限定反応成分は反応率が100％となる可能性があるが，それ以外の残存する成分は 100 % に到達できない．このため反応率は，限定反応成分についての値を用いるのが適当である．

9.7.2　高次の反応

次の反応について考えてみる．

$$2\,\mathrm{HI} \longrightarrow \mathrm{H_2} + \mathrm{I_2} \tag{9-29}$$

体積一定の条件でこの反応を行うとする．これは気相で進行する反応で，反応による分子数の変化はないため反応器内の圧力を一定とみなすことができる．反応が進行するには 2 分子の反応物が出会う必要がある．同時に 2 つの分子が存在する確率は濃度の 2 乗に比例するので，反応速度に関して次のような式が得られる．

$$(-r_{\mathrm{HI}}) = kC_{\mathrm{HI}}{}^2 \tag{9-30}$$

このような反応は速度が濃度の二次式で表されるので，二次反応とよばれる．速度定数 k は式 (9-1) と同様に反応速度定数であるが，ここでは単位が k [$\mathrm{m^3\,mol^{-1}\,s^{-1}}$] となることに注意が必要である．このように，反応速度定数の単位は式の形によって変化する．反応速度は一般に濃度の n 次式となり，その時の反応を n 次反応という．速度式の両辺の単位の整合性が保たれるためには，速度定数の単位は，k [$\mathrm{m^{3(n-1)}\,mol^{-(n-1)}\,s^{-1}}$] となる．

先に説明した式(9-4)，式(9-10)，式(9-17)は一般の n 次反応でも活用でき，反応速度の部分を置き換えればよい．たとえば，式(9-29)の反応を回分式反応器で実施したとすると，式(9-4)に式(9-30)の反応速度式を代入すればよく，HI 濃度の変化は次式で示される．

$$-\frac{\mathrm{d}C_{\mathrm{HI}}}{\mathrm{d}t} = -r_{\mathrm{HI}} = kC_{\mathrm{HI}}{}^2 \tag{9-31}$$

初期濃度が C_{HI0} であるとしてこれを解くと，濃度と反応時間の関係を次のように導ける．

$$\frac{C_{\mathrm{HI0}} - C_{\mathrm{H}}}{C_{\mathrm{HI}}C_{\mathrm{HI0}}} = kt, \quad t = \frac{1}{kC_{\mathrm{HI0}}}\left(\frac{X_{\mathrm{HI}}}{1 - X_{\mathrm{HI}}}\right) \tag{9-32}$$

一次反応とは異なり，反応率は反応時間だけで決まるのではなく，初期濃度によっても変化することがわかる．また，CSTR と PFR の場合にはおのおの式

表 9-1　各反応器の設計方程式(等温，体積変化なし)

量論式	反応速度式	各反応器の設計方程式		
		回分式反応器	完全混合流れ反応器(CSTR)	押出し流れ反応器(PFR)
A ⟶ P	$r_A = -kC_A$	$t = \dfrac{-\ln(1-X_A)}{k}$	$\tau = \dfrac{V}{F} = \dfrac{X_A}{k(1-X_A)}$	$\tau = \dfrac{V}{F} = \dfrac{-\ln(1-X_A)}{k}$
2A ⟶ P	$r_A = -kC_A{}^2$	$t = \dfrac{1}{kC_{A0}}\left(\dfrac{X_A}{1-X_A}\right)$	$\tau = \dfrac{V}{F} = \dfrac{1}{kC_{A0}}\dfrac{X_A}{(1-X_A)^2}$	$\tau = \dfrac{V}{F} = \dfrac{1}{kC_{A0}}\left(\dfrac{X_A}{1-X_A}\right)$
A + B ⟶ P + C $(M = C_{B0}/C_{A0}(C_{A0} \neq C_{B0}))$	$r_A = -kC_AC_B$	$t = \dfrac{\ln\{M(1-X_A)/(M-X_A)\}}{kC_{A0}(1-M)}$	$\tau = \dfrac{V}{F} = \dfrac{1}{kC_{A0}}\dfrac{X_A}{(1-X_A)(M-2X_A)}$	$\tau = \dfrac{V}{F}$ $= \dfrac{\ln\{M(1-X_A)/(M-X_A)\}}{kC_{A0}(1-M)}$

(9-10)と式(9-17)に式(9-30)の反応速度式を代入して数学的に解けばよい．数学的に複雑にはなるが，考え方は一次反応のときとまったく同じである．解析結果のみ表9-1に示す．数学が好きな人はぜひとも解を導いてほしい．

次に，酸あるいはアルカリ触媒のもとで進行するエステル合成反応について考える．化学反応式は以下となる．

$$C_2H_5OH + CH_3COOH \longrightarrow CH_3COOC_2H_5 + H_2O \qquad (9\text{-}33)$$

ここでは，これ以外の反応は起きないものと仮定する．反応はエタノールと酢酸が出会って初めて進行するため，この出会う頻度はエタノールと酢酸の双方の濃度に比例すると考えられる．このため，反応速度式は以下のように表すことができる．

$$-r_A = -kC_AC_B \qquad (9\text{-}34)$$

ここで，Aはエタノール，Bは酢酸を示す．この場合も反応器に応じた収支式(式(9-4)，式(9-10)，式(9-17))の反応速度の部分に，この式(9-34)を代入することで時間と濃度の関係を導出できる．たとえば回分式反応器であれば，

$$\frac{dC_A}{dt} = r_A = -kC_AC_B = -kC_A(C_{B0} - (C_{A0} - C_A)) \qquad (9\text{-}35)$$

となり，$M = C_{B0}/C_{A0}$ $(C_{A0} \neq C_{B0})$ の条件で解くと，

$$\frac{\ln(MC_A/C_B)}{C_{A0}(1-M)} = kt, \quad t = \frac{\ln\{M(1-X_A)/(M-X_A)\}}{kC_{A0}(1-M)} \qquad (9\text{-}36)$$

となる．また，CSTRとPFRの場合にはおのおの式(9-10)と式(9-17)に式(9-34)の反応速度式を代入し解くと，表9-1に示した解析結果が得られる．

9.7.3 複合反応

1つの化学反応式だけで表すことができる反応は単一反応といい，複数の化学反応式で表されるものは複合反応という．さらに複合反応は基本的に図9-6に示すような並列反応および逐次反応に大別できる．さらに複雑な反応でも並列と逐次反応を適宜組み合わせることで表現することができる．

複合反応によって生成するB，Cのうち，目的生成物であるのはいずれか一方である場合がほとんどである．反応物Aが反応しすべて目的生成物になる場合

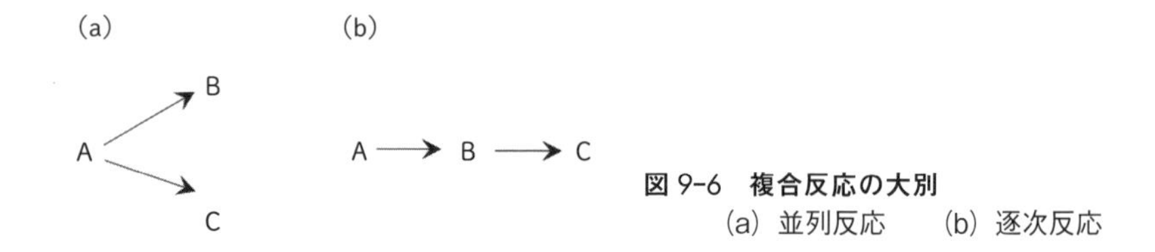

図 9-6　複合反応の大別
(a) 並列反応　　(b) 逐次反応

は，反応評価の指標は反応率だけでよいが，別に副生成物が生じるような場合は，反応した反応物Aがどれだけ目的生成物になったかを表す指標が必要である．反応した物質量の中で，目的生成物を生成した量の割合を選択率Sとよび，以下のように定義される．

$$S=\frac{\text{目的生成物に変化した反応物Aの物質量 [mol]}}{\text{反応した反応物Aの物質量 [mol]}} \tag{9-37}$$

また，収率Yは反応率Xに選択率Sを乗じた値であり，以下のように定義される．

$$Y=X\times S=\frac{\text{目的生成物に変化した反応物Aの物質量 [mol]}}{\text{反応器に供給された反応物Aの物質量 [mol]}} \tag{9-38}$$

すなわち，収率Yは反応物Aから目的生成物を取り出すときに，最大に取り出せる量と実際に得られた量との割合を意味する．反応物Aから目的生成物Bと副生成物Cが生成する反応を例にとり，反応率，選択率，収率の関係のイメージを数値例とともに図 9-7 に示す．図 9-7(a)のように反応前 $t=0$ の反応物Aの物質量

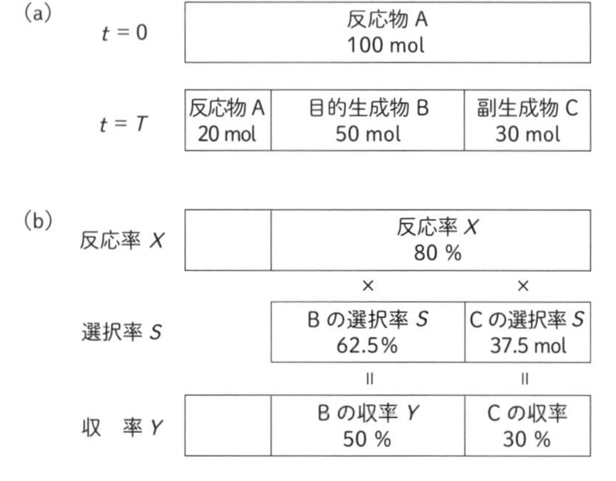

図 9-7　複合反応での反応評価の指標
(a) 反応前後の物質量　　(b) 反応率，選択率，収率の関係

を 100 mol とし，反応後 $t=T$ のときの目的生成物 B になった A の物質量を 50 mol，副生成物 C になった物質量を 30 mol とする．図 9-7(b)から反応率 X は反応した A の割合なので，80 % である．目的生成物 B の選択率 S は 62.5 % で，収率 Y は 50 % となる．

複合反応の各成分の濃度の時間変化の様子を考える．以下の 2 つの一次反応からなる並列反応が回分式反応器内で進行しているとする．

$$\mathrm{A} \longrightarrow \mathrm{B} \quad (\text{反応速度} \quad (-r_{\mathrm{A1}}=k_1C_{\mathrm{A}}) \tag{9-39}$$

$$\mathrm{A} \longrightarrow \mathrm{C} \quad (\text{反応速度} \quad (-r_{\mathrm{A2}}=k_2C_{\mathrm{A}}) \tag{9-40}$$

反応物 A の物質収支に反応速度式を代入すると次のようになる．

$$\frac{\mathrm{d}C_{\mathrm{A}}}{\mathrm{d}t}=r_{\mathrm{A}}=r_{\mathrm{A1}}+r_{\mathrm{A2}}=-k_1C_{\mathrm{A}}-k_2C_{\mathrm{A}}$$

$$=-(k_1+k_2)C_{\mathrm{A}} \tag{9-41}$$

生成物 B，C についても同様の物質収支式を立て，反応速度式を代入すると，以下の 2 つの式が得られる．

$$\frac{\mathrm{d}C_{\mathrm{B}}}{\mathrm{d}t}=r_{\mathrm{B}}=\frac{r_{\mathrm{A1}}}{-1}=k_1C_{\mathrm{A}} \tag{9-42}$$

$$\frac{\mathrm{d}C_{\mathrm{C}}}{\mathrm{d}t}=r_{\mathrm{C}}=\frac{r_{\mathrm{A2}}}{-1}=k_2C_{\mathrm{A}} \tag{9-43}$$

$k_1/k_2=2$ の条件で式(9-41)～(9-43)の連立微分方程式を各成分の濃度について解き，時間 kt の無次元数でプロットしたものが図 9-8(a)である．この結果は図 9-8(b)の水槽モデルで考えるとイメージをとらえやすい．水槽に溜まっている水の量は各成分の濃度に対応している．A 槽に水をいっぱいにして，A から B 槽につなぐ管のバルブと A から C 槽をつなぐ管のバルブを同時に開くと，その後の各槽の水量は図 9-8(a)の各成分の濃度と同じように変化する．反応物 A の濃度の減少は式(9-41)からわかるように，単独の一次反応で反応速度定数が k_1+k_2 として考えれば理解できる．しかし，並列反応の場合には生成物が 2 種類あり，A の減少分だけ B と C の水量は増えるが，その比は A 槽と B 槽および C 槽につなぐ管の太さ(抵抗)に依存することになる．この管の抵抗は 2 つの反応の進みにくさに相当しており，各反応速度定数の逆数に対応している．そのため並列反応の場合は，B と C の濃度の比は，反応速度定数 k_1 と k_2 の比で決まることになる．

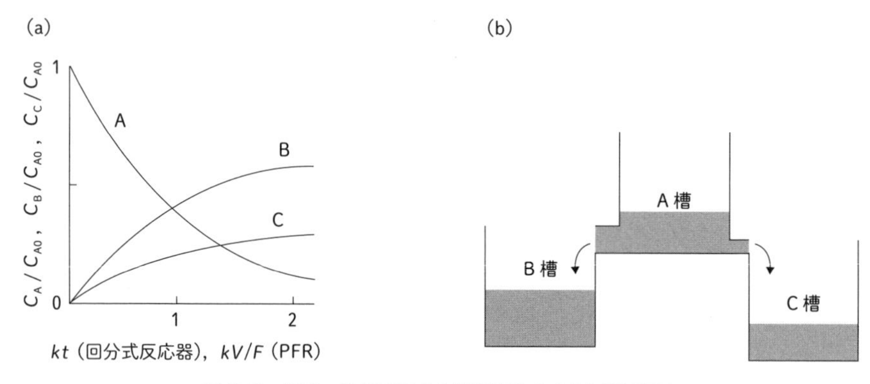

図 9-8　並列一次反応の(a)濃度変化と(b)水槽モデル

次に，以下のような 2 つの反応が連続して起きる逐次反応について考える．

$$\mathrm{A} \longrightarrow \mathrm{B} \quad (-r_\mathrm{A}=k_1C_\mathrm{A}) \tag{9-44}$$

$$\mathrm{B} \longrightarrow \mathrm{C} \quad (-r_\mathrm{B}=k_2C_\mathrm{B}) \tag{9-45}$$

反応物 A の反応速度は，

$$\frac{\mathrm{d}C_\mathrm{A}}{\mathrm{d}t}=r_\mathrm{A}=-k_1C_\mathrm{A} \tag{9-46}$$

中間生成物 B に関しては，

$$\frac{\mathrm{d}C_\mathrm{B}}{\mathrm{d}t}=-r_\mathrm{A}+r_\mathrm{B}=k_1C_\mathrm{A}-k_2C_\mathrm{B} \tag{9-47}$$

最終生成物 C に関しては次のようになる．

$$\frac{\mathrm{d}C_\mathrm{C}}{\mathrm{d}t}=-r_\mathrm{B}=k_2C_\mathrm{B} \tag{9-48}$$

$k_1/k_2=2$ の条件で，式(9-46)～(9-48)の連立微分方程式を各成分の濃度について解いて，時間 kt の無次元数でプロットしたものが図 9-9(a)である．この結果も図 9-9(b)の水槽モデルで考えるとわかりやすい．反応物 A の濃度が減少する様子は単独の一次反応の場合とまったく同じである．最初の生成物 C の濃度変化は B 槽に水がほとんどないため，C 槽の水量はゆっくりとしか上昇しない．やがて B 槽の水量が増加すると，それに伴い C 槽の水量の上昇速度は徐々に増加する．その後 A 槽の水が少なくなるに従い B 槽の水量も少なくなるため，再び C 槽の水量の上昇速度は徐々に減少することになる．逐次反応で中間生成物 B を目的生成

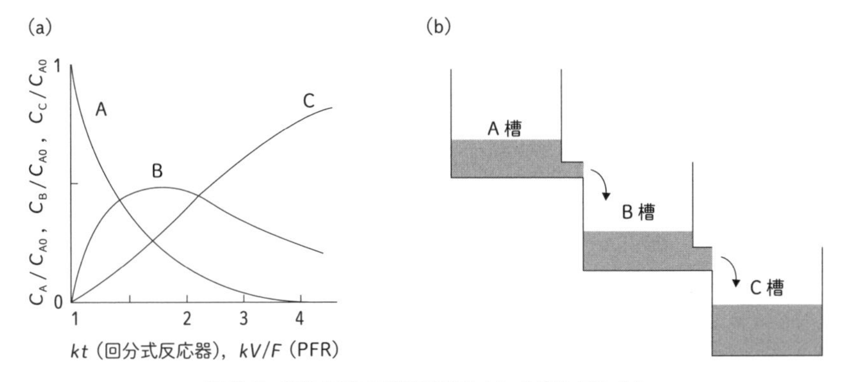

図 9-9　逐次反応の濃度変化(a)と水槽モデル(b)

物とする場合にはＢの濃度変化が重要となる．水槽モデルを見てもわかるようにＢの水量は一度増えてから，その後減少に転じる．そのため，中間生成物Ｂを効率よく合成するには，最適な反応時間で反応をストップし，反応生成物を分離しなければならない．

PFR での並列反応および逐次反応の反応率や濃度変化は，単独一次反応のときと同様に回分式反応器の反応時間 t を滞留時間 V/F で置き換えるだけで得ることができる．そのため，図 9-8(a)と図 9-9(a)の横軸を kV/F とすればよい．一方，CSTR に関しても単独一次反応の場合と同じように，物質収支から代数方程式として求めることができる．並列反応に対しては以下の三式（式(9-49)～(9-51)）を解けば，平均滞留時間 V/F の関数として各成分の濃度を求めることができる．

$$FC_A - FC_{A0} = Vr_A = -V(k_1 + k_2)C_A \tag{9-49}$$

$$FC_B = Vr_B = Vk_1C_A \tag{9-50}$$

$$FC_C = Vr_C = Vk_2C_A \tag{9-51}$$

以上の反応物や生成物の時間変化の計算結果をもとに，各反応器に関して反応率 X_A と目的生成物Ｂの選択率 S_B について図 9-10 にまとめた．図(a)の並列反応では，生成物Ｂの選択率 S_B は反応率 X_A によらず一定である．これは，ＢとＣが常にＡから一定の比で生成してくるので，当然の結果である．したがって，回分式反応器，CSTR，PFR のすべて，または反応器の混合状態が変わったとし

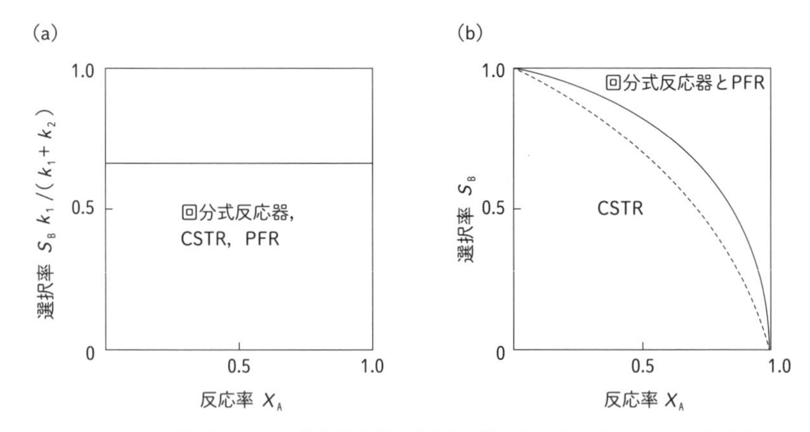

図 9-10　選択率 S_B の反応率依存性の装置形式による違い（$k_1/k_2=2$ の場合）
(a) 並列反応　　(b) 逐次反応

ても並列反応の選択率 S_B は常に $k_1/(k_1+k_2)$ となり，反応速度定数だけで決まることになる．

一方，図 9-10(b)の逐次反応の場合は，反応率 X_A が 0 に近づくと選択率 S_B は 1 に近づき，反応率 X_A が 1 に近づくと選択率 S_B は 0 に近づく．これは，B は生成反応と同時に消滅反応が進行するためであり，水槽モデルで考えると容易に理解できる．逐次反応では反応率 X_A を上げると，選択率 S_B が下がってしまうことから，生成物 B の収率を最大にするためには最適な反応時間(または滞留時間)を選択する必要がある．さらに，選択率 S_B は回分式反応器，CSTR，PFR といった反応器の種類や反応器内の流れの状態に大きく影響を受ける．また同じ反応率で比較すると，CSTR の選択率 S_B は回分式反応器や PFR と比較して低いことがわかる．

9.7.4　より多様な反応への応用

化学反応には非常に多くの種類がある．本章では反応に関わる相がおもに液体である場合を想定して解説を行ってきた．しかし実際には気相で進行する反応もあり，さらには複数の相が関与する反応も多い．有機物の水素化などの場合には，気体と液体の双方が反応に関与することになる．このような場合には，相間の水素の物質移動速度を考慮して物質収支を考えれば解析が可能である．また，固体触媒を用いる気体の反応がある．身近な例をあげると，自動車のエンジンから出る排ガスを固体触媒と接触させることでそれに含まれる有害成分を分解除去することができる．この場合には，触媒層を気体が通過する時間を滞留時間として考えるとPFRの設計法が活用できる．

一方で，反応のメカニズムが複雑な場合には，速度が単純な式で表現できない場合がある．たとえば，酵素反応や固体触媒が関与する反応では，複数の反応が同時進行している．このときの個々の反応を素(そ)反応とよび，素反応を用いて書き表した反応経路がその化学反応の反応機構である．素反応に分解する前の反応は総括反応とよばれ，反応の起こる前と完了したあとの正味の変化の仕方のみを示すものである．素反応のすべての反応速度定数が明らかにできる場合は少なく，またそれらがわかったとしても多数の素反応を考慮して反応器を設計するのは至難の業である．そこで，素反応ごとに速度が異なっているが，総括反応の速度を左右しない素反応を簡略化するなどして反応全体の速度を単純化した反応速度式で表現し，その反応速度式を，ここで示した反応器の設計法に適用することで，各種反応器の解析が可能となる．これらの詳細については章末の“さらに発展的な学習のための資料”などを参照されたい．

例題 9-3　カイロの発熱量

使い捨てカイロには鉄粉が入っており，これが空気で酸化されるときに放出する反応熱を利用する仕組みとなっている．反応熱は反応速度に比例し，反応速度は空気中の酸素濃度が高いことから，一次反応として取り扱うことができる．よって発熱速度は未反応の鉄粉の量に比例すると考えることができる．ある使い捨てカイロを使っていると，使い始めて3時間後には発熱速度が開始時に比べて70％に落ちた．カイロの温度は一定として反応速度定数を求め，発熱速度が50％になる時間を求めよ．

解　説

使い捨てカイロは回分式反応器ととらえることができる．発熱速度が初期に比べて70％になったとき，鉄粉の反応率は30％であることから，反応速度定数は式(9-9)から次式となる．

$$k=-\frac{\ln(1-X)}{t}=-\frac{\ln(1-0.30)}{3}=0.12\ \mathrm{h}^{-1}$$

発熱速度が 50 % に達するまでの時間は，同様に式(9-9)から次式のように求まる．

$$t=-\frac{\ln(1-X)}{k}=-\frac{\ln(1-0.5)}{0.12}=5.8\ \mathrm{h}$$

9.8 ま と め

本章では反応工学の基礎を学んだ．文中で何度も述べたように，反応に関わる物質収支と反応速度の式を組み合わせることで，各成分の濃度や反応率の時間変化を求めることができる．所望の反応成績を得るためには，反応を行う時間がわかればよく，それをもとに回分式反応器の操作や，CSTR や PFR の容量を求めることができる．

さらに発展的な学習のための資料

本章で学んだ項目について，さらに詳しく勉強したいときには，以下を推薦する．

1） 橋本健治：“反応工学 改訂増補版”，培風館（2019）．
2） 草壁克己，増田隆夫：“反応工学”，三共出版（2010）．
3） 小宮山 宏：“反応工学―反応装置から地球まで”，培風館（1995）．
4） 久保田 宏，関沢恒男：“反応工学概論 第 2 版”，日刊工業新聞社（1986）．
5） 太田口和久：“ベーシック 反応工学”，化学同人（2015）．
6） O. Levenspiel: “Chemical Reaction Engineering, 3rd ed.”, John Wiley（1998）．
7） H. S. Fogler: “Elements of Chemical Reaction Engineering, 4th ed.”, Prentice Hall（2005）．

10

システム化と化学工学設計

10.1 プロセスシステム工学

システム化とは，ある目的を達成するために要素を関係で結合することをいう．化学工学は，おもに化学工場，とくに石油や石炭，天然ガスなどの化石資源から化学品を製造する設備・工場を対象とし，これらを設計・建設・運転するためのシステム化のためのサイエンス(科学)として社会に貢献してきた．ほかにも，電力や動力，空調による快適空間の提供，身近な製品に含まれる高機能電子デバイス，食品や医薬品，細胞など社会を快適，豊かにするための製品を利用可能とするために大きな役割を果たし続けている．応用先が広がりを見せても根底で変わらないのは，要素となる操作を物質やエネルギーの流れで連結して生産のための一貫した設備を設計し，その運転，制御，管理方法を体系的に効率よく行うことの必要性である．このために，ケミカルエンジニアは，数理モデル化，大規模最適化などの重要なツールを駆使してきた．そして，この際に必要となった最適化アルゴリズムの開発などを通じて，化学以外の分野へも貢献してきている．化学工学のうち，システムの設計と運転，管理，計画に関する領域をプロセスシステム工学とよんでいる．

化学工場の設計においては，反応器や分離器，熱交換器などを要素として，プロセスのシステム化を行う．反応器については9章で，分離器の代表格である蒸留塔については第Ⅲ編の13章で学ぶ．また，目的とする反応のみを，反応器の中で完全に進行させることは難しい．このため，副生成物や未反応の反応基質の分離により製品を仕上げるとともに，リサイクルによって原料消費を削減する必要性が生じる．このときに，反応器で変化せずリサイクルループに残留する成分の濃度を一定以下に抑えるためにパージが必要であることも，すでに例題6-7においてアンモニア合成の演習で学んだ．また，同じ6.2節では，検査面を設定し物質収支をとる方法についても学んだ．これらはすべて，プロセスをシステム化して必要とする製品を製造するのに必要な知見の一部である．しかし，より本質的に，どのようなプロセスが必要とされているのか，より優れた設計を選ぶのか，といったことはここまででは学んでこなかった．そこで本節では，プロセスシステム工学のこれまでの発展や果たしてきた役割を概観し，システム化の技法の導入としての設計論の基礎を学ぶ．

10.1.1　システム化の役割と方式の変遷

化学工場は建設されると40～60年程度は運転され，ほぼ同じ製品を生産し続ける連続生産プロセスのかたちをとるものが多い．日本では多くの石油化学工場の建設が1950～1960年代に開始[1]され，周辺国の中で先行していた．その後，省エネルギー化や大型化も進められてきたが，資源調達や設置可能な土地の制限の強い日本国内での化学工場の新設は減少している．この状況に応じて，プロセスシステム工学の適用先も，国内では既存設備に関するものが増えていった．たとえば，どのように異常の予兆を検知するか，設備の一部更新をどのように行うか，より効率的な運転のためにどのようにセンサーを配置し制御すればよいのか，といったテーマが重要となっている．生産の場で得られるビッグデータの活用や人工知能などのデータサイエンスを応用する試みがこの分野で活発であり，石油化学やそのほか関連分野の企業は，競争力を維持・向上するために導入を急いでいる．

連続生産プロセスでは，規模が大きく新しい設備の方が高効率となるため，海外の後発工場が優位となる傾向がある．このため，国内では少量で多品種の高付加価値製品を製造する工場の重要性が相対的に高まってきた．化粧品や機能性食品，高機能材料，薬などがその例である．これらの製品の製造において，プロセスの稼働率を高く保ち，設備費を抑えた生産を行うためには，石油化学のように大規模な連続生産プロセスで同じものを生産し続ける方式の採用は難しい．同じ設備を使いつつ，投入する原料や設備の使用方法を変え，需要があるときにタイミングを合わせて製造する方式の方が合理的である．台所では何をつくるのでも同じような調理器具(包丁，鍋など)を使って，必要なときに調理をするが，これと同じである．このようなプロセスの設計と効率的な運転，スケジューリングもプロセスシステム工学の検討対象となっている．反応器に原料を仕込み，反応後に取り出すバッチプロセス，モジュール(module)を連結して連続プロセスとし，製品を切り替える際には一部のモジュールを入れ替えることで対応するモジュール化連続生産プロセス(フロー合成プロセス)などに分類でき，具体的形態としてはさまざまなものが提案され，検討が進められている．

優れた設計へのニーズは高度化してきており，期待も各分野でますます高まりをみせている．たとえば，気候変動対策が急務となっている昨今，温室効果ガスの実質排出ゼロ，つまりカーボンニュートラルな生産(図 10-1)を実現する必要がある．もちろん，すべての個別プロセスからの排出をゼロにするのは不可能である．その代わりに，すべての生産における原料や燃料，溶媒などを，従来のように化石資源から製造するのを止めて，原料をバイオマス，使用後混合プラスチックなどのリサイクル材料，そして排ガスや大気中などから固定した二酸化炭素(CO_2)や窒素(N_2)などに求めるのである．これが達成できれば，正味の排出量をゼロにすることが可能となる．そのためには製品の生産体系と消費体系の転換が急務である．この転換はかなりおおがかりなものとなることが考えられる．既存の設備の改造と追加で対応可能な場合もあるかもしれないが，根本的な廃止や置換えが必要な生産設備も多いだろう．したがって今後は，国内でも，新規プロセスの設計の場面が増えてくると考えるのが自然である．またこのとき，原料が変わることに合わせて変化する，さまざまな操作の性質，難易度への対応が求

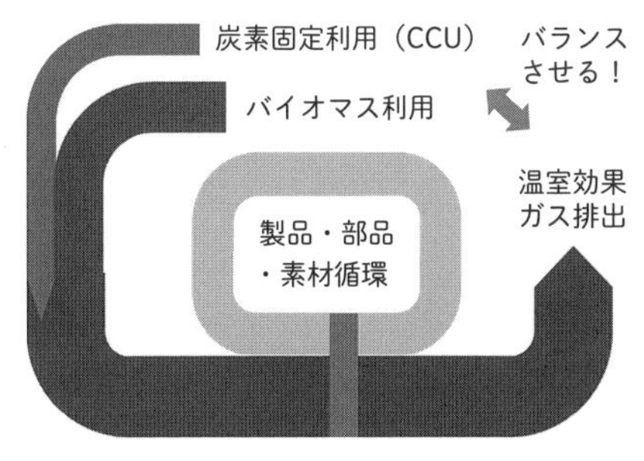

図 10-1　カーボンニュートラルな生産体系におけるカーボンバランス

められるだろう．たとえば，410 ppm (0.04 %)程度の低濃度 CO_2，さまざまな物質の混在する燃焼排ガス中の 10 % 程度の CO_2，などの原料を用いたいといった具合で，触媒変換を伴うプロセスにとっては，高難易度の要求をクリアするシステム設計が必要となる．バイオマスでも，収穫時期が周年のものはほとんどなく時期が限られること，収量や成分が安定しないこと，収穫後の腐敗や変質，水分管理など化石資源にはなかった諸課題を乗り越えるシステム設計でなくてはならない．消費後の一般廃棄物も貴重な資源となるが，これを利用可能とするためには，製品自体の設計，消費者の行動や，ごみ収集の仕組みまで設計対象に含める必要がある．いずれの例においても，その実現のためには，変動を吸収し，効率的な変換を可能とする優れたシステム設計が求められている．

設計には，優れた要素技術の活用，変動への対処のほかに，将来を見据えた戦略を織り込むことも求められる．化学プロセスの建設は高価だが，稼働率よく長期間利用することで設備費を抑えることができる．このためには，実現し得る将来の想定を複数行い，どの想定でも経済的に成立し得る工夫が設計時に求められる．たとえば，従来は燃料を用いて加熱していた操作について，電化を進める動きが始まっている．たしかに，電力は現状では化石資源を多く消費しながらつくられており，電力への変換効率は熱への変換効率に劣るのが一般的である．ところが，電力による生産では，蓄エネルギー技術の開発が進めば太陽光や風力など自然エネルギーのみで駆動することも可能となる．そこを見据えてさまざまなシナリオを検討し，戦略的に電化を進めることは，時代の要請という大前提に応える動きといえるだろう．このように，これまで培われたものが必ずしも通用しない，方法論の転換(パラダイムシフト)が必要とされている．

10.1.2　システム設計の進め方

さて，時代に対応して変遷し続ける，化学プロセスのシステム化の役割を概観したが，いずれの場合についても，単位操作やその組合せによる要素プロセスを確立できたら，これらを適切にモジュール化，あるいは統合化することにより，目的の製品を必要な生産量で，安全かつ効率的に生産するシステムを設計することになる．本項ではこの“設計”について説明する．

設計(design)は相当に複雑な行為である．こんな事業をしたい，こんな製品をつくりたい，といった大局的な方針から具体的な案や要求事項を抽出し，これに合わせた課題設定の概要を記述する．こうして具体性の向上した概要を意思決定者に提示し，意図と合致しているかを確認する．このような作業をある程度繰り返すことで，意思決定者と設計者の間の認識や理解を合わせつつ，情報収集により外部条件をよりよく理解することも必要である．その後，候補となる操作の組合せとしてのシステムを列挙し，システムの概念設計を行う．この手順はシステム合成(system synthesis)とよばれる．この過程で，場合によっては課題設定を再度確認する必要が生じるかもしれない．このようなやりとりの中で設計問題の定義を明確化(well-defined)していくのが通常のやり方である．

設計課題の定義を明確化するためには，最適化問題として定式化して考えるのが有効である．最適化問題は，目的関数，制約条件，設計変数，モデル変数を設定し，複数の数式を用いて定式化する．この点について掘り下げて説明する．

まず目的関数(objective function)とは，設計の評価指標を規定する式である．目的関数を最大化，あるいは最小化する設計を得ることが最適化で具体的に行う作業である．たとえば，化学産業においては，コストの最小化，利潤の最大化など経済的な指標を用いることが一般的な目的関数設定として用いられてきた．最大化と最小化は目的関数に -1 を掛ければ互いに可換な関係(mutually commutable)であり，本質的な違いはない．設計変数(design variable)とは，ある設計を規定するのに用いられる変数である．たとえば，長方形を設計するのであれば，幅と高さを設計変数とすればよい．代わりに 1 辺の長さと縦横の比率を設計変数としてもよいし，対角線の長さと交わる角度を設計変数としてもよい．ただ，このとき目的関数は設計変数の関数として定義される必要がある．設計を変えても目的関数による評価値に変化が生じないようでは，設計の優劣を論じることができないからである．対象物はさまざまなモデル変数で観察される．これらのモデル変数の数から，変数間の関係式の数を引いた数を自由度(degree of freedom)とよぶ．自由度の数だけモデル変数が決定されれば設計は一意に定まる．言い換えれば，モデル変数から自由度の数以上の設計変数が選ばれ，それらの値を変更することで目的関数を最大化，あるいは最小化するような設計を得る作業が最適化である．

このとき，モデル変数やその関数は，それぞれが従うべき制約条件(constraint)をもつ．制約条件は多くの場合，等式，あるいは不等式で記述される．たとえば，対象物のモデルは等式制約条件として記述される．物質やエネルギーなどの収支式，モデルに特有の関係式などがこれにあたる．たとえば長方形であれば，面積は幅と高さの積と等しくなるが，三角形や台形では面積は別の等式で規定する必要がある．このような式がすべて等式制約条件として記述されることになる．対象システムに含まれるモデル変数の数からこれらの等式制約条件を引いた値が自由度である．これに加えて，プロセスの設置可能面積，利用可能な資源の制約，汚染物質の排出量や濃度，利用可能な資金に代表されるような不等式制約条件を考えることがある．また，多くの変数は正値をとることから，非負制約条件も不等式制約条件として考える．ここで数式としての表現を紹介しておこう．

$$\text{minimize} \ \ f(\boldsymbol{x})$$
$$\text{s.t.} \ \ \boldsymbol{x} \in S$$

ここで，$\boldsymbol{x}$ はベクトルで決定変数，あるいは設計変数とよばれる．つまり，$(x_1, x_2, \cdots, x_N)$ というN個の変数のことである．S は制約集合で，$\boldsymbol{x} \in S$ の部分が制約条件である．s.t. は“subject to”の略であり，略さない場合もある．以下のように省略した表記がとられることもある．

$$\min\{f(\boldsymbol{x}) | \boldsymbol{x} \in S\}$$

例題 10-1　**設計問題の定式化**

長さ 10 m の金属棒がある．この棒を折り曲げて長方形をつくるとき，最も面積を大きくするような折り曲げ方はどのようなものか考える．

(1)　自由度はいくつか．

(2)　目的関数，制約条件，設計変数を定義せよ．

解　説

長方形の形を決めるために採用できる変数の組合せは多くあるが，面積 A [m^2] を議論するので横幅 w [m]，高さ h [m] を採用するのが便利だろう．長方形では面積は横幅と高さの積となるから，これを等式制約条件($S1$)とする．また，棒の長さは 10 m と決まっているので，これも等式制約条件($S2$)とする．棒の長さを残してよいなら，辺の長さの合計を 10 m 以下とするため不等式制約条件($S2'$)となる．

(1)　いま，モデル変数の数は 3，等式制約条件の数は 2 なので，自由度は 1．つまり，横幅か高さのどちらかを決めれば，ほかの変数は決定される．棒の長さを残してよいことにするなら等式制約条件の数は1なので，自由度は2となる．実際には，面積の最大化なので棒の長さを余らせても意味はなく，最適化の結果 $S2'$ の場合でも左辺＝右辺となるように設計変数は決定されることになる．

(2)　$\max A(w, h)$

s.t.

$A = wh$　　(S1)

$2w + 2h = 10$　　(S2)

$2w + 2h \leq 10$　　(S2′)

ただし，S2，S2′ はどちらか1つを採用する．

定式化後に最適化を実行する際には，通常はまず自由度の数だけモデル変数の値を“うまく”指定し，これがすべての制約条件を満たす状態（設計変数が“feasible な状態”）を得る．この作業を初期化（initialization）という．そこから設計変数をモデル変数の中から自由度の数だけ指定し，最適設計を決める．具体的には，最適化アルゴリズムで指定される方針に従って設計変数が変更され，制約条件をすべて満たしつつ目的関数を最適化するような設計変数が決定される．

定式化された最適化問題は解析的，あるいは数値的に解くことになる．これらの具体的解法の詳細については下記にあげるキーワードから関連文献を調べて参照してほしい．数値的な方法，つまり式の変形を伴うような解析によらない方法としては，二分法，最急降下法，共役勾配法，シンプレックス法（Nelder-Mead法），遺伝的アルゴリズムなどがあげられる．また，対象とする系が簡単であれば解析的な方法，つまり式を変形して解析する方法も利用可能である．このような方法には，たとえばラグランジュ（Lagrange）の未定係数法がある．対象となる問題に合わせてさまざまに工夫をした図を用いて最適化を行う作図法を使うことが可能な場合もある．

例題 10-2　**設計問題の初期化と最適化**

蓋のない円柱形のタンクを設計する．設置場所が限られているので，設置可能面積は $36\ \mathrm{m}^2$ 以下，設置可能高さは 5 m 以下である．また，タンクの下には，1 m^2 あたり 30 000 円かけて鉄筋コンクリートで基礎を設置，タンクは基礎の上に直置きとする．コンクリート基礎の形は円柱を包含するのにちょうど必要な正方形の面とする．タンク材料は 1 m^2 あたり 25 kg とし，1 kg あたり 1000 円である．

(1)　容量を 30 kL とする場合，どのような形状であれば最も設置費用が安価となるかを求める最適化問題を定式化せよ．ただし，容積や面積の計算の際，タンク材料の厚みは無視してよい．

(2)　(1)の設計問題を初期化せよ．

(3)　(2)の最適化問題を解け．

解　説

(1)　設置費用を C，タンク半径を r，タンクの高さを h，円周率を π とする．

$\min C(r,\ h)$

s.t.

$C=1000\times 25(\pi r^2+2\pi rh)+30\,000\times 4r^2$　　（タンク材料と基礎の費用の合計）

$\pi r^2 h=30$　　（タンク容量は 30 kL）

$4r^2\leq 36$　　（設置可能面積は 36 m^2 以下）

$h\leq 5$　　（設置可能高さは 5 m 以下）

$h>0,\ r>0$　　（非負制約）

ちなみに，変数は 3 つ $(C,\ r,\ h)$，等式は 2 つなので，自由度は 1 であり，r を決めれば h も決まる．

(2)　自由度が 1 なので，たとえば r だけを探索すればよい．仮に $r=1$ m としてみよう．設置可能面積制約については 1 m^2 でクリアしている．ところが，容積が 30 kL なので $h=30/\pi$ [m] となり，タンク高さ制約に抵触してしまう．そこで $r=3$ m とすると，設置面積制約は 9 m^2 でクリア，タンク高さ制約も $h=$

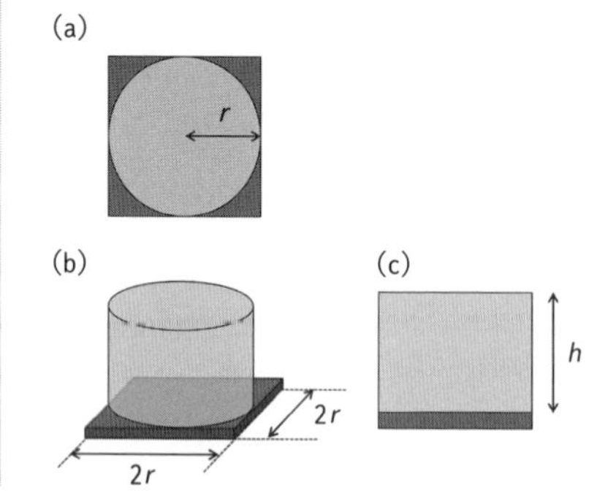

図 10-2　設計するタンクの平面図(a)と見取図(b)および立面図(c)
平面図は真上から見た様子を，立面図は真横から見た様子を表す．

10/3π [m] でクリアする.

(3) コストとタンク高さの関係(図 10-3)を見てみよう. コスト合計の最小値はタンク半径(横軸)で見たときにタンク高さの制約(>1.382 m)と設置面積の制約(<3.000 m)の間になくてはならない. いま, 図 10-3 のように, たしかにコスト合計の最小値は制約条件を満たす範囲に入っている.

なお, 今回は最適解が制約条件によって決められていない状態の問題設定であった. たとえば, タンク高さ制約が "3 m 以下" であったなら, この制約によってコスト合計が決まる状態となる. このとき, "タンク高さ制約はアクティブである" "設置面積制約は非アクティブである" と表現する. アクティブな制約条件は, 課題の見直しの際に緩和できるか検討することになり, 緩和できれば最適設計が変わることになる. このため, 制約条件がどのような条件下でアクティブとなるのかという情報は, 設計時に重要な情報となる.

1 番目の制約条件式から, 極値を与える r を求めることで最適化問題を解くことができる. このように式を解析することによる解法を, 解析的解法とよぶ. これに対し, 以下に示すように数値的解法をとることもできる.

いま, コスト合計は r に関する連続関数で r の最大値と最小値がわかっているので, 二分法を使うことができる. まず, $r_{L0}=1.382$ のときと $r_{R0}=3$ のときを比べると, 後者の方がコスト高である. そこで $r_{r1}=(1.382+3)/2$ として中点を得て, r_R を更新する. 左側の点の方がコスト合計が小さい場合は, もちろん

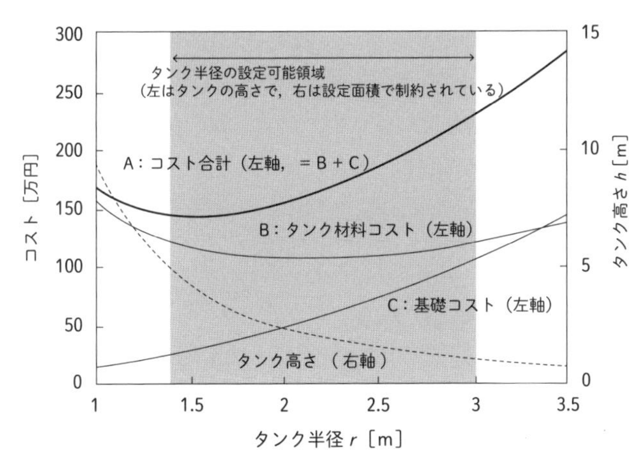

図 10-3 タンク半径とコスト
この問題では自由度が 1 なので, タンク高さはタンク半径から決まるが, タンク高さに関する制約条件があるためこれを確認するために第 2 軸に示してある.

r_L の方を更新する．この操作を r_L と r_R との間隔が十分に小さくなるまで続ける．

例題 10-2(3)の解説後半部分で解説した二分法のような数値的解法をとるとき，終了条件を設定する必要がある．それではどのような終了条件を用いるのがよいだろうか．例題 10-2 でいえば，r_L と r_R から求めた目的関数(ここではコスト合計値)の差が十分に小さくなることを条件とすることが 1 つの考え方である．この値は目的関数に許容される誤差と同じであり，このような値をトレランス(tolerance)とよぶ．設計の現場では必ずプロセスシミュレーターが用いられ，これらはすべて数値的解法がとられている．このため，トレランスを適切に設定することが肝要である．トレランスを用いる方法のほかに，解の探索回数の上限を設定する場合もある．多くのプロセスシミュレーターではトレランスと繰返し回数の両方が最適化の終了条件として用いられている．

一般に，化学プロセスのモデルを記述すると非常に多くの複雑な関係式を多数連立して解く必要が生じる．このため，高速な計算機を用いて初期化や最適化が行われる．このような方法をとったとしても，見通し悪く取り組むと，設計変数をどのように選んでもすべての制約条件を満足する解をみつけることができないよう(infeasible)な状態となってしまい，最適化はおろか，初期化でさえ困難となることもある．そこで，まずは構成要素となるユニットについて簡略的なモデルを採用し，トレランスを大きくとって，システム全体の様子の概要の理解を深めながら，大まかに設計を進める．のちに，トレランスを小さくしていったり，ユニットごとにより厳密(rigorous)なモデルに置き換えていったりしながら，プロセスシステムの設計を精緻化していくのである．

10.1.3　設計への時代の要請(その 1)：広い視野で全体最適な設計を目指したい

さて，先述したように設計では，数式を用いて問題として定式化し，これを詳細化していくが，このとき前提として大事なのは設計対象範囲である．この設計範囲も時代とともにこれまで変遷してきているので，ここでおさえておこう．

図 10-4 にあるように，1960 年代においては化学プロセス設計の対象は核とな

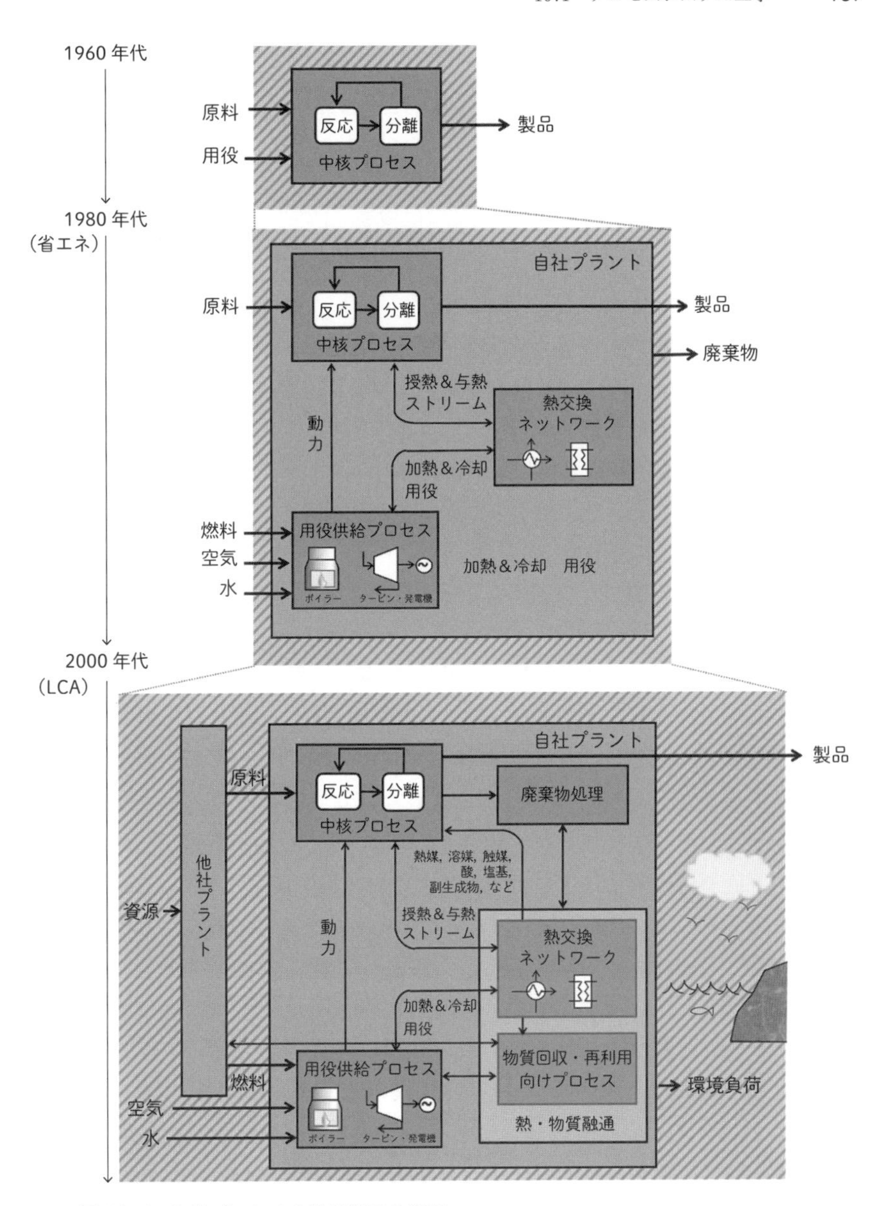

図 10-4　化学プロセスの設計範囲の変遷

[J. A. Cano-Ruiz, G. J. McRae: *Annu. Rev. Energy Environ.*, **23**, 499 (1998) より一部改変]

る反応を起こす反応器と製品と未反応原料とを分離する分離器に限られていた．原料や用役（utility；加熱用スチーム，電力など）は外部から供給されると考え設計対象外とされてきた．この時代でも未反応原料の回収は重要な課題であり，これを複数含む系をどのように初期化し最適化するのか，といった数理的な手法の発展がこの時代にはみられた．

1980年代になると，プロセスシステムにおける熱統合（heat integration）の考え方が導入され，設計対象として含まれるようになる．プロセスの流れ（stream）のうち，加熱の必要がある受熱流体（cold stream），冷却の必要がある与熱流体（hot stream）の間でどのように熱交換をすればよいのかを設計対象として含めることで，大幅な省エネルギーとコスト削減が達成されるようになった．また，用役の調達もプロセス内で行い，核となるプロセスシステムと同時に設計されるようになった．また，規制の強化により廃棄物の処理もコスト要因として設計に含まれるようになった．

Cano-Ruiz と McRae は，1998年に発表した論文[2]中で上記のように総括したうえで，21世紀に入ると，製品のゆりかごから墓場までのすべての段階を評価範囲に含めるライフサイクルアセスメント（life cycle assessment, LCA）の考え方が一部で取り入れられるようになってくると予想した．企業にとってその生産活動の範囲の外で，たとえば原料調達段階においてどのような環境影響が生じているのかを考慮して自社の設備設計がなされなければならない，というわけである．現在，どの程度これが実践されているかはわからないが，確かなことは，新規技術の評価を行う際にはプロセス設計とその結果を用いたLCAで環境影響やコストの評価を行うことが一般的になっているということである．また，さまざまな企業間で廃棄物を共有し原料の一部として利用する産業共生（industrial symbiosis）の考え方も取り入れられるようになっている．従来は廃棄物・廃熱として扱われてきたものは，適切なシステム設計を通じて，ほかの工場で利用可能な資源として見直し，再生原料として利用しやすい形で自社から他社に提供する[3,4]ことによって，自社プロセスにとってコスト要因ではなく，収益要因となるように，システムが設計されるような事例が出てきている．図10-4には表現されていないが，消費者による製品の利用，そして使用後の回収や選別なども，設計範囲に含めたシステムの提案も行われるようになってきており，化学プロセスの設計に用いるシステムの設計範囲は広がりをみせている．システムの徹底的な効率化，サプライチェーン全体の最適化を実現することの必要性が顕在化してきており，これに対応して設計範囲も変遷してきているのである．

10.1.4 設計への時代の要請（その 2）：大事なことは全部考えて設計したい

設計において，対象とする範囲だけでなく，目的関数の定義も変遷してきた．設計の評価の基準となるのが目的関数であるが，対象範囲と同様に，考慮される事項をより包括的にする方向で，設計は時代の要請に対応してきたのである．

プロセスシステム工学の黎明期においては，製品の販売による売上げのような，得られる良いものの価値からコストを差し引いたものを目的関数とすることもあっただろう．そして，このコストの側は，10.1.3 項で論じたように，設計対象が広がるにつれて考慮する事項が増えてきている．まず，廃棄物の無害化費用や埋立てなどの処理費用がコストに含まれるようになってきたということが重要である．コストをかけずに投棄していたようなものが公害を引き起こす事例が多くみられたが，その害が顕在化し社会に許容されなくなってきた．以前は企業にとってのコストとして計上されていなかった（＝内部化されていなかった）事項でも，社会がそのコストを健康被害や自然資本の損失などの形で外部コストとして支払ってきていたととらえることができる．時代とともに，疫学調査や知見の蓄積などにより，外部コストが明らかにされてきた．その結果，環境基準を定め法令を整備することによって，外部コストを企業のコストとすることになってきたのである．これを外部コストの内部化（internalization of external costs）という．

これまで見えていなかったコストの内部化という観点で同様におさえておく必要があるのはリスク対策費用である．化学工場では，事故が発生すると運転員や周辺住民，自然環境などに甚大な被害を引き起こすことがある．その被害は，ときには 1 企業が責任をもって負うことができないような規模となる．このため企業においては，このようなリスクに対して保険をかけるのが一般的となっている．当然，事故のリスクは保険会社によって定量化され，これによって保険料金が決まってくる．また，事故を引き起こせばそのような企業に対する保険料は高く設定されるようになる．こうしたことを考慮すれば，プロセスの安全対策に費用をかけることが結果として総コストを下げるということになる．また，設計に議論の焦点を戻すと，高温や高圧，さらには漏洩した場合に爆発したり，人が暴露すると健康被害を起こすような溶媒や中間物質を経由しない反応ルートを選択すること，制御が難しい系を制御しやすい系で置き換えることなどで，リスクを低減することができる．その結果として変動費の一部である保険料金を下げることができるのである．従来も，プロセス設計者はそのようなことを考慮して設計してきたが，明示的にプロセス設計の過程で，より体系的に考慮することも提案されるようになっている．

ここまで，外部コストを内部化するために排出基準のようなルールの策定や，保険の義務化といった方法があることを述べてきた．ではこれらを設計に反映するためにはどうすればよいだろうか．

まず，最適化問題の中で制約条件として考慮する方法をとることができる．基準が設定されている事項(たとえば，排ガス中の窒素酸化物の濃度など)をモデル変数として考え，設計変数との間を直接的，あるいは間接的に等式制約条件で関連づけたうえで，不等式制約条件でその範囲を限定することができれば，最適化されたすべての制約条件を満足する(＝feasible な)設計案において排出基準は満たされることになる．また，リスクのある化学物質の利用量や保管量に関連づけて保険料金の設定が行われているのであれば，これを制約条件として設定することができる．燃料や溶剤など化学物質の保管量にはさまざまな基準が消防法で規定されている．消防法では，危険物とその等級が設定されていて，それぞれに指定数量が決まっており，この指定数量に対する倍数などで，貯蔵所，取扱所，製造所などの登録が必要になる．登録されれば，ポンプやバルブ，電灯や換気設備も登録種別に対応するより高価なものを準備し，危険物取扱者などの有資格者を配置しなくてはならない．保険料金設定も変わってくるだろう．このため，たとえばこれらの指定にかからないということを不等式制約条件として考慮するといったことも，リスクを設計に反映する方法の1つである．

ただし，このように不等式制約条件として考慮するということは，設計変数のとり得る変域を限定することになる．このため真に最適な設計を見逃すことにもなりかねない．たとえば危険物の取扱いの例であれば，人件費をかけて有資格者を雇用し，対応した設備をそろえ，より高価になる保険料金を負担したとしても，生産量を確保したり，保管量を増やしたりした方が高い利益を上げることができる可能性がある．単に危険物取扱所の指定を外れるような量にプロセスを制限する方式においては，このような可能性のある設計を排除することになってしまうのである．したがって，より詳細にコストをモデル化できるのであれば，設計変数の変域を制約する不等式制約条件として考慮するよりも，目的関数に反映する等式制約条件の一部とするほうが，より多くの可能性を探索できることになる．

また，不等式制約条件として考慮するだけでは，そのモデル変数のとる値を改善する設計が有利とならないことになる点もぜひおさえておきたい．不等式制約条件として許される範囲内で，なるべく処理コストをかけずに多くの環境汚染をするような設計案が最適解として導出されかねない．環境基準などは改定され追加の対策が必要となることもあるため，プラントの運転年数の期間を想定し，基準の改定の可能性を視野に入れた設計が必要となる．これに対応するため，環境影響や安全性などを定量モデル化し，目的関数に含めることも提案されている．またその際に，はじめから目的関数を１つに固定せず，多目的最適化（multi-objective optimization）の形をとることもある．多目的最適化の１つの方式として，２つの目的を横軸，縦軸にとり，設計案それぞれについて両目的関数を計算しプロットするものがある．これらの設計案のうち，ほかの設計案のいずれにも，２

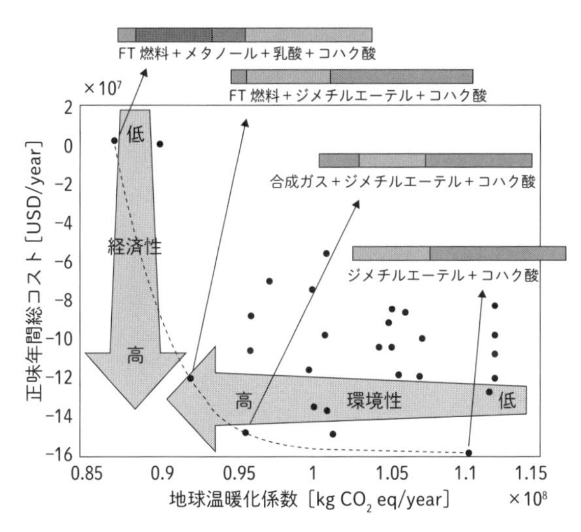

図 10-5　パレート曲線の例

バイオリファイナリー設計時に用いられたシステム．図中の棒グラフは，設計案の検討時に用いられた，非劣解において生産すべき製品の割合．FT は Fischer-Tropsch の略．

つの目的関数について同時に劣ることがないものを非劣解(パレート最適解, Pareto-optimal solutions)とよぶ．これらのパレート最適解を結んで得られるのがパレート曲線である．パレート曲線を描いて，複数目的間の関係を明確化し，多目的間の重みに関する意思決定を行うこの方式は近年では用いられる場面が増えてきている．たとえばCelebiら[5)]は，バイオマスから複数の製品を製造するプロセスの設計に関する検討で，図10-5のようなパレート曲線を用いて，採用すべき変換プロセスと製造すべき化学物質を議論している．目的関数間の重みを変えても，高付加価値であるコハク酸の製造はすべての非劣解に現れており，重要性が高いことが示されている．

10.1.5　設計への時代の要請(その3)：時には経済的価値以外の価値も目的としたい

すでに外部コストの内部化を論じたが，

(利潤)＝(得られる価値)－(払わねばならないコスト)

と考えると，プロセスの最適化ではコストを最小化するのではなく，利潤を最大化するのである．つまり得られる価値についても，すべての価値を把握しているかを論じる必要がある．

最適化による定式化にもとづく設計が一人歩きを始めると，排出基準に関係する法令を破っても，生産活動に関する許可が取り消されないのであれば，ペナルティを支払ってでも排出基準以上の汚染物質を排出した方がよい，ということも設計案として出てきてしまいかねない．このような設計案は社会的に許容されるべきものではないだろう．社会における評判，企業の社会的責任を果たすことなどが，設計時に想定する得られる価値に反映されていない場合，このような設計案の採用が現実となってしまうことがある．

また，生産活動によって生み出される価値は多様に評価されるようになってきている．たとえば，経済的利益は生み出してさえいれば(つまり，赤字でなければ)最大化する必要はなく，地域の物質循環を促進する，廃棄物を減らす，雇用を増やす，環境を修復するなどを目的とするようなプロセスシステムの設計方法もとられるようになっている．社会の課題を，事業を起こして解決する人のことを社会起業家(social entrepreneur)とよび，そうして起業された事業体を社会的企業(social enterprise)という．海外では，化学工学の分野でも若い社会起業家が活動している例がある．このような企業におけるシステムの設計は，社会的課題の解決に資する指標が目的関数であり，従来の主要な目的関数である経済性は，事業を継続させるための制約条件として用いられる．事業体にもさまざまな目的をもつものが現れており，社会を持続可能なものにしていくために活躍を始めている．エネルギー，資源循環，CO_2の固定利用など，化学に関係する社会的課題は多い．多様な事業展開の必要性はこの分野でもますます拡大すると思われる．

10.1.6 まとめ

本節ではシステムの設計論を学んだ．設計とは目的を正しく理解し，対象物の構造や動作機構を理解し，設計に関する制約を把握する解のうち最も優れたものを決めることであった．そして，目的の設定の仕方や設計範囲のとり方をはじめとした，最近の設計方法の傾向や課題を学んだ．

10.2 機械学習

本節では機械学習を活用した材料開発について学ぶ(図 10-6)．一般的な材料開発では，研究者・技術者が自身の知識・知見・経験・勘にもとづいて実験や製造の計画を立て，実際に材料の合成実験や製造を行う．機械学習を活用した材料開発では，まず材料のデータセットを特徴量X(実験条件，製造条件，分子構造・結晶構造など)と材料特性Y(実験結果・製造結果・分析結果など)に分け，XとYの間の関係を機械学習によりモデル化し，数理モデル $Y=f(X)$ を構築する．次に，構築されたモデルを用いて，Yの目標値を達成しうるXの値を推定する．これをモデルの逆解析とよぶ．モデルの逆解析によって得られた実験条件・製造条件で実験・製造を行いYの値を測定する．この測定結果がYの目標に達していれば材料開発は終了となるが，目標を満たしていなければ，その結果をフィードバックして材料のデータセットに追加し，モデルを再構築し，次のXを提案する．このように実験・モデル構築・モデルの逆解析を繰り返すことで，効率的にYの目標を満たすような材料を開発可能となる．本節では機械学習による材料特性と材料の特徴量の間のモデル化，およびモデルを逆解析することによる

人の知識・知見・経験・勘にもとづく材料開発

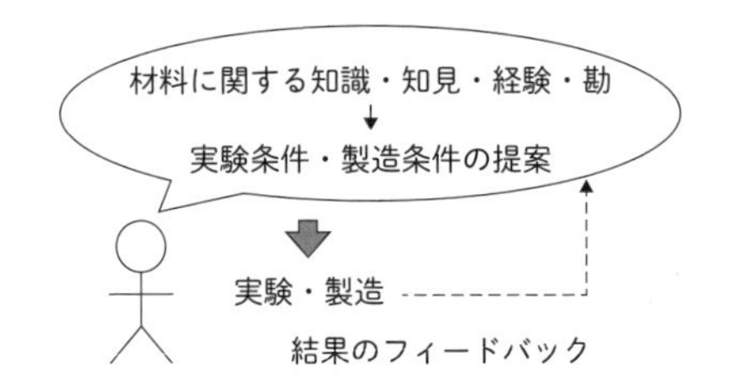

機械学習を活用した材料開発

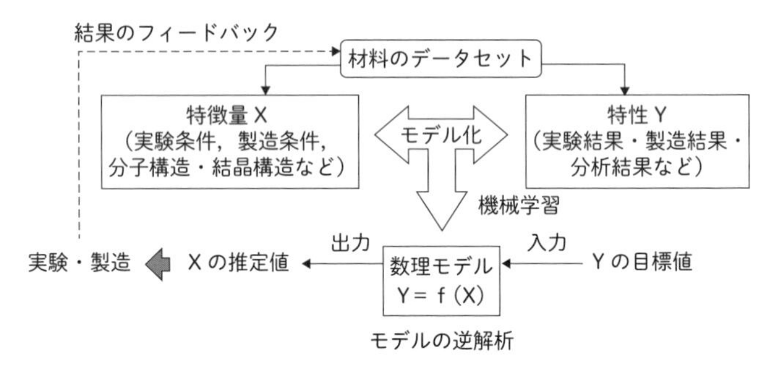

図 10-6　人の知識・知見・経験・勘にもとづく材料開発と機械学習を活用した材料設計

次の実験条件・製造条件の提案について学ぶ．

10.2.1　は じ め に

化学工学ではさまざまな高機能性材料やそれを活用したプロセスに関する研究・開発が行われている．電池・フィルム・樹脂・複合材・塗料・コーティング剤・包装材・接着剤・接合材・潤滑油・冷媒・触媒・超硬合金・形状記憶合金・半導体・超電導体・セラミック材料・磁性材料・発光ダイオード・光ファイバー・セラミックス・医薬品・人工骨など，例をあげるときりがない．これらの高機能性材料には，熱・電気・磁気・光・溶解性・薬理活性など，材料ごとに求められる特性がある．望ましい材料特性を発現するためには，材料の組成や化学構造だけでなく，それを合成する条件も重要である．たとえば，低分子の有機化合物であれば化学構造が，高分子化合物であれば重合する原料だけでなく，重合するときの条件(重合温度・重合時間・添加剤など)が，無機化合物であれば元素の組成や結晶構造，そして合成条件が重要となる．一般的な材料合成では，これまでの知識・知見・法則や研究者・技術者の経験にもとづいて，化学構造や原料・重合条件や元素組成・合成条件を変えて，新たな材料を合成することで，高性能な材料を目指してきた．最近の高機能材料の合成では，知識・知見・法則が体系化されている分野ばかりではない．一般的でない材料ほど知識・知見・法則や経験の蓄積は少なく，技術者の勘に頼ることも多い．材料ごとに，それを特徴づける重要なパラメータ(特徴量)はある程度わかっていたとしても，特徴量と材料特性との間の関係は理解されていない，すなわちブラックボックスであることも多い．

そこでデータに着目する．研究者・技術者は，知識・知見・経験・勘にもとづいて実験や製造の計画を立て，実際に材料の合成実験または製造を行う．これにより実験データや製造データとして，実験条件と実験結果・分析結果のセットや，製造条件と製造結果・分析結果のセットが得られる．実験や製造が，研究者・技術者の知識・知見・経験・勘にもとづいていることから，データにはそれらが反映されている．目で直接見ることは難しいが，データには知識・知見・経験・勘が含まれている．データを最大限に活用することで，これらを目に見える形にしようとするのが，データ解析であり機械学習である．データ解析・機械学習により，データの中に潜む，材料特性Yと材料の特徴量Xとの間の関係性をモデル $Y=f(X)$ で表現することができれば，研究者・技術者の暗黙知(直感など言葉・数式にすることが難しい知識)を形式知(言葉・図表・数式にできる知識)にする，ともいえる．材料特性を発現させるメカニズムが解明されていなくても，材料特性と材料の特徴量のデータさえあれば機械学習によりモデル化できるため，機械学習をする際には材料の本質ともいえる材料の特徴量を引き出すことが重要である．

機械学習により得られたモデルは，入力(材料の特徴量)Xと出力(材料特性)Yとの間の関係を複雑な数式 $Y=f(X)$ で表現したブラックボックスではあるが，モデルに特徴量の値を入力して出力結果を確認するシミュレーションを繰り返し行う，もしくはモデルを逆解析することで，望ましい材料特性をもつ材料の特徴量を設計することが可能となる．また，全体から細部を考える化学工学において，一部の理論的なモデル化が難しい場合でも，ブラックボックスとして機械学習によりモデル化することで全体設計を達成できる．

10.2.2　モデル・次元解析・機械学習

本書では，第Ⅱ編で対象とするプロセスを数式でモデル化することを，第Ⅲ編ではこれらのモデルをさまざまなプロセスに応用することを学ぶ．数式もしくはモデルを用いることで，手計算もしくはコンピュータを用いた数値シミュレーションにより，対象のプロセスにおける結果を予測することができる．さらに，予測結果にもとづいてプロセスの最適化が可能となる．

これまで第Ⅱ編で学んだように，物質収支・エネルギー収支・流動・伝熱・物質移動・反応などの，対象のプロセスにおける物理的・化学的・化学工学的な背景・知識・理論を活用することで現象をモデル化できる．モデルにおける(いくつかの)パラメータを実験データから計算することもある．すべて理論によって構築されたモデルを物理モデルやホワイトボックスモデルとよび，理論と実験データとを組み合わせて構築されたモデルをハイブリッドモデルやグレイボックスモデルとよぶ．これらのモデルは理論が成立する領域内において，モデルにより現象を再現できる．

理論によるモデリングが難しい場合は次元解析が行われる．次元解析とは，複数の物理量の間の関係を，物理量の次元にもとづいて数式にすることである．理論的な背景はなくても，数式の左辺と右辺の単位が一致しなくてはならないことを利用して，左辺における求めたい物理量の単位に合うように右辺の物理量の組合せを決めれば，その数式は，物理量の正しい関係を表している可能性がある．レイノルズ数 Re やヌセルト数 Nu といった無次元数を計算するための数式の中にも，次元解析から導かれた数式がある．次元解析では実験データを用いて数式内のパラメータを求めることで数式を決定することができる．この数式は実験式であるため実験条件内でのみ成立するという制約はあるものの，たとえばスケールの異なる現象を一般化できることから，古くから化学工学で用いられてきた手法である．

理論のみではモデリングできず，次元解析も難しい場合，実験データと機械学習によりモデリングする方法が有効である．この方法により構築されたモデルを統計モデルやブラックボックスモデルとよぶ．数値化された実験データさえあれば，機械学習によりモデルを構築できる．構築されたモデルに，どのような値を入力しても何らかの値が出力されるが，基本的に実験データの内挿もしくはモデルの適用範囲(applicability domain, AD)内でしか，モデルの信頼性はないため注意が必要である．ただし，モデル構築の際に理論を取り込みハイブリッドモデル化することで適用範囲を広げることは可能である．

10.2.3 化学工学においてどのように機械学習を活用できるのか

高機能性材料の研究・開発・製造において，化学や化学工学のデータおよび機械学習を活用して，分子設計・材料設計・プロセス設計・プロセス制御および管理を効率化することが一般的になっている．分子設計においては，まず1つ1つの化合物の化学構造を，分子量や部分構造の数などの特徴量により数値で表現する．これにより化合物群が数値データ，すなわち化学構造ごと各特徴量の値として表現される．数値データには多くの特徴量があり，機械学習の中でも後述する回帰分析により，特徴量Xと材料特性Yとの間に潜む関係性を数値データから導き，数理モデル $Y=f(X)$ を構築することは可能である．このモデルを用いれば，化合物を合成したり合成後に物性値を測定したりする前に，化学構造を数値化した特徴量Xをモデル $Y=f(X)$ に入力して特性Yを推定できる．機会学習のモデルを用いてシミュレーションを行うというのは，仮想的な実験室で実験をするようなものである．この実験室では実験に用いる費用や時間はほとんどかからない．実際に合成しようと思っても費用や時間の観点から現実的ではない何千，何万という数の化学構造でも特性の値を推定できるため，良好な特性の値をもつ化学構造を効率的に設計可能になる．

高機能性材料を開発する際には，原料や材料そのものだけでなく製造条件を改善することで，材料特性などの製品品質を向上できる．製造条件とその製造の結果としての製品品質を用いて，回帰分析により製造条件(特徴量)Xと製品品質(材料特性)Yとの間でモデル $Y=f(X)$ を構築する．材料を製造する前に，製造条件Xをモデルに入力することで製品品質Yを推定できるため，さまざまな製造条件における推定結果を検討することで，望ましい品質を達成するための製造条件を探索可能である．

高機能性材料を製造する際は，化学プラントを適切に制御して管理することが，高い品質の製品を製造し続けるのに必要不可欠である．プラントにおけるプロセス制御およびプロセス管理を困難にしている要因の1つに，製品品質を代表する濃度・密度などのプロセス変数の測定に時間がかかり頻繁には測定を行えないことがあげられる．製品品質を迅速に測定できないと，効率的にプロセスを制御したり管理することができない．そこで，プラント運転時のセンサーなどの測定データや製品品質の測定データを活用し，測定データを用いて回帰分析をすることにより，温度・圧力といったセンサーなどで容易に測定可能なプロセス変数Xと測定が困難なプロセス変数Yとの間でモデル Y＝f(X) を構築する．プラント運転時にこのモデルを用いることで，センサーなどによる測定結果Xから製品品質Yをリアルタイムに推定できる．実測値のように推定値を用いることで，迅速かつ安定に製品品質を制御できるようになる．

10.2.4　データセットとは

機械学習によりモデルを構築するためにはデータセットが必要である．ここでは樹脂製品のデータセット(表 10-1)を例に説明する．これは仮想的な 20 個の樹脂サンプルにおける重合条件(原料 1 のモル分率 [—]，原料 2 のモル分率 [—]，原料 3 のモル分率 [—]，重合温度 [°C]，重合時間 [h])と合成された樹脂の物性(誘電率 [—]，ガラス転移温度 [°C])のデータセットである．このように，データセットではサンプルが縦に，材料特性を含む特徴量が横に並ぶ．

10.2.5　データセットの確認

a. ヒストグラムや基礎統計量によるデータの分布の確認

とくにサンプルや特徴量の数が多いときには，表を眺めるだけではデータセット全体の特徴を把握することはできない．材料特性を含む特徴量ごとの値の分布を確認したい場合は，ヒストグラムを作成する．ヒストグラムとは，横軸を連続的に区切られた特徴量の値の範囲(階級)，縦軸を範囲ごとのデータの個数(度数)としたグラフである(図 10-7)．ヒストグラムにより，ある特徴量においてどの値の範囲にどの程度のデータ量があるか，つまりデータの分布を確認できる．

ヒストグラムによって特徴量ごとのデータ分布は把握できるが，複数の特徴量の間でデータ分布を比較するためには，ヒストグラムを特徴量の数だけ作成し，それらの差異を目で確認しなければならない．しかし特徴量の数が多くなるとその確認は困難になるため，特徴量間のデータ分布を簡単に比較するために，データ分布の特徴を数値化する必要がある．

基礎統計量は，データ分布の特徴を表現するために計算する値である．たとえ

表 10-1 仮想的な樹脂サンプルのデータセット

サンプル	原料1のモル分率[—]	原料2のモル分率[—]	原料3のモル分率[—]	重合温度[℃]	重合時間[h]	誘電率[—]	ガラス転移温度[℃]
樹脂サンプル1	0.5	0.1	0.4	135	80	2.25	191.4
樹脂サンプル2	0.7	0.0	0.3	105	50	2.24	142.8
樹脂サンプル3	0.0	0.2	0.8	120	40	3.25	186.6
樹脂サンプル4	0.9	0.1	0.0	110	90	2.08	102.4
樹脂サンプル5	0.2	0.0	0.8	125	120	3.18	160.8
樹脂サンプル6	0.7	0.1	0.2	140	60	2.10	158.0
樹脂サンプル7	0.1	0.0	0.9	130	10	3.54	141.8
樹脂サンプル8	0.1	0.0	0.9	140	90	3.55	152.8
樹脂サンプル9	0.4	0.1	0.5	150	110	2.44	198.2
樹脂サンプル10	0.5	0.2	0.3	110	40	2.24	202.4
樹脂サンプル11	0.8	0.1	0.1	100	10	2.13	127.6
樹脂サンプル12	0.8	0.1	0.1	115	40	2.07	132.6
樹脂サンプル13	0.5	0.2	0.3	110	80	2.20	207.6
樹脂サンプル14	0.5	0.4	0.1	140	40	2.32	206.6
樹脂サンプル15	0.0	0.1	0.9	100	10	3.55	153.8
樹脂サンプル16	0.5	0.3	0.2	105	50	2.17	207.6
樹脂サンプル17	0.0	0.3	0.7	130	20	3.02	207.2
樹脂サンプル18	1.0	0.0	0.0	120	60	2.16	56.2
樹脂サンプル19	0.8	0.1	0.1	150	100	2.09	135.2
樹脂サンプル20	0.3	0.0	0.7	110	10	2.98	168.0

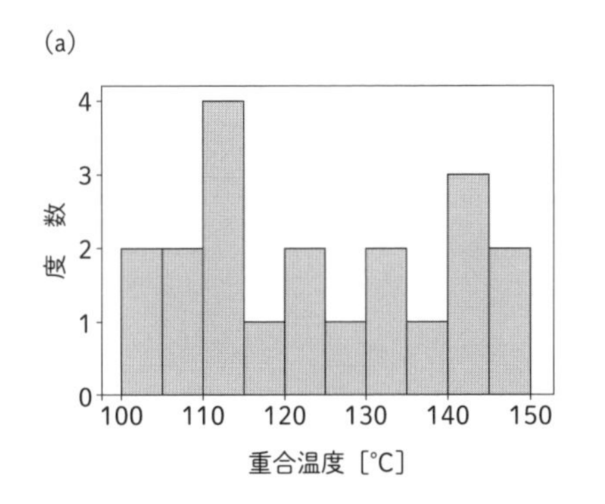

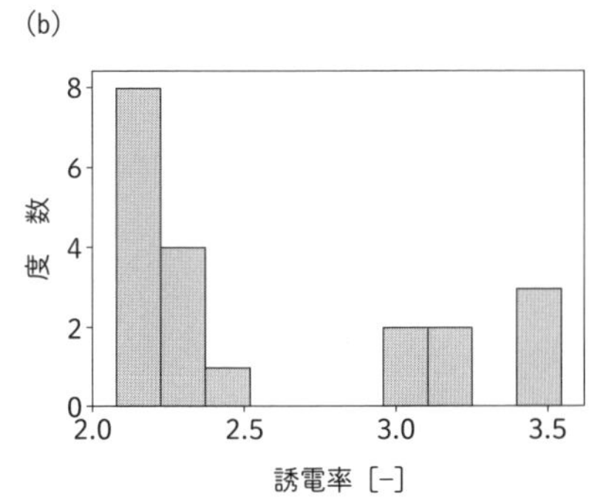

図 10-7 樹脂製品のデータセットにおけるヒストグラムの例
(a) 重合温度のヒストグラム　(b) 誘電率のヒストグラム

ば，平均値(mean)や中央値(median)はデータ分布の中心を表現するために，標準偏差はデータ分布のばらつきを表現するために計算される[6)].

b. 散布図や相関係数による特徴量間の関係の確認

散布図を用いれば，特徴量間の関係性*を確認できる．散布図とは，縦軸をある特徴量，横軸を別の特徴量としてサンプルを点でプロットしたグラフである．図 10-8 が樹脂製品のデータセットにおける散布図の例である．原料 3 のモル分率と誘電率との間や，原料 1 のモル分率とガラス転移温度との間には，直線的でない(非線形の)関係があることが確認できる．

散布図によって 2 つの特徴量間の関係性を確認できるが，たとえば特徴量が 10 しかないときでも 2 つの特徴量の関係性を確認するためには，組合せとして $_{10}C_2=45$ の散布図を描画しなければならない．すべての散布図を確認したり比較したりすることは大きな手間がかかる．そのため，2 つの特徴量間にある直線的な関係の強さの指標である相関係数[6)]により，2 つの特徴量間の関係の数値化を行う．

ある特徴量 A の値が大きいほどもう 1 つの特徴量 B の値も大きく，A の値が小さいほど B の値も小さいような関係性のとき，相関係数は 1 に近づき，正の相関があるという．逆に，A の値が大きいほど B の特徴量の値は小さいような関係性

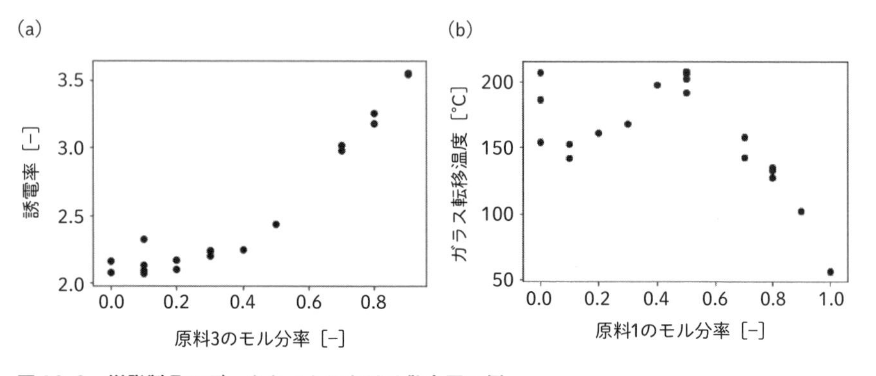

図 10-8　樹脂製品のデータセットにおける散布図の例
(a) 原料 3 のモル分率[—]と誘電率[—]　(b) 原料 1 のモル分率[—]とガラス転移温度[°C]

＊　データ分布が分かれている，1 つの特徴量の値が大きいときもう一方の特徴量の値も大きい，などの関係性.

のとき，相関係数は −1 に近づき，負の相関があるという．たとえば，図 10-8(a)の原料 3 のモル分率と誘電率との間の相関係数は 0.95 であり強い正の相関があるといえ，図 10-8(b)の原料 1 のモル分率とガラス転移温度との間の相関係数は −0.54 であり中程度の負の相関があるといえる．

散布図や相関係数では，データセットにおける 2 つの特徴量間の関係しか議論できない．3 つ以上の特徴量を考慮してデータセットを確認するためには，主成分分析や generative topographic mapping(GTM) や t-distributed stochastic neighbor embedding(t-SNE)などのデータセットの可視化手法[7]が有効である．

10.2.6 回帰分析によるモデル構築

回帰分析とは，モデル Y=f(X) の形で X (説明変数) によって Y (目的変数) をどのくらい説明できるかを定量的に分析する手段であり，モデルの目的は Y の値が不明なサンプルに対して，X から Y の値を精度よく推定することである．樹脂製品のデータセットにおいては，原料 1，2，3 のモル分率・重合温度・重合時間が X であり，誘電率・ガラス転移温度が Y である．

線形回帰分析では，回帰モデル Y=f(X) の構造として，Y の推定値が X の線形結合で与えられる，つまり各 X を X_1，X_2，…，X_m (m は X の数) として以下の式でモデルが与えられる，と仮定する．

$$Y = b_0 + b_1 X_1 + b_2 X_2 + \cdots + b_m X_m \qquad (10\text{-}1)$$

ここで，b_1，b_2，…，b_m は回帰係数とよばれ，b_0 は定数項である．$m=1$ のときが線形単回帰分析，$m>1$ のときが線形重回帰分析である．なお，Y は 1 つと仮定しているため，樹脂製品のデータセットのように Y が複数ある場合は Y ごとに回帰モデルを構築する必要があり，樹脂のデータセットでは，誘電率を推定する回帰モデルとガラス転移温度を推定する回帰モデル Y=f(X) を構築する．

線形回帰分析手法には回帰係数の決め方の違いによってさまざまな方法がある．代表的な手法の 1 つが最小二乗法(ordinary least squares, OLS)[7]である．OLS では，データセットにおける Y の実測値と推定値との差の 2 乗和が最小となる，つまりデータセットの Y の値を精度よく推定できるように回帰係数と定数項を決定する．実際に表 10-1 の樹脂製品のデータセットを用いて OLS により回帰係数と定数項を求めると，式(10-1)の Y と X との間の関係式は以下のように表される．

$$Y_1 = 0.64 - 0.76X_1 - 0.91X_2 + 0.84X_3 + 0.0012X_4 - 0.0018X_5 \quad (10\text{-}2)$$

$$Y_2 = 22.4 - 48X_1 + 240X_2 + 17X_3 - 0.076X_4 - 0.26X_5 \quad (10\text{-}3)$$

ここで，Y_1 は誘電率 [—]，Y_2 はガラス転移温度 [°C]，X_1 は原料 1 のモル分率 [—]，X_2 は原料 2 のモル分率 [—]，X_3 は原料 3 のモル分率 [—]，X_4 は重合温度 [°C]，X_5 は重合時間 [h] である．これらの式を用いることで，実験を行わずに材料特性(物性)である誘電率 Y_1 とガラス転移温度 Y_2 の値を予測することができる．

式(10-1)では，Y と X との間の関係は線形，つまり Y_1，Y_2 と X_1，X_2，X_3，X_4，X_5 それぞれとの間の関係は直線的であると仮定されているが，一般には Y と X には複雑な関係があると考えられる．そのような関係に対応するため，X を変換したのちに回帰分析を行う方法がある．一般的には X に，各 X を 2 乗した項や X の交差項を追加する．たとえば Y_1 の式は以下のようになる．

$$\begin{aligned}
Y_1 = {} & b_0 + b_1X_1 + b_2X_2 + b_3X_3 + b_4X_4 + b_5X_5 + b_{1,1}(X_1)^2 \\
& + b_{1,1}(X_1)^2 + b_{2,2}(X_2)^2 + b_{3,3}(X_3)^2 + b_{4,4}(X_4)^2 + b_{5,5}(X_5)^2 \\
& + b_{1,2}X_1X_2 + b_{1,3}X_1X_3 + b_{1,4}X_1X_4 + b_{1,5}X_1X_5 + b_{2,3}X_2X_3 \\
& + b_{2,4}X_2X_4 + b_{2,5}X_2X_5 + b_{3,4}X_3X_4 + b_{3,5}X_3X_5 + b_{4,5}X_4X_5
\end{aligned} \quad (10\text{-}4)$$

この式の回帰係数および定数項を表 10-1 のデータセットを用いて OLS で求めることで，Y と X との間の非線形モデル Y＝f(X) を構築できる．ほかにも，Y と X との間の理論的な関係を考慮して Y や X を対数や指数関数で変換する方法や，サポートベクター回帰，ランダムフォレスト，ニューラルネットワーク[7]といった非線形の回帰分析手法もある．

線形のモデルがよいのか，非線形のモデルがよいのか，もしくは線形・非線形モデルの中でどのモデルがよいのかを検討する際，モデルの推定性能を評価する必要がある．そもそもモデル構築の目的は，Y の値が不明なサンプルに対して X から Y の値を精度よく推定することである．しかし，モデル構築用のデータセット(トレーニングデータ)にモデルが過度に適合する，つまり Y と X の間の本来の関係とは関わりのないノイズなどにもよく合うモデルが構築されると，そのサンプルにおける Y の誤差が非常に小さくなる一方で，トレーニングデータ以外のサ

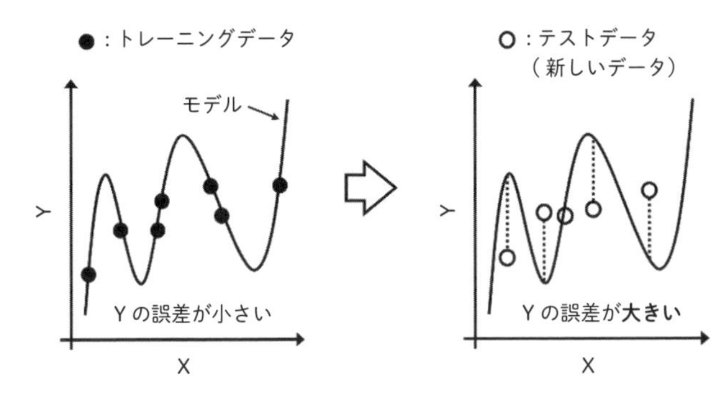

図 10-9 オーバーフィッティングの概念図

ンプル(テストデータ)の予測にモデルを適用したときにYの誤差が大きくなってしまう(図 10-9). 図では，モデルが黒点のトレーニングデータにはよく当てはまり，Yの誤差が小さい一方で，テストデータである新しいデータにおけるYの誤差は大きくなってしまっている．これをオーバーフィッティングとよぶ．たとえば，データセットに含まれる計量や測定などの実験的な誤差や個人のくせなどのノイズにも，モデルが過度に適合することで，ほかの人が行う同じ実験に対する予測性が低下してしまうことが考えられる．非線形モデルは柔軟にYとXとの関係をモデル化できる反面，オーバーフィットしやすい点に注意が必要である．線形モデルでも，たとえばXの数を多くすれば，Yの誤差が小さくなるように回帰係数の値が割り当てられ，Yの誤差を小さくできるが，一方でデータに含まれるノイズにもモデルが適合しやすくなり，オーバーフィットしやすくなる．

新しいサンプルに対するモデルの推定性能を評価するため，事前にデータセットをモデル構築用のデータセット(トレーニングデータ)とモデル検証用のデータセット(テストデータ)に分割する．分割の仕方として，ランダムに分割することが多い．トレーニングデータのサンプル数とテストデータのサンプル数の比については特に定められてはいないが，トレーニングデータは 70 % から 80 % 程度，テストデータは 20 % から 30 % 程度が目安となる．トレーニングデータでモデルを構築し，テストデータでモデルの推定性能を評価する．

回帰モデルの推定性能の評価は，横軸をテストデータのYの実測値，縦軸をトレーニングデータから得られた式から計算したYの推定値とした散布図で確認する．樹脂製品のデータセットにおける，式(10-4)の回帰係数を誘電率とガラス転

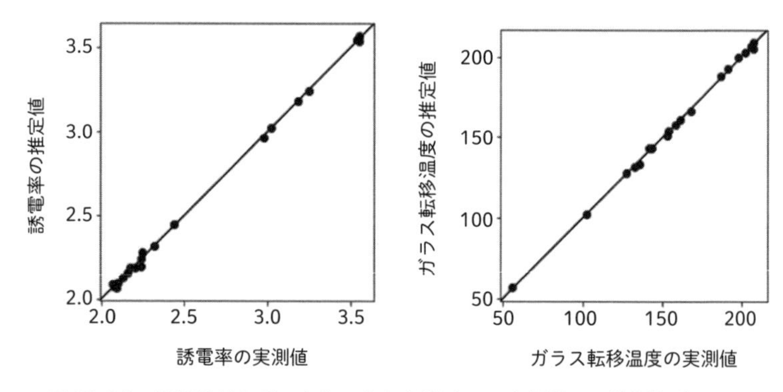

図 10-10　樹脂製品のデータセットにおけるYの実測値 vs. 推定値プロット

移温度それぞれ計算したあとの非線形モデルを用いたときのYの実測値と推定値の散布図を図 10-10 に示す．サンプルが対角線付近に集まっているほど，精度よく(誤差小さく)Yの値をモデル化できていることを示す．またサンプルごとにどの程度の推定誤差なのかも確認できる．

回帰モデルの推定性能を定量的に評価するには，決定係数 r^2 や推定誤差を評価するための指標である平均絶対誤差 mean absolute error(MAE)や根平均二乗誤差 root-mean-squared error(RMSE)など[8]が用いられる．

10.2.7　モデルの逆解析

回帰モデルを構築したあと，Xの値からYの値を推定することをモデルの順解析とよび，その逆にYの値からXの値を推定することをモデルの逆解析とよぶ．モデルの逆解析は，物性・活性・特性・製品品質が目標の値となるような，化学構造や原料・重合条件や元素組成・合成条件や実験条件・製造条件などを求めるために行われる．すなわち，プラント設計や実験などの条件設定に対応する．樹脂製品のデータセットにおいては，誘電率とガラス転移温度がそれぞれ目標値となるような原料 1，2，3 のモル分率・重合温度・重合時間が最適になるように設計をすることである．

Xは多数あり，Yは1つもしくは少数であることが多いため，XからYを推定することは問題なく可能であるが，YからXを推定することは一般的に困難である．そこで実際は図 10-11 のように，まずXのサンプル候補を多数(たとえば，100 万サンプル)準備する．次に，それらをモデル Y＝f(X) に入力することに

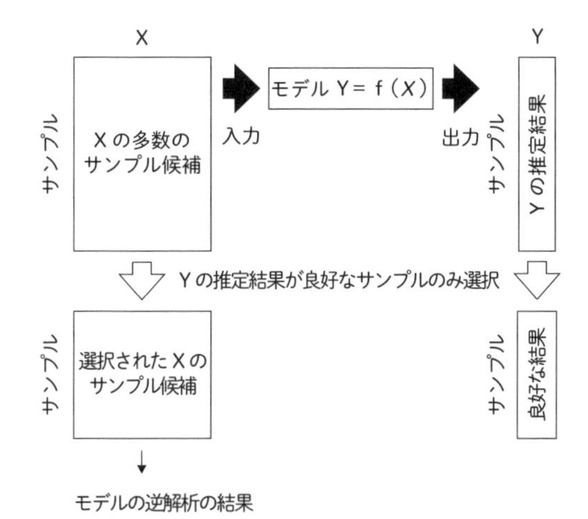

図 10-11 擬似的なモデルの逆解析

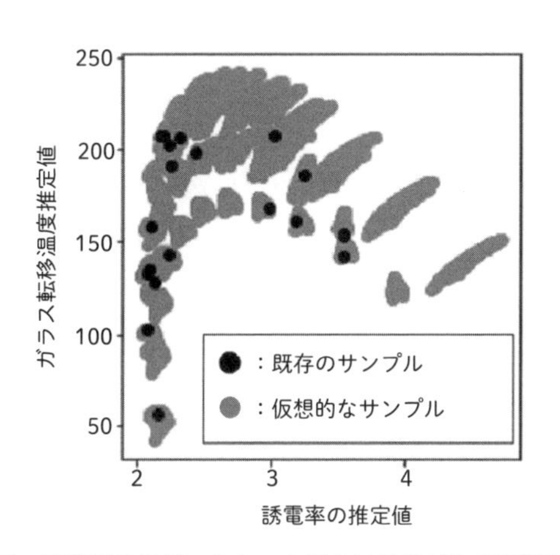

図 10-12 樹脂製品のデータセットにおけるモデルの逆解析の結果

よって，準備したすべてのサンプル候補に対するYの推定値を計算する．そして，得られたYの推定値が良好な候補を選択する．このようにモデルの順解析を多数行うことにより，擬似的にモデルの逆解析をする．なお，Xの多数のサンプル候補は，（Yが不明な）データベースから準備したり，乱数により仮想的なサンプルを生成して準備したりする．

樹脂のデータセットにおいて，乱数により仮想的な実験条件のサンプルを生成し，10.2.6 項で構築した回帰モデルで誘電率やガラス転移温度を予測することで，モデルの逆解析をした結果を図 10-12 に示す．予測値ではあるが，既存のサンプルの誘電率の値やガラス転移温度の値を超えるサンプルが得られたことがわかる．これらの仮想サンプルにおける実験条件を設定することで，既存の材料特性を超える材料を開発できると期待される．

Y が複数あるときの仮想サンプルの選び方の 1 つとして，サンプルの中からパレート最適解(図 10-5 も参照)を選択する方法がある．あるサンプルについて，すべての Y において推定値が望ましい(推定値が目標値に近い)別のサンプルが存在するとき，そのサンプルはパレート最適解ではない．パレート最適解ではないサンプルをすべて除いたとき，残ったサンプルがパレート最適解である．パレート最適解のサンプルのみ確認することで効率的に次の実験条件を検討できる．

なお，モデル Y＝f(X) から Y の値を入力して X の値を直接的に推定する方法もあるが，モデルが Gaussian Mixture Regression (GMR) や Generative Topographic Mapping Regression (GTMR) といった生成モデル[7]に限られるなどの制約条件がある．

10.2.8　モデルを構築するためのサンプル数・モデルの適用範囲

回帰モデルを構築するための表 10-1 に示したデータセットのサンプル数について極論すれば，2 点あれば直線を引けるように，2 サンプルあれば(精度の高い)モデルを構築することはできる．さらに，どのようなサンプルでも X の値をモデルに入力することで Y の値を推定できる．しかし，その推定値を信頼できるかどうかは別の話である．たとえば，炭化水素化合物のみのデータセットを用いて，特徴量と沸点の間で回帰モデルを構築したとする．このモデルにヒドロキシ基をもつ化合物の記述子の値を入力しても，沸点に対する水素結合の影響はモデルにおいて考慮されていないため，沸点の推定値は適切でないと考えられる．炭化水素化合物のみで構築されたモデルは，基本的には炭化水素化合物における推定にしか使用できない．

回帰モデルやクラス分類モデルが本来の推定性能，つまりモデルを構築する際に用いたデータセットに対して示す性能を発揮できる X のデータ領域のことをモデルの適用範囲(applicability domain, AD)[7]とよぶ．新しいサンプルにおける X の値がモデルに入力されたとき，AD 内であれば推定結果を信頼でき，AD 外であれば推定結果を信頼できないと考えられる．先ほどの炭化水素化合物の例でいえば，ヒドロキシ基の数というXの値が1以上のときAD外となり，沸点の推定値は信頼できない．

ADは，データ密度やアンサンブル学習により設定できる[9]．ADの範囲内でしか精度よくYの値を予測することはできないため，モデルの逆解析を行う際にはADを設定して予測したXの値がAD内かAD外かを判断することが大事である．なお，AD外を適切に探索したい場合はベイズ最適化[7]が適している．

10.2.9 まとめ

材料開発における機械学習では以下の流れで解析を行う．

① 材料のデータセットを準備する
② 材料特性Yと材料の特徴量Xを設定する
③ データセットをトレーニングデータとテストデータに分ける
④ トレーニングデータを用いて線形手法および非線形手法によりモデル $Y=f(X)$ を構築する
⑤ テストデータでモデルの推定性能を検証し，モデルの逆解析に用いるモデルを構築する手法を選択する
⑥ トレーニングデータとテストデータと合わせて，選択された手法を用いてモデルを構築する
⑦ 構築されたモデルを逆解析し，次のXを決定する

モデルの逆解析によって得られた実験条件・製造条件で実験・製造を行い，Y

Note

機械学習をさらに深く学びたい方へ

データ解析や機械学習についてさらに学んだり，学んだ内容をパソコンで実行したりするためには，サンプルプログラム付きの入門書[9,10]が便利である．本書では説明できなかった線形および非線形の回帰分析手法，ADをはじめとして，さまざまなデータ解析手法や機械学習法については，入門書[9,10]だけでなくウェブサイト[7]にも解説がある．さらに，モデル $Y=f(X)$ を構築するための表10-1のようなデータセットがない場合の，最初の実験条件の候補を決める方法の1つである実験計画法については，別書[9]に詳しく記載されている．機械学習について深く学ぶためには線形代数や微分積分が重要であり，筆者のサポートページ[11]やそれぞれの入門書[12,13]が参考になる．

の値を測定する．この測定結果がYの目標に達していれば材料開発は終了となるが，目標を満たしていなければ，その結果をフィードバックして材料のデータセットに追加し，②から⑦を再度実行する．このように実験・製造と機械学習を繰り返すことで，効率的にYの目標を満たすような材料を開発可能となる．

引用文献

【10.1 節】

1) 石油化学工業協会：石油化学の 50 年（https://www.jpca.or.jp/trends/50years.html）
2) J. A. Cano-Ruiz, G. J. McRae: *Annu. Rev. Energy Environ.*, **23**, 499 (1998).
3) NEDO 実用化ドキュメント：複数工場間で熱を共有し，コンビナート全体での省エネを実現（https://www.nedo.go.jp/hyoukabu/articles/201315chiyoda-corp/pdf/chiyoda-corp.pdf）
4) 環境省：エコタウンのあゆみと発展（https://www.env.go.jp/recycle/ecotown_pamphlet.pdf）
5) A. D. Celebi, A. V. Ensinas, S. Sharma, F. Maréchal: *Energy*, **137**, 908 (2017).

【10.2 節】

6) 高橋　信：“マンガでわかる統計学”，オーム社（2004）.
7) 金子弘昌：データ解析に関するいろいろな手法・考え方・注意点のまとめ（https://datachemeng.com/summarydataanalysis/）
8) 金子弘昌：回帰モデル・クラス分類モデルを評価・比較するためのモデルの検証（Model validation）（https://datachemeng.com/modelvalidation/）
9) 金子弘昌：“Python で気軽に化学・化学工学”，丸善出版（2021）.
10) 金子弘昌：“化学のための Python によるデータ解析・機械学習入門”，オーム社（2019）.
11) 金子弘昌：高校数学の知識から，人工知能・機械学習・データ解析へつなげる，必要最低限の教科書（https://datachemeng.com/basicmathematics/）
12) 高橋　信：“マンガでわかる線形代数”，オーム社（2008）.
13) 小島寛之：“マンガでわかる微分積分”，オーム社（2005）.

さらに発展的な学習のための資料

本章で学んだ項目について，さらに詳しく勉強したいときには，以下を推薦する．

1) A. W. Westerberg, L. T. Biegler, I. E. Grossmann: “Systematic Methods of Chemical Process Design”, Prentice Hall (1997).
2) 金子弘昌：“Python で学ぶ実験計画法入門　ベイズ最適化によるデータ解析”，講談社サイエンティフィク（2021）.

11

無次元数とアナロジー

本章では，7章で扱った物質の移動現象と運動量，および8章で扱った熱の移動現象のアナロジー(類似性)と，これらの移動現象を理解するうえで重要な単位をもたない無次元数についてまとめて学ぶ．

化学工学とは，複雑な現象を単純なモデルで理解し，課題解決する学問である．モデル化ができれば，スケールを大きくすることも可能であり，実験室での研究を工業化し人類社会に役立つ製品を生み出すプロセスをつくることができる．また，モデルを組み合わせ，新たな機能を有する材料を作製したり，有用なエネルギーを生み出すデバイスを構築することも可能である．

プロセスでは，物質やエネルギーを投入することで，物質を移動させたり温度を変えたりすることで化学反応や相変化を起こし，そこから生成物や熱を取り出すことになる．プロセスを運転・管理するためには，物質と熱の流れをさまざまなスケールで定量的に把握する必要がある．プロセスの各所あるいは全体における物質や熱の量的関係を扱う学問が，化学工学量論における“物質収支”と“熱収支”であり，速度的関係を扱う学問が，“物質移動”あるいは“熱移動”とよばれるものである．

11.1 移動現象のアナロジー

一般に，身のまわりのエネルギーには，力学的エネルギー，熱エネルギー，位置エネルギーの3つの形態がある．これら3つのエネルギーが互いに変換可能であることはよく知られており，化学工学の分野においても，エネルギー保存則，あるいはベルヌーイ(Bernouli)の法則として扱われる．このうち，移動現象論で扱うのは，力学的なエネルギーすなわち運動エネルギーと熱エネルギーである．また，物質は，マクロな破片から，微粒子，コロイド，分子，原子，素粒子までさまざまなスケールで定義可能であるが，化学反応や分子の混合・分離がおもな操作となるプロセスにおいては，およそ分子あるいはイオンのスケールのものを移動する単位物質とみなすことが適切である．ここで，運動エネルギー，熱エネルギー，そして分子いずれの場合も，それらが移動する速さは，次のように非常に簡単な形で定義可能である．

$$\text{移動速度} = \text{係数} \times \text{移動の推進力} \tag{11-1}$$

これが物質・エネルギーの移動現象のアナロジー(類似性)である．以下に，各項目について述べる．

11.1.1　運動量の移動

運動エネルギーの移動が起こるのは，たとえば，静止した円管の中を流体が流れる場合のように，運動する流体が速度の異なるものに接しているときである．このとき，流体を構成する分子はランダムな熱運動をしながら分子同士で相互作用を及ぼし合うため，流体の中で速く動いている部分がゆっくり動く部分に，いわばひきずられるように，その物体からの距離に応じて速度が変化する，つまり速度分布が発生する．これは，速度が異なる部分ではその場所の流体がもっている運動エネルギーが異なることになるため，そのエネルギー差を均一にするように流体内で運動エネルギーの移動が生じるのである．

ここで，流体の場所による速度の違いを推進力として，単位面積 [m^2]，単位時間 [s] あたりの流体の運動量 [kg m s^{-1}] が移動すると考えると，式(11-1)の定義に従えば次のように表される．

$$\frac{\text{移動した運動量}}{\text{面積・時間}} = \text{係数} \times \frac{\text{速度の変化量}}{\text{位置の変化量}} \tag{11-2}$$

式(11-2)の左辺は運動量流束 τ [kg (m s^{-1}) (m^2 s)$^{-1}$] であり，この単位は [N m^{-2}]＝[Pa] であるので，圧力の次元を有する．また右辺の(速度の変化量)/(位置の変化量)は，図 11-1(a)に示す座標系において，x 方向に対する y 方向の流体速度 u_y [m s^{-1}] の微分係数 $\mathrm{d}u_y/\mathrm{d}x$ [s^{-1}] と書き表せる．このとき，係数の

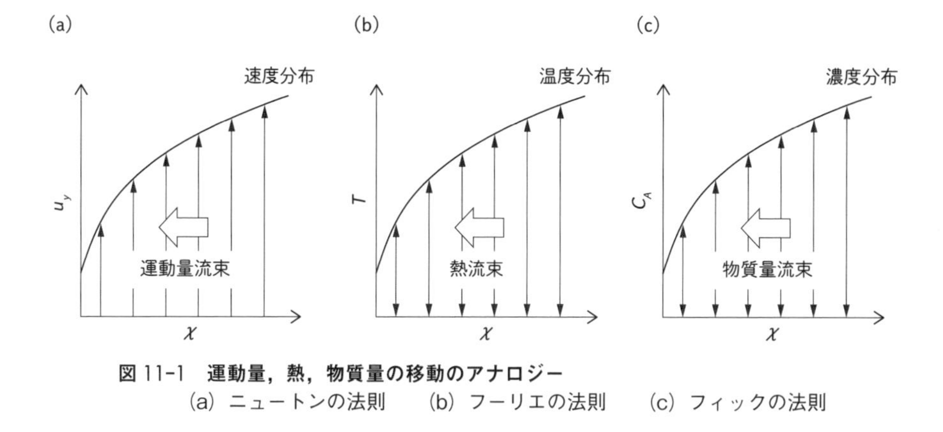

図 11-1　運動量，熱，物質量の移動のアナロジー
(a) ニュートンの法則　(b) フーリエの法則　(c) フィックの法則

単位は [Pa s] であり，この係数を流体の粘度 μ とよぶ．よって，式(11-2)は次のように書ける．

$$\tau = -\mu \frac{\mathrm{d}u_y}{\mathrm{d}x} \tag{7-6}$$

μ の前にマイナスがついているのは，速度の大きいところから小さいところへ運動量は移動する，つまり，図 11-1(a)において x の負の方向に移動するためである．この関係式をニュートンの粘性法則(Newton's law of viscosity)という．

11.1.2　熱の移動

熱エネルギーの移動は，ある物体の片側がヒーターに接触して暖められており，反対側が室温の空気にさらされている場合を想像するとわかりやすい．このときヒーター側の物体表面は，ヒーターから熱が伝わることで温められており，その部分を構成する分子の熱運動は活発であるが，反対側の空気に接している物体表面は空気によって冷やされているため，その部分の分子の熱運動は相対的に穏やかである．定常状態おいては，ヒーター側から空気側に向かってその物体内に温度分布，すなわち分子の運動エネルギー分布が生じており，そのエネルギーを均一にするように温度の高い方から低い方に向かって物体内で熱の移動が生じる．ここで，物体の場所による温度の違いを推進力として，単位面積 [m^2]，単位時間 [s] あたりの熱エネルギー [J] が移動すると考えると，式(11-1)の定義に従えば次のように表される．

$$\frac{\text{移動した熱量}}{\text{面積・時間}}=\text{係数}\times\frac{\text{温度の変化量}}{\text{位置の変化量}} \tag{11-3}$$

式(11-4)の左辺は熱流束 q [J m^{-2} s^{-1}] である．また右辺の(温度の変化量)/(位置の変化量)は，図 11-1(b)に示す座標系において，x 方向に対する絶対温度 T [K] の微分係数 $\mathrm{d}T/\mathrm{d}x$ [K m^{-1}] と書き表せる．このとき，係数の単位は [J m^{-1} K^{-1} s^{-1})] であり，この係数を物体の熱伝導率 λ とよぶ．よって，式(11-3)は次のように書ける．

$$q=-\lambda\frac{\mathrm{d}T}{\mathrm{d}x} \tag{11-4}$$

λ の前にマイナスがついているのは，温度の高いところから低いところへ熱エネルギーは移動する，つまり，図 11-1(b)において x の負の方向に移動するためである．この関係式を熱伝導のフーリエの法則(Fourier's law of heat conduction)という．

11.1.3　物質の移動

物質の移動には，2 種類存在する．1 つは上水道のパイプ中の水が圧力の高いところから低いところに流れるような場合，あるいは川の水が重力に従って高いところから低いところに流れるような場合である．この移動現象は，流体にはたらく外力に押される，あるいは引っ張られることにより流体が移動する現象であり，強制対流とよばれる．この場合は，着目した系全体(流体)そのものが移動している．もう 1 つは，分子の拡散である．基本的に 1 つ 1 つの分子は，絶対零度の環境でなければ熱運動によりランダムな方向にランダムな速さで運動している．ある大きさの容器の中の液体や気体がその場所に留まっている，つまり静止した流体の状態であっても，その内部ではその流体を構成する分子は，その環境温度での熱運動速度で動いているのである．このとき，その流体を構成するある分子の濃度が場所によって異なる場合には，一定体積内に存在する分子の数が濃度によって異なるため，分子 1 つ 1 つはランダムに運動しているだけでも，濃度の高いところから低いところにたまたま分子の熱運動により移動する分子の頻度と，逆に濃度の低いところから高いところに同様に移動する分子の頻度とでは，当然前者の方が多くなる．その差引きの結果，濃度の高いところから低いところに向かって分子が移動することになる．これが分子の拡散現象である．先に述べた運動量および熱の場合は，それらが移動する流体や物体内部での何らかの分布(運動量：速度分布，熱：温度分布)の存在が移動の推進力となっていた．したがって，これら運動量や熱の移動現象と類似性を有する物質の移動現象は，流体内の濃度分布によって分子が移動する拡散現象である．

ここで，流体がAとBの2成分で構成され，流体の場所によるA分子の濃度の違いを推進力として，単位面積 [m^2]，単位時間 [s] あたりA成分の物質量 [mol] が移動すると考えると，式(11-1)の定義に従えば次のように表される．

$$\frac{\text{移動したA成分の物質量}}{\text{面積・時間}}=\text{係数}\times\frac{\text{A成分の濃度の変化量}}{\text{位置の変化量}} \tag{11-5}$$

式(11-5)の左辺は成分Aの物質量流束 J_A [mol m^{-2} s^{-1}] である．また右辺の(A成分の濃度の変化量)/(位置の変化量)は，図11-1(c)に示す座標系において，x 方向に対するA成分濃度 c_A の微分係数 $\mathrm{d}c_\mathrm{A}/\mathrm{d}x$ [mol m^{-3} m^{-1}] と書き表せる．このとき，係数の単位は [m^2 s^{-1}] であり，この係数をAのBに対する拡散係数 D_AB とよぶ．よって，式(11-5)は次のように書ける．

$$J_\mathrm{A}=-D_\mathrm{AB}\frac{\mathrm{d}c_\mathrm{A}}{\mathrm{d}x} \tag{7-42}$$

D_AB の前にマイナスがついているのは，A成分濃度の高いところから低いところへA分子は移動する，つまり，図11-1(c)において x の負の方向に移動するためである．この関係式を拡散に関するフィックの法則(Fick's law of diffusion)という．

このように，運動量の移動(粘性)，熱の移動(熱伝導)，分子の移動(拡散)においてアナロジー(類似性)が見られるのは，本質的にはいずれも分子の運動によってもたらされるためである．

11.2 無次元数

ガスの液体への吸収操作では気相と液相の界面における気体分子の移動，気固触媒反応や固体の乾燥操作では気相と固相の界面における熱や分子の移動，そして，海水淡水化における海水と膜の界面におけるイオンの移動など，化学プロセスにおける反応や分離の操作においては，さまざまな界面において物質と熱の移動速度を予測し制御することが重要である．通常，このような界面においては，粘性，熱伝導，分子の拡散といった類似性を有する分子の運動に由来する移動現象が支配的な境界層が流体内に形成される．その境界層を介した界面での熱や物質の移動のしやすさ(移動係数)は，流体固有の値である粘性，熱伝導率，拡散係数のほかに，流体のマクロな流れの状態にも影響を受けることが経験的に知られている．このとき，分子の運動に由来する移動現象と同様に，マクロな流れの状態が移動係数に及ぼす影響にも類似性が成立する．熱と物質とでは移動する物理量の単位が，たとえばJとmolのように異なっているが，ここで以下に記述する“無次元数”という概念を導入することで，熱と物質の移動現象を統一的に理解できる．

ここまで説明してきた伝熱方程式(熱移動)，拡散方程式(物質移動)，運動量移動方程式(流動)は，同じ形式で書かれている．分子が移動しつつ，分子衝突を通じて，熱エネルギーも，運動量も移動するから，当然といえる[1)]．

$$q=k\left(\frac{\mathrm{d}T}{\mathrm{d}x}\right) \tag{11-6}$$

$$\tau=\mu\left(\frac{\mathrm{d}u}{\mathrm{d}t}\right) \tag{11-7}$$

$$N=D\left(\frac{\mathrm{d}C}{\mathrm{d}x}\right) \tag{11-8}$$

式(11-8)，式(11-9)を変形すると，

$$q=\frac{k}{\rho C_p}\left(\frac{\mathrm{d}T\rho C_p}{\mathrm{d}x}\right) \tag{11-9}$$

$$\tau=\frac{\mu}{\rho}\left(\frac{\mathrm{d}\rho u}{\mathrm{d}t}\right) \tag{11-10}$$

となり，熱拡散率 $\alpha=k/\rho C_p$，動粘性率 $\nu=\mu/\rho$ は，拡散係数 D と同じ単位 $[\mathrm{m}^2\,\mathrm{s}^{-1}]$ をもっている．よって，これらの値の比は，単位をもたない無次元数，プラントル数($Pr=\alpha/\nu$)とシュミット数($Sc=D/\nu$)となる．

気体の場合には，熱も運動量も物質と同時に伝わるから Pr も Sc も1近傍である．液体の場合には，分子が移動しなくても熱は伝わるので Pr はより大きくなるし，分子は移動しなくても，運動量の交換は生じるので Sc は小さくなる．このように異なる物理現象の支配度をイメージできるという意味で，つまり第I編で述べたように課題解決のアプローチとしても無次元数は重要である．

11.2.1 現象の記述と無次元化

化学工学には，無次元数の導入の歴史的背景がある．1900年初めに必要だったのは，化学プラントの設計であり，実験室規模で確認した結果を大規模のプロセスで実現させる必要があった．これをスケールアップとよぶ．小さい装置で確認した現象を大きな装置で実現させるのにどのように考えればよいだろうか．

小型の装置と大きな装置内の流れについて考えてみよう．流れのように，現象をモデル化し数学的に方程式により記述できるような場合には，方程式を無次元化した表現に変えることで，現象を支配する無次元数を見出すことができる．

一次反応の場合，

$$\frac{\mathrm{d}C}{\mathrm{d}t}=-kC \tag{11-11}$$

ここで，Cは反応物質濃度，kは一次反応速度定数 [s^{-1}]，tは反応時間 [s] である．初期濃度C_0，反応の時定数$\tau=1/k$，反応率Xを考えれば，次のようになる．

$$\frac{\mathrm{d}(1-X)}{\mathrm{d}t}=k(1-X) \tag{11-12}$$

$$\frac{\mathrm{d}\ln(1-X)}{\mathrm{d}(t/\tau)}=1 \tag{11-13}$$

小型装置と同じ反応率を大型装置で得るには，t/τを同じにすればよい．反応の時定数kは装置の大きさによって変わらないから，反応時間tを同じに設定すればよいことになる．

小型装置と大型装置とで，同じ流れ（混合状態や物質・熱移動など）を得るにはどうすればよいだろうか．流動については，ナビエ-ストークス（Navier-Stokes）の方程式により，以下のように記述される．

$$\begin{aligned}\rho(\partial u\partial t+(u\cdot\nabla)u)&=-\nabla p+\mu\nabla 2u+F\rho(\partial u\partial t+(u\cdot\nabla)u)\\&=\nabla p+\mu\nabla 2u+F\end{aligned} \tag{11-14}$$

ここで，代表的な流速U_0，代表的な長さL_0，代表的な圧力$P_0=\rho U_0{}^2$を考え，さらに，時間の単位が$T_0=L_0/U_0$，単位体積あたりにかかる力については，$F_0=P_0/L_0$の関係を用いて書き換えると，次のように表される．

$$\frac{\partial \tilde{u}}{\partial \tilde{t}}+(\tilde{u}\cdot\tilde{\nabla})\tilde{u}=-\tilde{\nabla}\tilde{p}+\frac{1}{Re}\tilde{\nabla}2\tilde{u}+\tilde{F} \tag{11-15}$$

ここで，$Re=\rho U_0 L_0/\mu$，すなわちレイノルズ数である．つまり，流体の流れは，レイノルズ数のみで記述できることがわかる．

上式は，流速の分布(場所)の時間的変化を示すものである．ここでは詳しいことは述べないが，レイノルズ数が小さい場合，流れに少しの攪乱を加えても，流れ(たとえば，管内の流速分布)は時間とともに同じ安定な流れ(層流)に戻る．逆にレイノルズ数が大きい場合には，少しの攪乱で，それは時間とともに増大し流れが不安定化する(乱流)．レイノルズ数は，速度 u で流れようとする運動エネルギー ρu^2 と壁が流れを引き留めようとするせん断エネルギー $\mu u/d$ との比であることを考えれば，流れの安定性に与える効果として理解できる．

いずれにせよ，小型装置で得られた流動の実験結果を大型装置でも発現させるにはレイノルズ数を同じようにすればよい．

11.2.2　壁近傍での現象と境膜という考え方

化学プロセスでは，管の壁面から熱を伝えたり，充填層で吸収・吸着(物質移動)させたり，反応管内で混合しつつ反応させたりする．流体を流す場合にも壁面や充填物の存在によって，圧力損失が生じる．つまり，流れも，熱や物質移動も，壁面や充填物近傍での相互作用が重要となる．

先に述べたように，レイノルズ数は，速度 u で流れようとする運動エネルギー ρu^2 と壁が流れを引き留めようとするせん断エネルギー $\mu u/d$ との比である．乱流場であっても，壁が流れを留めようとする力ははたらき，壁近くには静かな流れの領域(境界層)ができる．この境界層は，Re 数が大きくなるほど薄くなっていくだろうことが理解できる．

ナビエ-ストークスの方程式を解けば，δ_F も表現できるが，重要な点は，それがレイノルズ数だけの関数で表されるということである．

$$\frac{L}{\delta_F}=f(Re) \tag{11-16}$$

理論的な解析の結果，平板に沿う層流境界層の厚さ δ_F，平板長さ L としたとき，次のようになることがわかっている．

$$\frac{L}{\delta_F}=f(Re) \quad \propto Re^{-\frac{1}{2}} \tag{11-17}$$

11.2.3 速度，温度，濃度の境膜

流動場で，壁から流体に(あるいはその逆に)熱がどのように伝わるかを考えてみよう．境膜の厚さ δ_F は，流速が早くなるほど薄くなる．流れ場の現象だから，レイノルズ数 Re の関数となることはすでに説明した．流れ場の境膜厚さ δ_F と伝熱場の境膜厚さ δ_T (流速分布と温度分布は異なる)はプラントル数 Pr だけ異なることになる．すなわち，

$$\frac{\delta_F}{\delta_T}=g(Pr) \tag{11-18}$$

気相では，運動量の移動も，熱の移動も分子の移動により生じる．そのため δ_u と δ_T は，ほぼ等しい．一方，分子密度がより高い液相では，分子の移動は生じにくくなるが，分子移動が生じなくとも熱エネルギーは移動し得る．そのため，δ_T は δ_u よりも薄くなる．

温度についての境膜厚さ δ_T を代表長さで規格化した無次元数 $d/\delta_T=Nu$ が，ヌセルト数である．あるレイノルズ数領域では，式(11-18)と式(11-20)より，$Nu\propto f(Re)g(Pr)$ となることがわかる．

このような理解のもと，小型の実験装置で得られた伝熱速度の測定結果から，伝熱の δ_T を評価し無次元化し L/δ，レイノルズ数と物性定数プラントル数の関数としてまとめる．大きさ d の球体のまわりの境膜厚さ δ_T は，以下のように記述できる．

$$Nu=\frac{d}{\delta}=2+0.6Pr^{\frac{1}{3}}Re^{\frac{1}{2}} \tag{11-19}$$

ここで大切なことは，一度伝熱についてこの関係が得られれば，物質移動についても同様に(アナロジー)，現象理解を進めることができることである．物質移動については，熱伝導とのアナロジーがあるから，物質移動について，同様の実験を行う必要はない．流動場の速度境界層厚さと熱移動(温度分布)の境界層厚さとの関係を，物質移動(濃度分布)の境界層厚さに置き換えればよい．すなわち，プラントル数をシュミット数 Sc に置き換えればよい．

$$Sh=\frac{d}{\delta}=2+0.6Sc^{\frac{1}{3}}Re^{\frac{1}{2}} \tag{11-20}$$

簡略モデル，そして無次元化表現により，大きさ，時間を超えた理解が進む．上記の例でいえば，流れがなければ，境膜厚さ δ は半径程度の大きさということになる．シュミット数もプラントル数も気体の場合には1近傍である．レイノルズ数が1000だとしても，$Re^{1/2}$ は30程度，気体の場合にはプラントル数が1近辺であることを考えると，ヌセルト数 Nu やシャーウッド数 Sh は7程度．つまり境膜厚さは1/3.5に薄くなる．この範囲では伝熱速度は上がるが，オーダーが変わるほどではないという把握ができる．

境膜の厚さ δ がわかれば，移動速度を推算できるから，さまざまなプロセスの大きさ評価が可能となる．7.3節では，温暖化対策技術として用いられる二酸化炭素のガス吸収プロセスについて説明した．

11.2.4　ブラックボックスと次元解析

第I編の2.4節でも述べたように，化学プロセスでは，現象が複雑すぎてモデル化の方法すら考えつかないことがある．これまでもいくつもの場面で，このような問題に直面してきた．しかしそのたびに化学工学がとってきた方法は，ブラックボックス化だった．課題解決の前提は，全体システムの理解である．そこで，現象理解が難しいシステム(検査面)についても，原理まではわからなくても現象をイメージできるようにしたいし，スケールアップにも用いえるように，検査面のInputとOutputの関係を，小型装置を用いて実験的に調べ整理した．当然，関係式は現象を表す複数の無次元数で表現する．

上記のように，理論式もないのに，どのような無次元数を用いればよいだろうか．そこで，次元解析[2)]という方法をとった．

構造化材料合成において，流れ場の制御が鍵となることが多く，時として渦の発生が製品性状に大きな影響を与える場合もある．流れの中に物体があると，そこで渦が生成する．渦の発生頻度 N [s^{-1}] は，流速 U [$m\ s^{-1}$]，物体の大きさ D [m]，流体の動粘性係数 ν [$m\ s^{-2}$] が関係しているだろうことはわかる．つまり，関係式は次のようになる．

$$N=f(U,\ D,\ \nu)=U^aD^b\nu^c \tag{11-21}$$

単位として使っている次元の数は，時間 [s] と長さ [m] の2つだけである．そして考えている物理量は，N, U, D, ν の4つである．バッキンガム

(Backingham)の π 定理*によれば，4−2=2，つまり，2 つの無次元数で表現できる．

$N=U^aD^b\nu^c$ の次元について考えると，

$$[\mathsf{T}^{-1}]=[\mathsf{L}\,\mathsf{T}^{-1}]^a[\mathsf{L}]^b[\mathsf{L}^2\,\mathsf{T}^{-1}]^c \qquad (11\text{-}22)$$

ここで，両辺の次元は同じでなければならないから，

L について，$0=a+b+2c$

T について，$-1=-a-c$

この 2 式から，$a=1-c$ そして $b=-c-1$ となるので，以下のように整理できる．

$$N=U^{1-c}D^{-1-c}\upsilon^c=\left(\frac{\upsilon}{UD}\right)^c\frac{U}{D} \qquad (11\text{-}23)$$

つまり，π 定理による 2 つの無次元数は以下だとわかる．

$$\pi_1=\frac{ND}{U} \quad \text{（ストルーハル数 } St\text{）} \qquad (11\text{-}24)$$

$$\pi_2=\frac{UD}{\upsilon} \quad \text{（レイノルズ数 } Re\text{）} \qquad (11\text{-}25)$$

このように，小型装置で得られた結果を，相関式 $St=\Phi Re$ としてまとめることで，大型の装置での現象を小型装置の実験から予測することができるようになった．レイノルズ数が大きく壁が流れを引き留めようとする力が小さくなると渦が発生しやすくなることがわかる．

現在，すでにあらゆるところにビッグデータ，AI，IoT が導入されている．医療分野の臨床現場では病因の判断に有効な手段として使われている．必要な薬剤も推薦してくれる．ネット上での相性判断などもその一例である．このように，因果関係の原理を解明すること自体が不可能な場合，AI の利用は極めて有効である．このビッグデータと AI による相関は，まさにブラックボックスの考え方そのものである．それを 100 年以上前に化学工学は導入していた．考え方は同じではあるが，筆者には，次元解析によるブラックボックスの相関に，より知性を感じる．

第 II 編 基礎編

＊ 次元定数と物理量の和が n 個で，基本次元の数が m 個であれば，無次元数の数は（$n-m$）個[1]．

11.3　ま　と　め

プロセスを設計・運転・管理するためには，物質と熱の流れを定量的に把握する必要がある．そのために“物質収支”と“熱収支”(量論)，さらに“物質移動”あるいは“熱移動”の速度を把握する必要がある．プロセス内で生じる流れ，反応，熱移動，物質移動の複雑な現象を，課題解決に求められる精度で可能な限り単純化したモデルを構築することで全体を理解する．本章では，数学的に記述したモデルは“無次元化”して表現することができ，それにより支配因子を無次元数として理解できる．また，モデル化すら不可能な複雑な現象についても(ブラックボックス)，次元解析により現象を無次元数により表現することができる(次元解析)．また，物質の移動，熱の移動，運動量の移動が，同じ型の式で記述され，これらの現象を支配する因子の比を無次元化して表現できる．これを活用し，熱移動について得られた無次元数相関を，物質移動についても適用できることを学んだ．

無次元数を用いて表現される検査面におけるサブシステムの入口と出口の相関を，小型装置を使って実験的に求めることで，スケールを大きくした場合の結果も予測することができる．このスケールアップの方法により，実験室での研究を製品製造につなげること(社会実装)ができる．

引用文献

1)　R. B. Bird, W. E. Stewart, E. N. Lightfoot: “Transport phenomena”, John Wiley (1960).
2)　化学工学協会 編：“改訂四版 化学工学便覧”，丸善 (1978).

さらに発展的な学習のための資料

本章で学んだ項目について，さらに詳しく勉強したいときには，以下を推薦する．

1)　水科篤郎，荻野文丸：“輸送現象”，産業図書 (1981).
2)　R. B. Bird, W. E. Stewart, E. N. Lightfoot: “Transport Phenomena”, Revised 2nd Ed., John Wiley (2006).
3)　竹内 雍，松岡正邦，越智健二，茅原一之：“解説 化学工学”，培風館 (2001).
4)　伊藤 章：“ベーシック分離工学”，化学同人 (2013).

第Ⅲ編

応　用　編

第Ⅲ編では，身近な生活にかかわる例から地球規模までにいたる例を取り上げ第Ⅱ編「基礎編」で学んだ知識，および第Ⅰ編「課題解決のアプローチ」を用いて，現実の課題を解決していく．12 章では宇宙ステーションでの酸素循環，13 章では分離技術として重要な蒸留，14 章では地球温暖化の原理，15 章ではドリップコーヒーの美味しい淹れ方，16 章では海水を淡水化する逆浸透膜プロセス，17 章では固体高分子形燃料電池の操作条件，18 章では超臨界流体によるナノ粒子合成，19 章では温泉の熱を利用した地産地消のエネルギーシステムを設計する．幅広い現実の課題を化学工学による“課題解決のためのアプローチ”で解決できることが理解できる．

12

宇宙ステーションでの酸素循環

国際宇宙ステーションは地球から遠く離れており，宇宙ステーション内では必要な物質はできるだけリサイクルしなければならない．本章では第II編の6.2節で学んだ物質収支の考え方を利用し，宇宙ステーションでの物質収支や物質循環を考える．ここでは酸素に着目し，宇宙ステーション内の物質収支と物質循環システムについて例題をとおして学習する．

12.1　人間の酸素使用量

例題 12-1　**人間の物質収支**

人間は，酸素，水，食料を体内に流入し，二酸化炭素，水(汗)，尿，固形排出物などを体外に流出する，物質変換を伴う一種の反応器とみなすことができる(図12-1)．平均的に，酸素(O_2)を体内に取込み，炭素を酸化し二酸化炭素(CO_2)を人間1人，1日あたり1 kg放出している．1日あたりに必要な酸素量を求めよ．さらに，宇宙ステーション内でのCO_2濃度を700 ppm (地球のほぼ2倍濃度)に保つためには，1日あたりどれだけの空気(CO_2は含まれていないと考える)が必要となるか計算せよ．

図 12-1　人間での物質フロー

解　説

1人の人間が1日にCO_2を1 kg，物質量で1000/44＝22.7 mol 流出するので，人間に流入する酸素も22.7 mol，質量で727 g必要となる．また，ppmはpart per million（100万分の1）という意味で，体積基準だとppmv，質量基準だとppmwと書かれることもある．気体の場合は体積基準，つまりモル基準と考えると，ステーション内のCO_2濃度を700 ppmに保つために空気（分子量29で近似）は$(1000/44)/(700\times10^{-6})=32\,467$ mol＝941.6 kgとなり，人間1人の1日あたりに対してだけでも莫大な量の空気を供給する必要となる．なお，より正確に計算するには，CO_2濃度＝CO_2モル数/（CO_2モル数＋空気モル数）より，空気モル数＝（CO_2モル数）（1－CO_2濃度）/CO_2濃度とすべきであるが，実際に計算すると$22.7\times(1-700\times10^{-6})/(700\times10^{-6})=32\,444$ molとなり，希薄濃度のためほぼ同じ値となる．

以上のように多量の空気を地球からもって行くことが事実上不可能であることから，以下に示す酸素循環システムが開発されている．

12.2　宇宙ステーションでの酸素循環システム

例題 12-2　**電気分解による酸素製造**

国際宇宙ステーションでは，太陽電池で発生した電気を用いて，水を電気分解することで酸素を製造している．そのシステムを図12-2に示す．水素イオンのみが移動できるイオン交換膜を介して水の電気分解を行うことで，陰極側で水素，陽極側で酸素が発生する．人間1人，1日あたりに消費する酸素量で

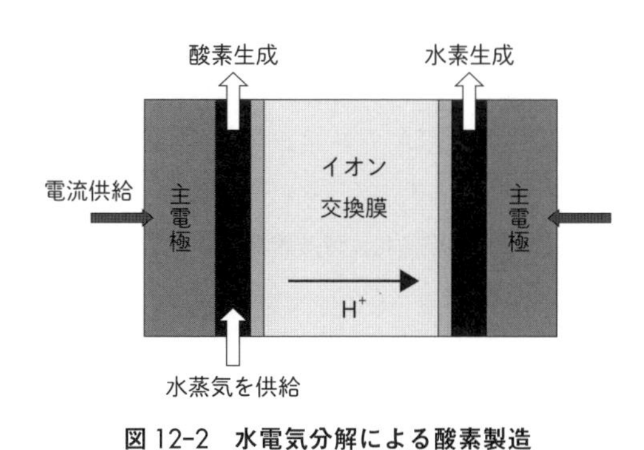

図12-2　水電気分解による酸素製造

ある 22.7 mol を発生させるのに必要な水の量および電流量を求めよ.

解　説

水の電気分解は，陰極 $2\,H^+ + 2\,e^- \longrightarrow H_2$，陽極 $H_2O \longrightarrow 0.5\,O_2 + 2\,H + 2\,e^-$，全反応としては $H_2O \longrightarrow H_2 + 0.5\,O_2$ である．したがって水は酸素の 2 倍量の 2×22.7 mol＝45.4 mol，質量として 818 g が必要となる．電気分解に必要な電気量であるが，電子 2 mol で水素 1 mol，酸素 0.5 mol が発生する．電子 1 mol の電気量は 1 F であり，F はファラデー定数とよばれ 96 485 C mol^{-1} である．1 s で 1 C の電子移動量が電流 1 A であり，酸素 1 mol に対して 4 mol の電子が必要なことから，電気量としては 22.7×4 F＝22.7×4×96 500＝8.65×10^6 C (＝As) の電気量が必要となる．さらに，水の理論電気分解電圧 1.23 V で電気分解が行われたと仮定すると，イオン交換膜で消費される電力量は 1.23×8646 400 A V s＝2.95 kW h となる．

水の電気分解では水 2 mol から酸素 1 mol を合成することができ，人間 1 人あたりの 1 日に必要な水の量は 0.818 kg であることから，10 名の乗組員が 1 年間宇宙空間に滞在するためには，0.818×10×360＝2945 kg もの水が必要となる．より大人数そして長期間となると，呼吸で発生した二酸化炭素を分離回収し，その二酸化炭素から酸素を製造する技術開発が必要となる．表 12-1 に酸素製造プロセスの開発レベルをまとめる．

二酸化炭素を直接分解して $CO_2 \longrightarrow C + O_2$ (表 12-1 ③) で酸素が生成できれば酸素の完全リサイクルが成立するが，この反応は燃焼反応の逆反応でエネルギー的に不利であり，実際に宇宙ステーション内で行うことは不可能である．そこで電気分解で副生した水素を用いて酸素をつくるサバチエ反応($CO_2 + 4\,H_2 \longrightarrow CH_4 + 2\,H_2O$)が提案されている(表 12-1 ④)．またこの反応は化学工業的にはメタネーションともよばれ，300～400 °C の比較的低温において，二酸化炭素と自然エネルギーで製造した水素からメタンをつくる技術としても注目を集めている．

表 12-1　宇宙における酸素製造プロセス

①　人間の呼吸：　$C + O_2 \longrightarrow CO_2$
②　水の電気分解：　$2\,H_2O \longrightarrow 2\,H_2 + O_2$
③　二酸化炭素の完全分解：　$CO_2 \longrightarrow C + O_2$
④　サバチエ反応：　$CO_2 + 4\,H_2 \longrightarrow CH_4 + 2\,H_2O$
⑤　メタン熱分解反応：　$CH_4 \longrightarrow C + 2\,H_2$

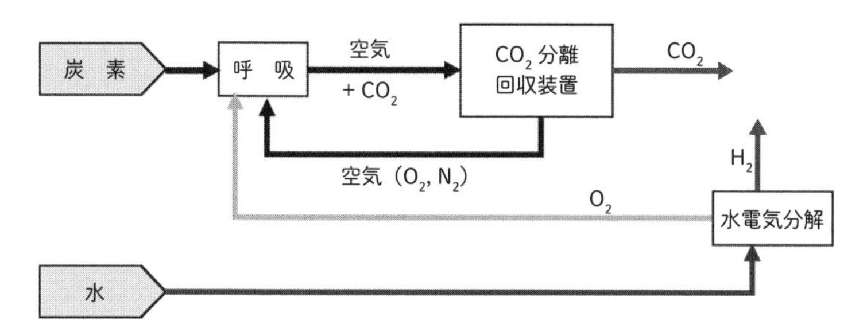

図 12-3　水電気分解による酸素循環システム

まず，水の電気分解による酸素循環システムを図 12-3 に示す．四角で囲んだ部分が反応や分離操作に相当し，これらを矢印で連結することで，システム全体が理解しやすくなる．まず，電気分解で水から酸素と水素を製造する．呼吸により酸素は二酸化炭素に変換されるが，二酸化炭素は分離回収され宇宙船内から取り除かれると，各プロセスは以下となる．

$$\text{人間の呼吸:}\quad C + O_2 \longrightarrow CO_2$$
$$\text{水の電気分解:}\quad 2\,H_2O \longrightarrow 2\,H_2 + O_2$$

本プロセスは，全体として $C + 2\,H_2O \longrightarrow 2\,H_2 + CO_2$ と表され，水 2 mol を使って炭素 1 mol を酸化反応することで人間はエネルギーを得るとともに，水素 2 mol と二酸化炭素 1 mol を廃棄することになる．

例題 12-3　**サバチエ反応を利用した酸素循環システム**

水電気分解とサバチエ反応を利用した酸素循環システムを図 12-4 に示す．このシステムにおいて，酸素 1 mol を製造するのに必要な水のモル数を求めよ．

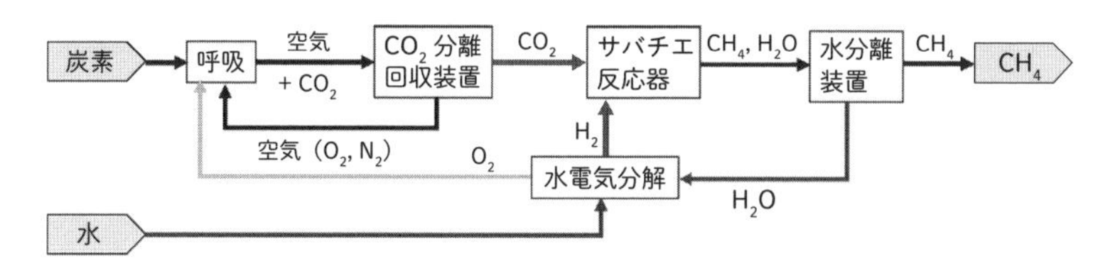

図 12-4　水電気分解とサバチエ反応を利用した酸素循環システム

解　説

この回収システムでは，回収二酸化炭素は，以下に示すサバチエ反応によりメタンと水に変換される．

人間の呼吸：　$C+O_2 \longrightarrow CO_2$

サバチエ反応：　$0.5\,CO_2+2\,H_2 \longrightarrow 0.5\,CH_4+H_2O$

水の電気分解：　$2\,H_2O \longrightarrow 2\,H_2+O_2$

この3つの式を足すと総括反応は $C+H_2O \longrightarrow 0.5\,CO_2+0.5\,CH_4$ となり，本システムでは，全体として炭素1 molを水1 molを用いて，CO_2 と CH_4 を排出することになる．電気分解だけでは呼吸に用いる酸素は炭素1 molに対して水2 mol必要であるが，サバチエ反応を導入すると，地球から運ぶ水の量を半分に減らすことができる．

図12-4ではサバチエ反応で発生した水はリサイクル利用されているが，副生されたメタンは水素源であるにもかかわらず，有効利用されていない．そこでメタン熱分解反応 $CH_4 \longrightarrow C+2\,H_2$ と組み合わせて，水素を循環するシステムが提案されている．

例題12-4　メタン熱分解反応を利用した酸素循環システム

水電気分解とサバチエ反応に，さらに熱分解反応を組み合わせた酸素循環システムを図12-5に示す．このシステムで，酸素1 molを製造するのに必要な水のモル数を求めよ．

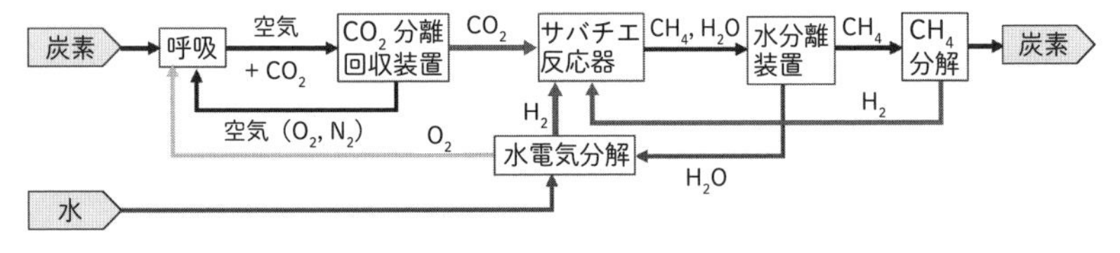

図12-5　水電気分解，サバチエ反応およびメタン熱分解反応を利用した酸素循環システム

解　説

この回収システムでは，サバチエ反応で生成したメタンの有効利用をはかる．3つの反応を列記すると，以下となる．

サバチエ反応: $CO_2+4H_2 \longrightarrow CH_4+2H_2O$

水の電気分解: $2H_2O \longrightarrow 2H_2+O_2$

メタンの熱分解反応: $CH_4 \longrightarrow C+2H_2$

3個のプロセスを組み合わせると $CO_2 \longrightarrow C+O_2$ となり，メタン熱分解反応は1000℃以下で可能であることから，二酸化炭素から酸素製造が実現可能になったことになる．このような反応システムは熱化学サイクルとよばれている．人間の呼吸 $C+O_2 \longrightarrow CO_2$ と足し合わせた総括反応は，左辺も右辺も失くなり，食料中の炭素(C)が熱分解炭素に変換されたことになる．この場合は水を補給することなく，人間が消費する酸素の循環利用が可能となることを示している．

12.3 ま と め

本章では，6.2節で学んだリサイクルを伴う物質収支の応用として，例題を解きながら国際宇宙ステーションでの酸素循環システムについて考察した．物質の流入と流出を考え，物質収支をとる化学工学的手法は，マクロ的な視点からのシステム構築に対して見通しのよさを与える．

13

蒸留による分離

蒸留は極めて広く使われている分離精製技術である．蒸留によって製造される製品のわかりやすい例としては，焼酎やウィスキーのような蒸留酒があげられる．化学産業では多様な物質の精製に蒸留が広く使われているのはもちろんのこと，半導体製造に使われるシリコンを高度に精製するための工程でも蒸留は重要な役割を担っている．

蒸留は気液平衡における気液組成の差を利用する分離精製技術である．混合物の液から蒸気を発生させてそれを凝縮させれば蒸留をしたことになるが，そのような単純な操作では高い純度の製品が得られない．高純度な製品を得るための蒸留装置は蒸発と凝縮を繰り返す仕組みとなっており，多くの要素を含む複雑なシステムとなっている．

本章では，このような複雑な蒸留装置であっても，第Ⅱ編の 6.2 節で学んだ物質収支を使うことで，装置の状態を簡単に記述でき，さらにそれらの式を用いて装置の設計も可能になることを学ぶ．

13.1 蒸　留

図 13-1 は高校化学の教科書などでも目にする蒸留装置である．代表的な分離例は，水とエタノールの混合物をフラスコに入れて加熱し，発生する蒸気を水道水で冷却して凝縮させる操作である．凝縮によって得られる液体を留出液とよび，留出液にはエタノールがもとの液よりも多く含まれている．しかし，留出液のエタノールの濃度がどこまで高くなっているのか，また適切な濃度にするため

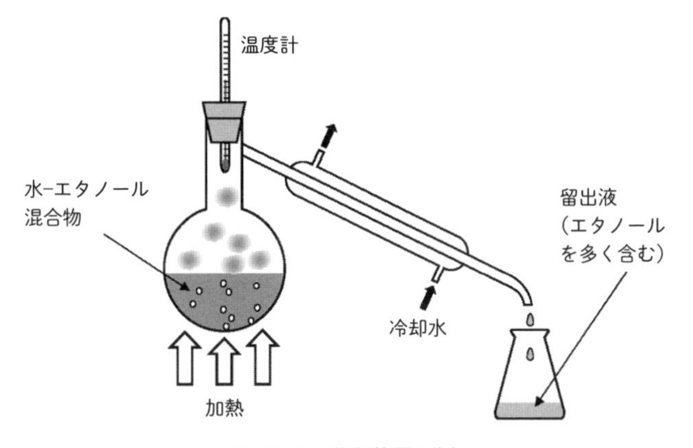

図 13-1　蒸留装置の例

の蒸発量はいくらなのかなど，いくつかの疑問が浮かぶ．化学工学の観点で蒸留装置を解析すると，これらの疑問をすべて解決することができる．

13.2 気液平衡

蒸留は気液平衡状態における液と蒸気の組成の差を利用した分離である．気液平衡状態とは気相と液相が共存し，定常状態となっている状態である．

まず純物質の気液平衡について考える．コップに水を入れて放置しておくと何も変化が起きていないように見えるが，長い時間が経過すると水が揮発してなくなってしまう．このように定常状態を保てないことから気液平衡になっていないことがわかる．これは蒸発した水分子が次から次へと大気中に出ていくからである．さて，コップに半分ぐらいまで水を入れ，ラップなどで蓋をして完全密封した場合を考えてみよう．こうすると蒸発した水分子がコップの外(大気中)に出ることができなくなるので，水の量が変化しなくなり，気液平衡に達する．このとき，コップの気相部分には，蒸発した水分子が蓄積し一定の分圧を示すようになる．液体が純物質のとき，この分圧は蒸気圧または飽和蒸気圧といわれ，温度のみの関数となる．蒸気圧は温度とともに大きくなる．蒸気圧が大気圧と等しくなると液が激しく蒸発するようになる．これを沸騰という．沸騰が起きる温度をその圧力における沸点という．

蒸気圧 P_{sat} と温度 T の関係を表す式としてアントワン(Antoine)の式が知られ

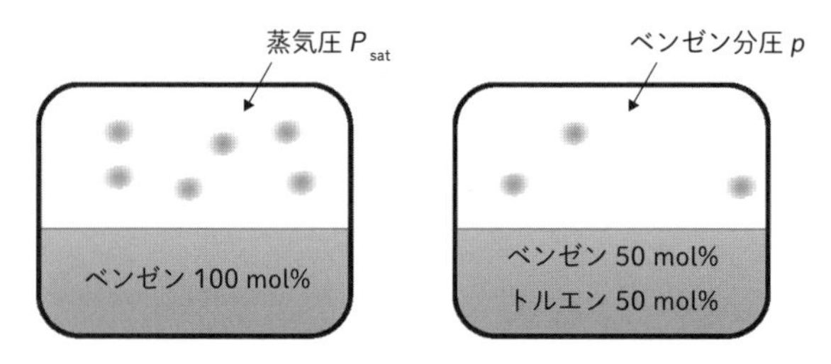

図 13-2　純粋なベンゼンとトルエンとの等モル混合物の液に対するベンゼン分圧

ている．

$$\log_{10} P_{\mathrm{sat}} = A - \frac{B}{T+C} \tag{13-1}$$

たいへんシンプルな式であるが，非常に多くの物質によく合う．式(13-1)の A，B，C は物質により決まる定数であり，その値は各種の便覧やデータ集[1)]などに掲載してある．資料によって温度と圧力の単位系が異なるので注意する必要がある．

次に，液が混合物の場合について考える．図 13-2 のように 2 つの容器を用意し，一方にはベンゼンのみを，もう一方にはベンゼンとトルエンの等モルの混合溶液を入れて密閉したとする．等モルの混合溶液には，純物質の液体の場合と比較すると蒸発できるベンゼンの分子は半分しか存在していない．したがって気液平衡に達したとき，等モル混合溶液の容器のベンゼンの分圧は，純物質を入れた容器のベンゼンの蒸気圧の半分になると予想される．このような関係が成り立つ溶液は理想溶液であるという．理想溶液における蒸気分圧が蒸気圧と液相組成の積に等しいという関係をラウール(Raoult)の法則という．

ラウールの法則が成り立つとき，A と B の 2 成分混合物の各成分の蒸気分圧 p_{A}，p_{B} は次のように書ける．

$$p_{\mathrm{A}} = P_{\mathrm{sat,A}} x_{\mathrm{A}} \tag{13-2}$$

$$p_{\mathrm{B}} = P_{\mathrm{sat,B}} x_{\mathrm{B}} \tag{13-3}$$

ここで，P_{sat} は各成分の蒸気圧であり，x は液相の組成である．混合溶液の成分のうちでより沸点の低いものを低沸点成分または低沸成分とよび，通常はこれを成分 A として取り扱う．なお沸点がより高い成分は高沸点成分(または高沸成分)

という．これらの式から蒸気の全圧は分圧の和として以下のように計算できる．

$$P = p_A + p_B = P_{sat,A} x_A + P_{sat,B} x_B \tag{13-4}$$

純物質の場合と同様に，大気圧下では，全圧が大気圧に等しくなったとき，溶液が沸騰する．このときの温度は沸点とよばれる．混合物の沸点は液の組成によって変化し，沸点において発生する蒸気の組成は次のようになる．

$$y_A = \frac{p_A}{P} = \frac{p_A}{p_A + p_B} = \frac{P_{sat,A} x_A}{P_{sat,A} x_A + P_{sat,B} x_B} \tag{13-5}$$

ここで，$P_{sat,A}/P_{sat,B} = \alpha_{AB}$ とおき，$x_A + x_B = 1$ であることを使うと，気相の組成と液相の組成の関係を表す次式を得る．

$$y_A = \frac{\alpha_{AB} x_A}{\alpha_{AB} x_A + (1 - x_A)} = \frac{\alpha_{AB} x_A}{(\alpha_{AB} - 1) x_A + 1} \tag{13-6}$$

ここで，α_{AB} は相対揮発度または比揮発度とよばれ，温度によって変化するが，注目する温度域での平均値(両物質の沸点での値の幾何平均がよく用いられる)を使っても実験データとよく合う場合が多い．

気液平衡における気相と液相の低沸点成分(A成分)の組成を図にしたものは x–y 線図とよばれる．x–y 線図では，横軸に低沸点成分の液組成，縦軸には低沸点成分の蒸気組成をとる．例として，シクロヘキサン–ヘプタン系の x–y 線図を図 13-3 に示す．通常は対角線よりも左上に膨らんだ形状となり，必ず原点と右上の点を結ぶ線となる．左上方向への膨らみが大きいほど気液両相の組成差が大きく，分離が容易であることを示している．

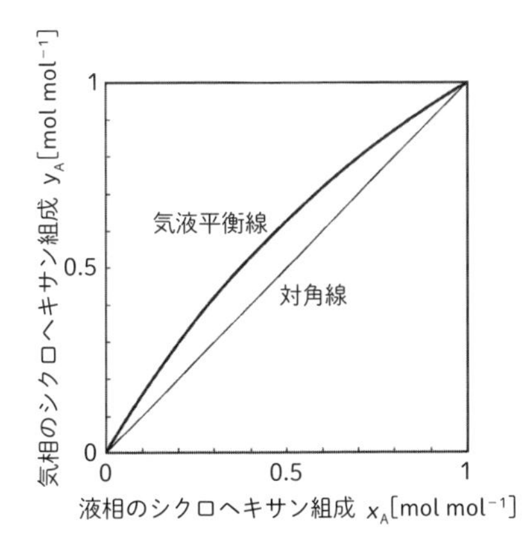

図 13-3　シクロヘキサン–ヘプタン混合溶液の x–y 線図

13.3　フラッシュ蒸留

高校で習った図 13-1 の蒸留は単蒸留とよばれ，混合溶液を仕込んでから蒸留する手法である．一方，原料の混合溶液を連続的に供給しながら蒸留する方法を連続蒸留とよび，フラッシュ蒸留はそのなかでも最も簡単な蒸留手法である．図 13-4 に示すようにフラッシュ蒸留では，混合物をヒーターに送って適切な温度に加熱したのち，圧力を下げてフラッシュドラムとよばれる容器内に噴出させる．混合物はドラム内で蒸気と液に分かれる．このとき両者には気液平衡関係が成立し，低沸点成分は蒸気により多く含まれる．

フラッシュ蒸留の濃縮挙動は，物質収支と気液平衡を考えるだけで解析できる．フラッシュ蒸留における全物質および低沸点成分の収支は，次のとおりである．

$$F = V + W \tag{13-7}$$

$$Fx_{\mathrm{F}} = Vy_{\mathrm{A}} + Wx_{\mathrm{A}} \tag{13-8}$$

ここで，原料に対する液の割合を q とおく．

$$q = \frac{W}{F} \tag{13-9}$$

すると，次のような式が得られる．

$$y_{\mathrm{A}} = -\frac{q}{1-q}x_{\mathrm{A}} + \frac{1}{1-q}x_{\mathrm{F}} \tag{13-10}$$

これはフラッシュ蒸留によって得られる蒸気の組成 y と液の組成 x との間に成立

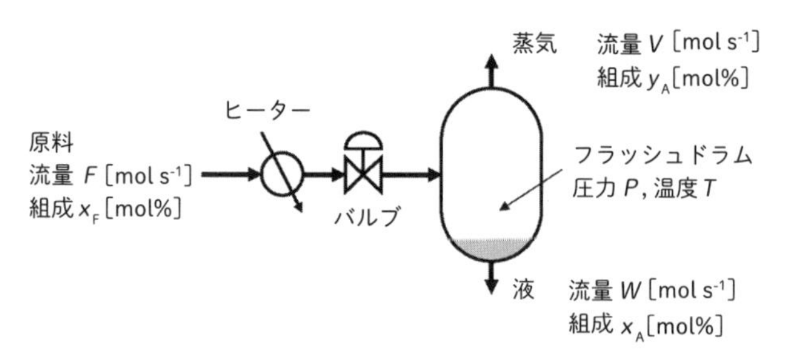

図 13-4　フラッシュ蒸留の概略図

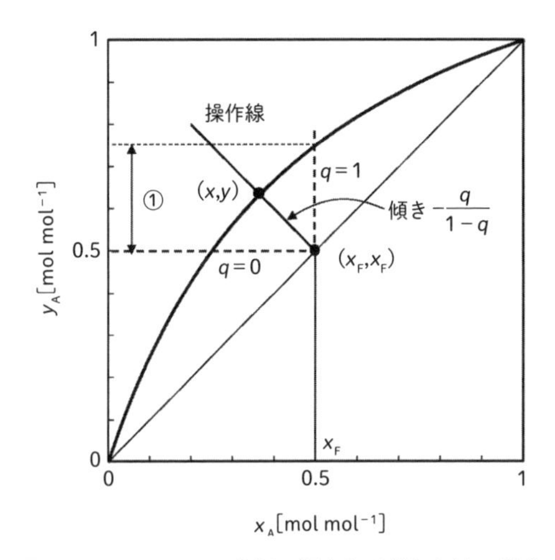

図 13-5 フラッシュ蒸留で得られる蒸気と液の組成

する物質収支の関係を表す式である．これが表す線は操作線とよばれ，(x_F, x_F) を通り，傾きが $-q/(1-q)$ の直線となる．傾きは原料に対する液の割合である q によって変化する．ほとんど蒸発させないときは q は 1 になり，線の傾きはマイナス無限大となって垂直になる．逆に，ほぼすべてを蒸発させた場合には q は 0 となり，操作線は水平になる．

フラッシュ蒸留によって得られる蒸気と液の間には，気液平衡も成立している．つまりフラッシュ蒸留によって得られる気液の組成は，操作線と気液平衡線の交点によって示されることになる．

この様子を表したのが図 13-5 である．フラッシュ蒸留では蒸発量のみがパラメータであるが，それを変化させても得られる蒸気の組成は図 13-5 の①の範囲にとどまる．

13.4 単 蒸 留

次に単蒸留または回分蒸留について解説する．本章の冒頭で示した図 13-1 は単蒸留の装置である．工業的な単蒸留装置はもっと大型であるが，基本的構造は同じである．単蒸留での濃縮挙動はフラッシュ蒸留の場合と同様に，物質収支と気液平衡関係にもとづいて解析することができる．

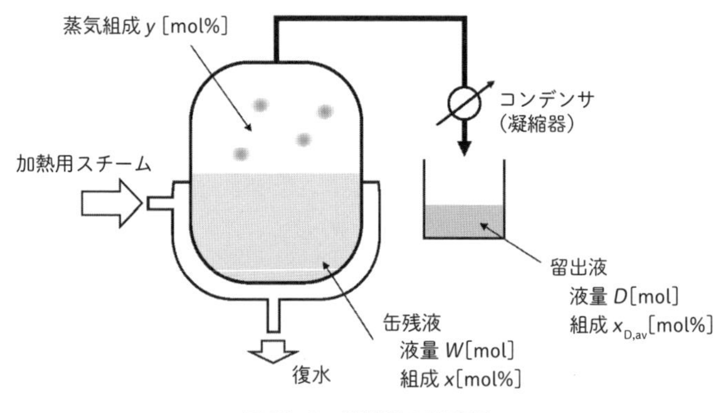

図 13-6　単蒸留の概略図

単蒸留において容器内部に残る液は缶残液，蒸気を凝縮して得られる液は留出液とよばれる．単蒸留は蒸発が進むにつれて缶残液と留出液の組成が変わっていく点には注意が必要である．

図 13-6 のように，缶残液の量と組成を W，x とする．このときに缶残液内の低沸点成分の総物質量は Wx となる．缶残液が微小量 $\mathrm{d}W$ だけ蒸発したとする．発生する蒸気量は $\mathrm{d}W$ でその組成は y であるので，揮発した低沸点成分の量は $y\mathrm{d}W$ となる．缶残液中の低沸点成分減少量 $\mathrm{d}(Wx)$ は揮発した量と等しいので，次の関係が成り立つことがわかる．

$$\mathrm{d}(Wx)=y\mathrm{d}W \tag{13-11}$$

これを変形すると以下のようになる．

$$x\mathrm{d}W+W\mathrm{d}x=y\mathrm{d}W \tag{13-12}$$

$$\frac{\mathrm{d}W}{W}=\frac{\mathrm{d}x}{y-x} \tag{13-13}$$

蒸留開始時の缶内の液量と組成を W_0，x_0 とすると，

$$\int_{W}^{W_0}\frac{\mathrm{d}W}{W}=\int_{x}^{x_0}\frac{\mathrm{d}x}{y-x} \tag{13-14}$$

$$\ln\frac{W_0}{W}=\int_{x}^{x_0}\frac{\mathrm{d}x}{y-x} \tag{13-15}$$

なお，液量も組成も開始時から小さくなるため，積分の範囲を通常と逆にして

いる．これはレイリー(Rayleigh)の式とよばれ，蒸発させた液の割合と缶残液組成の関係を表している．右辺において，一般に y は x の複雑な関数になるので，この式の積分値評価には図を使った図積分やコンピュータによる数値積分計算が必要になる．ただし，混合溶液が理想溶液とみなせれば y と x の関係が式(13-6)で表されるので，式(13-15)の積分をかなり面倒ではあるが解析的に解くことができ，次のような式が得られる．

$$\ln\frac{W}{W_0}=\ln\frac{1-x_0}{1-x}+\frac{1}{\alpha_{AB}-1}\ln\frac{x(1-x_0)}{x_0(1-x)} \qquad (13\text{-}16)$$

希望の缶残液の組成 x を与えると蒸発を止めるべき時点での缶残液量 W が求まる．さらに，蒸留前後の物質収支を表す次の式から，留出液の平均組成 $y_{D,av}$ を知ることができる．

$$W_0x_0=(W_0-W)y_{D,av}+Wx \qquad (13\text{-}17)$$

蒸発量が大きく，W が 0 に近づくと，$y_{D,av}$ は x_0 に近くなる．すなわち仕込んだ液がすべて留出液として移動することを意味している．一方，蒸発量が小さい場合は留出液の組成は仕込み液に平衡である蒸気組成に近くなる．

13.5　精　留

連続的に純度の高い物質を得るときには精留という種類の蒸留が行われる．まずは精留の考え方や装置の特徴について述べる．精留はフラッシュ蒸留や単蒸留と比べると複雑な構造をした蒸留装置であるが，それでも物質収支と気液平衡関係から装置の設計が可能である．

13.5.1　精留の仕組み

13.3 節では，単純な蒸留としてフラッシュ蒸留を紹介した．フラッシュ蒸留は混合溶液を連続的に供給できることから大量に分離するには適している．図 13-5 に示したように蒸発量(q 値)で濃縮度をある程度調整することは可能であるが，高濃度で分離したい場合には濃縮が十分でないという問題が生じる．濃縮度を高くする方法として，図 13-7 のようにフラッシュ蒸留を複数回繰り返すことが考えられる．

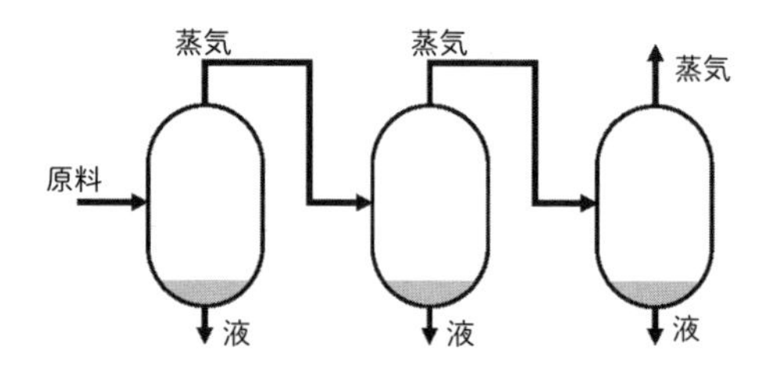

図 13-7　フラッシュ蒸留の繰り返しによる濃縮

この方法ではフラッシュ蒸留の回数を増やすたびに蒸気の組成が高くなるが，このままではフラッシュ蒸留を行うごとに蒸気量が減少するだけでなく，各フラッシュ蒸留で生じる液が排出されてしまう．フラッシュ蒸留から出る液(缶出液)は多くの低沸点成分を含んでおり，捨ててしまうことは得策ではない．そこで，図 13-8 のように，これらを再びフラッシュドラムに戻すことにする．このとき液が発生したのと同じフラッシュドラムに戻しても意味がないので，1つ手前のフラッシュドラムに戻すことにする．このようにすると低沸点成分の排出を抑制することができ，留出する蒸気の量を増やすことができる．

原料が供給されているフラッシュドラムから得られる液にも多くの低沸点成分が含まれているので，これを回収できるとよい．この液は少しだけ蒸発させて原料供給段側に蒸気を送ることで，低沸点成分が留出液方向に進むようにする．高効率な分離を行うには，フラッシュ蒸留を繰り返す，図 13-9 のような構成のシステムが妥当と考えられる．分離後は製品を蒸気ではなく液として取り出したい場合が多いので，図の右端では凝縮のみを行うものとし，前のフラッシュドラムに戻す液の一部を製品とすることとする．

このシステム構成の特徴は蒸気が右方向へ，液が左方向に進んでいる点にある．このように液体と蒸気が接触しながら逆方向に進む流れの構成を，気液向流

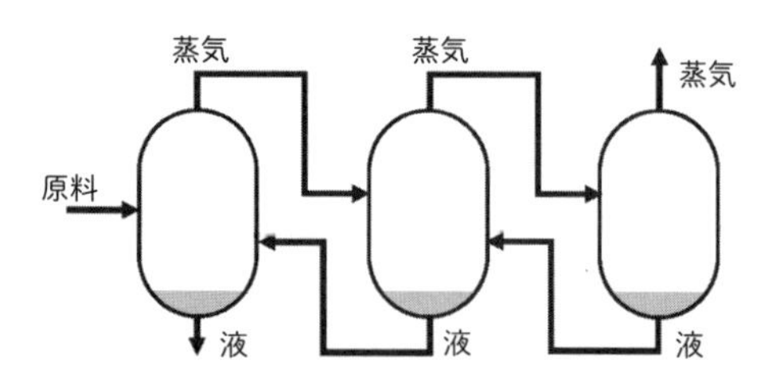

図 13-8　フラッシュ蒸留で発生する液を手前に戻す構成

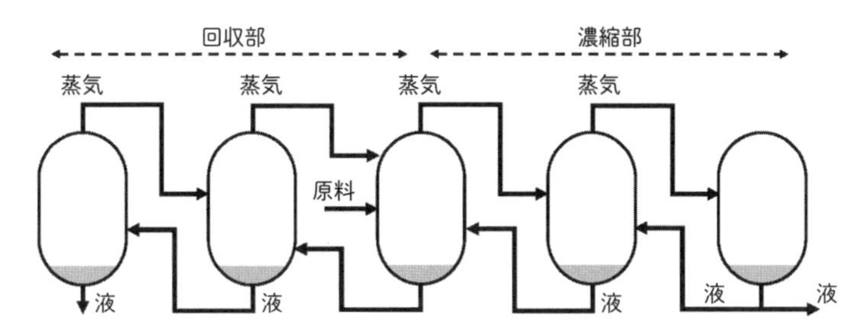

図 13-9　液中の低沸点成分を回収する構成を付与した様子

接触とよぶ．留出液が得られる部分では，そこに到達した流体の一部がもとに戻されている．これを還流という．高沸点成分が得られる部分でも液の一部を蒸発させて蒸気として装置に戻す構造になっている．供給部から留出液が得られる場所までを濃縮部，逆に高沸点成分が得られる場所までの部分を回収部とよぶ．

図 13-9 の装置は複雑になり，工業的には実現が困難である．実際には図 13-10 のような塔型の装置が使われる．原料は装置の中ほどから供給される．供給

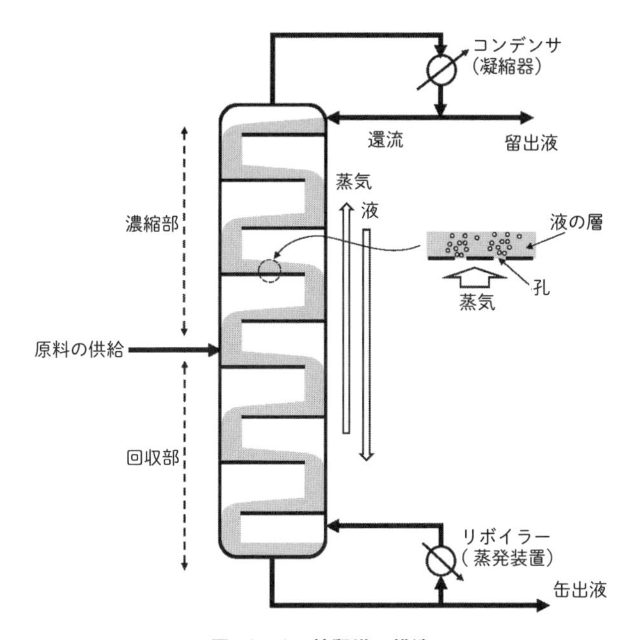

図 13-10　精留塔の構造

された液は装置内を流下し，塔底部に設けられたリボイラーとよばれる熱交換を用いた蒸発装置によって一部を気化させる．発生した蒸気は塔内を登っていく．塔頂には凝縮器(コンデンサ)が設置され，塔頂から出てきた蒸気は冷却され凝縮し液になる．得られた液は留出液として取り出すが，一部は還流として塔頂に戻す．戻された液は塔内を流下し，再びリボイラーに到達する．塔内では蒸気と液が向流接触することになるが，接触を促進するために内部の構造が工夫されている．最も代表的なものは棚段塔とよばれるもので，図 13-10 のように水平の板が多数設置されている．この板にはたくさんの孔が開いている．流下してきた液は板の上に広がり，蒸気は孔からその液の層を上昇する．このとき気液が接触して平衡状態となり，濃縮が進行する．実際に使用されている棚段は単なる孔が空いたものではなく，気体と液体の接触がよくなるようにさまざまな工夫がなされた構造のものがある．また充塡塔とよばれる種類の精留塔もあるので，興味ある人は書物やインターネットなどで詳しく調べてみることを勧める．

精留塔の設計において，最も重要なポイントは必要な段数の決定である．必要な棚段の数(段数)は分離対象とする系の分離の難易度や，留出物に求められる組成などによって変化する．精留塔は複雑な装置であるが，基本的には物質収支と気液平衡により設計が可能となる．次項で精留塔の設計における物質収支の考え方について説明する．

13.5.2　精留塔の物質収支

精留塔の物質収支について考える前に，仮定や記号を整理しておく．精留塔は棚段塔であるとし，図 13-11 のように最上部の段から順に第 1 段，第 2 段と番号をつける．第 n 段の棚段を通過する液と蒸気の低沸点成分の組成をおのおの x_n，y_n と記すことにする．環流液と流出液の流量比を還流比 R と定義する．留出液，缶出液の流量をそれぞれ D，W とし，それらの低沸点成分の組成を x_{D}，x_{W} とする．

仮定として，回収部内，濃縮部内では蒸気，液のモル流量は変化しないとする．これを等モル流れの仮定という．

以上の前提をもとに物質収支について考えていく．まず精留塔全体の物質収支を考える．すると，全物質量と低沸点成分の収支式が次のように得られる．

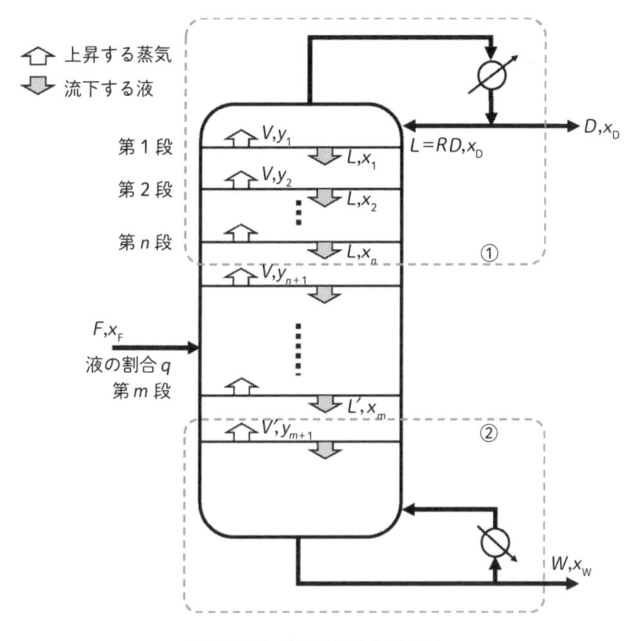

図 13-11　精留塔の物質収支

$$F = D + W \tag{13-18}$$

$$Fx_{\mathrm{F}} = Dy_{\mathrm{D}} + Wx_{\mathrm{W}} \tag{13-19}$$

次にもう少し詳しい物質収支について考える．物質収支をとるときには注目する物質および収支をとるバウンダリ(境界)の設定が重要である．ここでは，図13-11 の濃縮部の一部に点線①で示すバウンダリを設ける．これに流入するのは $n+1$ 段目からの蒸気であり，流出するのは n 段目からの液と留出液である．すると，全物質量および低沸点成分の収支式が次のように得られる．

$$V = L + D \tag{13-20}$$

$$Vy_{n+1} = Lx_n + Dx_{\mathrm{D}} \tag{13-21}$$

濃縮部を流下する液量は還流量と等しいので，$L=RD$ となることを使うと，以下の式が得られる．

$$y_{n+1}=\frac{R}{R+1}x_n+\frac{1}{R+1}x_{\mathrm{D}} \tag{13-22}$$

これは濃縮部における蒸気と液の組成の間に成立する物質収支の関係を表しており，濃縮部の操作線といわれる．濃縮部の操作線は還流比と留出物組成だけで決まる．また，この式は，切片が $x_{\mathrm{D}}/(R+1)$ で，傾きが $R/(R+1)$ の直線であり，点 $(x_{\mathrm{D}},\ x_{\mathrm{D}})$ を通ることも読み取れる．

回収部についても同様に，図 13-11 の点線②をバウンダリとして収支をとると，次の式が得られる．

$$V'=L'-W \tag{13-23}$$

$$V'y_{m+1}=L'x_m-Wx_{\mathrm{W}} \tag{13-24}$$

これより，回収部の操作線は以下の式になる．

$$y_{m+1}=\frac{L'}{V'}x_m-\frac{W}{V'}x_{\mathrm{W}} \tag{13-25}$$

これからわかるように，回収部の操作線は点 $(x_{\mathrm{W}},\ x_{\mathrm{W}})$ を通る．

原料供給段では，濃縮部を流下する液に，原料から供給される液が加わり，回収部の液となっていくので，液の流量に関して以下の収支が成り立つ．

$$L'=Fq+L \tag{13-26}$$

同様に，回収部の蒸気に原料の蒸気が加わって濃縮部を上昇するので，蒸気について以下の収支が成立する．

$$V=F(1-q)+V' \tag{13-27}$$

これらを使うと，濃縮部の操作線と回収部の操作線の交点が式(13-28)で表される線の上にあることを示すことができる．これは，3 つの線が 1 点で交わることを意味している．

$$y=-\frac{q}{1-q}x+\frac{1}{1-q}x_{\mathrm{F}} \tag{13-28}$$

式(13-28)はフラッシュ蒸留で登場した操作線と同じ形の式であり，精留塔の設計においては，これが表す線は q 線とよばれ，点 $(x_{\mathrm{F}},\ x_{\mathrm{F}})$ を通り，傾きが $-q/(1-q)$ の直線となる．濃縮部の操作線，回収部の操作線，q 線は物質収支の線であることから，3つの線が1点で交わったところが原料供給段の組成になる，さらに回収部の操作線は3つの線が交わった点と点 (x_W, x_W) を直線で結ぶことで，V' および L' を陽に求めなくとも，作図することができる．

13.5.3　作図による設計

物質収支を表す操作線の式を導出した．これに気液平衡関係がわかっていれば精留塔の段数を作図によって求めることができる．例として，ベンゼン 40 mol%，トルエン 60 mol% の混合物から，ベンゼンとトルエンをそれぞれ 95 mol% にまで分離する場合を考える．供給される原料は一部が蒸発して気化しており，液の割合は 50 % であるとする．設計の前準備としてベンゼン-トルエン系の x-y 線図を用意する．そして精留塔全体の収支を明らかにしておく．その際，各部の組成はすべて低沸点成分の組成で表しておく．今回の場合は，缶出液のベンゼン組成が 5 mol% となることに注意する．次に還流比を与える．後述するように還流比は適切に定める必要があるが，ここでは4としておく．

以上の準備ができたら，図 13-12 のように x-y 線図上に物質収支の線を作図していく．まず q 線を描く．原料中の液の割合は 50 % であるので，q 線は点 (0.4, 0.4) を通り q の値が 0.5 なので傾きが $-q/(1-q)=-1$ の線となる（図 13-12 ①）．次に濃縮部の操作線を描く．これは点 (0.95, 0.95) を通り，かつ切片が

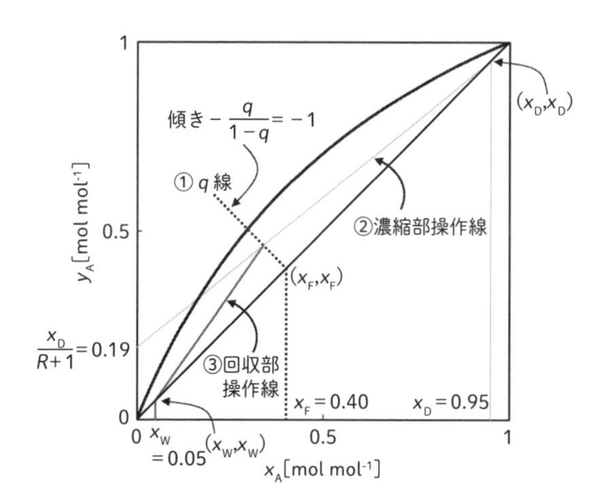

図 13-12　x-y 線図上への操作線の作図

0.95/(4+1)＝0.19 および傾き $R/(R+1)=0.8$ となる線である（図 13-12 ②）．回収部操作線は，(0.05, 0.05) を通り，濃縮部操作線と q 線と 1 点で交わるという性質を使って作図できる（図 13-12 ③）．

次に各段の組成について考えていく．塔頂から得られる液は，第 1 段から発生する蒸気をすべて凝縮させたものであるから，これらの組成は等しい．すなわち，$y_1=x_D$ である．このため，(x_D, x_D) の y 座標が y_1 を表していることに注意すると，そこから水平に線を伸ばして気液平衡線と交わる点の x 座標は第 1 段から流下する液の組成 x_1 を表していることがわかる．そこから下に向かって線を引くと操作線と交わるが，式(13-22)が示すように，その交点の y 座標は第 2 段で発生する蒸気の組成 y_2 を表す．さらにそこから水平に伸ばした線が気液平衡線と交わる点の x 座標は x_2 を表す．このように考えると，気液平衡線と操作線の間で階段状の作図をするとすべての段の組成を芋づる式に求めることができる．バウンダリを適切に設定して収支を考えることにより，蒸留という複雑なシステムの組成分布をスマートに求めることができるのである．

階段は，$(x_W, x_W)=(0.05, 0.05)$ を横切るまで描いていく．このときに描いた階段の数は分離に必要な段の数であり，理論段数とよばれる．また q 線と操作線の交点をまたぐ段は原料を供給するのに適した段を示している．このような作図によって精留塔に必要な段数を求める手法をマッケーブ-シール（McCabe-

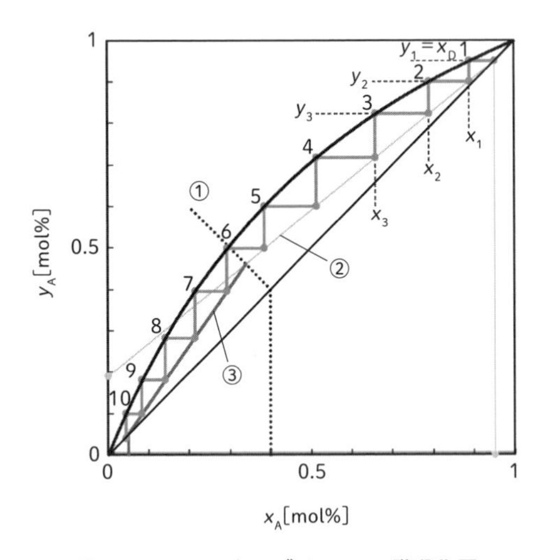

図 13-13　マッケーブ-シールの階段作図

Thiele)の階段作図という．今回のケースでは図 13-13 に示すとおり，理論段数は 10 段であり，原料は上から 6 段目(図中 ①)に供給すればよいことがわかる．

なお，精留塔の構造を見てみると，塔頂では蒸気がすべて凝縮されているのに対して，塔底のリボイラーでは液の一部のみを蒸発させて塔に戻している．このときリボイラーでは液と蒸気の間に気液平衡関係が成立し，1 段分の濃縮が起きている．このため精留塔で必要な段数は理論段数から 1 を引いたものになる．

以上の議論では各段において気液平衡が成立すると仮定していた．しかし，実際には各段が完全に気液平衡に達する場合は少なく，実際に必要な段数は理論段数よりも多くなる．理論段数を実際に必要な段数で割った値は塔効率とよばれる．

13.5.4　最小還流比，最小理論段数

還流比は精留塔における重要な操作パラメータである．還流比が分離に与える影響について考えてみる．還流比を小さくすると濃縮部操作線の切片がしだいに大きくなる．または傾きが小さくなっていき，q 線との交点が気液平衡線に近づく．このとき気液平衡線と操作線の間が狭くなっていくので，階段の数が増えていく．図 13-14(a)のように，濃縮部操作線と q 線が気液平衡線上で交わるとき，階段の作図が q 線を越えることができなくなる．すなわち，段数をいくら大きく

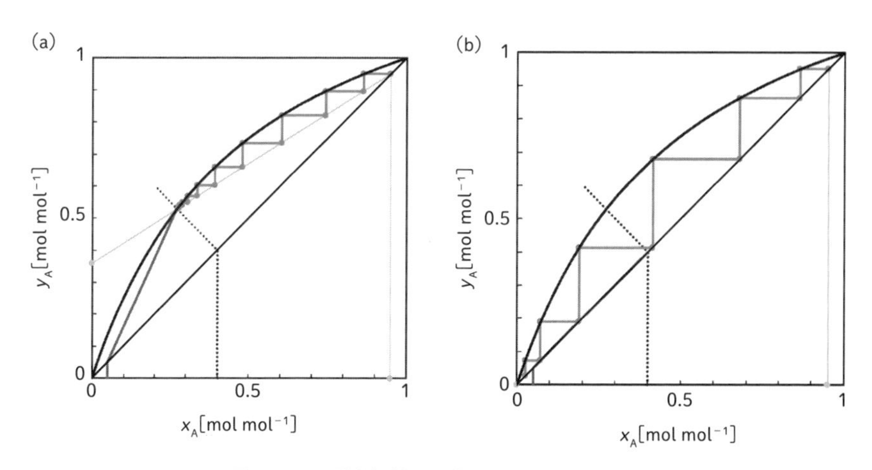

図 13-14　最小還流比と最小理論段数
(a) 最小還流比　　(b) 最小理論段数

しても所望の分離が達成できなくなる．このような還流比のことを最小還流比という．逆に還流比を大きくしていくと理論段数はしだいに小さくなっていく．還流比を極端に大きくすると操作線は図(b)のように対角線と一致する．対角線と操作線の間に階段を描いたときの段数は，還流比を大きくしても最低限必要な段数を表しており，これは最小理論段数とよばれる．

還流比が大きいと段数が少なくなって好ましいように思われるかもしれないが，精留塔内を循環する物質量が多くなり，留出液の製品の収量が少なくなってしまう．またそれに応じてリボイラーの加熱量すなわち消費エネルギーが大きくなってしまう．実際には経済的に最適な還流比を求めて設計および運転を行う必要がある．そのような最適な還流比は最小還流比の 1.2～2.0 倍の範囲にあることが多いといわれている．

例題 13-1　**バイオエタノールの濃縮**

発酵によって得たバイオエタノールがある．そのエタノール組成は 12 mol% であった．蒸留によってエタノールを 75 mol% まで濃縮し，水中に残留するエタノールの組成は 5 mol% 以下としたい．原料は沸点の液のみで供給するとし，かつ還流比を 2 とする．この精留塔の理論段数および適切な原料供給位置を求めよ．ここでは，バイオエタノールは水とエタノールのみの混合物として考えてよいものとする．エタノール-水系の x-y 線図は図 13-15 に示すとおりである．

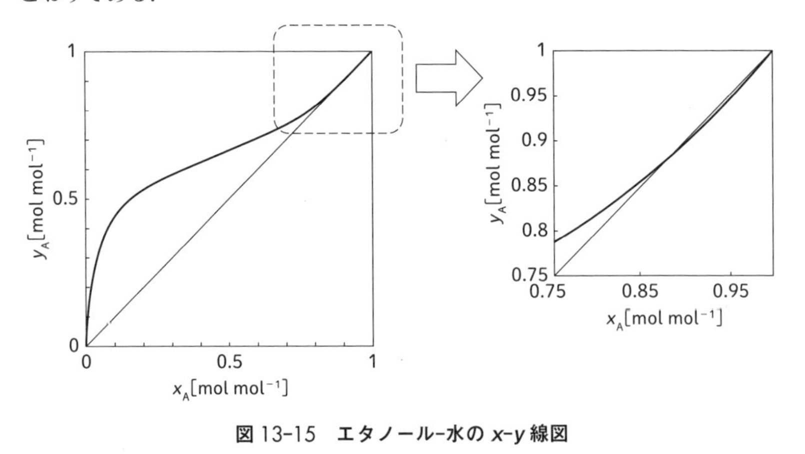

図 13-15　エタノール-水の x-y 線図

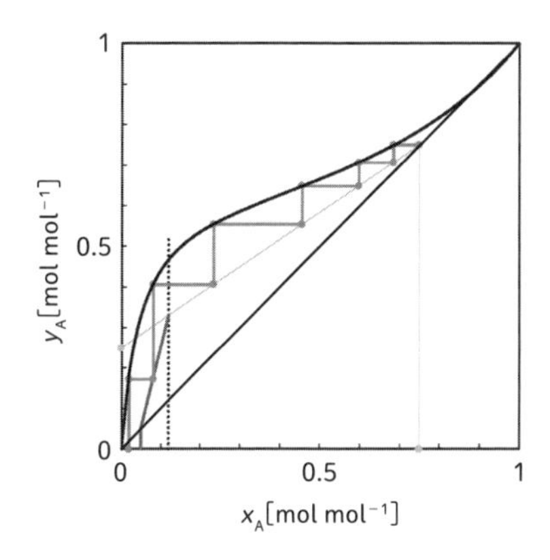

図 13-16　マッケーブ-シールの階段作図による理論段数の計算

解　説

マッケーブ-シールの階段作図を行うと図 13-16 を得る．なお，原料が沸点の液のみの場合 $q=1$ なので，q 線の傾きは $-\infty$ となり，作図すると垂直な線となる点に注意する．

これより，理論段数は 6 段であり，原料は塔頂から 5 段目に供給するとよいことがわかる．リボイラーによって 1 段の蒸留が行われるので塔に必要な段数は 5 段となる．原料は塔の最下段に供給するとよい．

エタノール-水混合物は，理想溶液として取り扱うことはできない．図 13-15 からはわかりにくいが，気液平衡線は S 字カーブを描いており，液相組成が約 89 mol% のところで対角線を横切っている．これは液相組成が 89 mol% のときには発生する蒸気の組成も 89 mol% となり，気液平衡によっては沸騰させても濃縮が進行しないことを表している．このため低濃度のエタノール水溶液を蒸留を何度繰り返しても 89 mol% 以上に組成を高めることは理論的に不可能である．このように，気液平衡にある液と蒸気の組成が一致する現象は共沸とよばれる．そのときの温度は共沸点，組成は共沸組成とよばれる．気液平衡がこのように非理想的な挙動を示したとしても，理論段数の計算にマッケーブ-シールの階段作図を使うことができる．

13.6 ま　と　め

蒸留は加熱，冷却だけで高純度な物質を得ることができるたいへん便利な分離技術である．蒸留の原理は気液平衡であるが，１回の気液平衡操作では純度をあまり高くすることはできない．製品の純度を高めるためには繰返し操作が必要となり，複雑なシステムを構成する必要がある．その設計や操作は複雑になることが予想されるが，バウンダリを適切に設定して物質収支を考えることで装置の設計をスマートに行うことができる．

引用文献

1)　たとえば，日本化学会 編：“化学便覧 基礎編　改訂６版”，丸善出版（2021）．

さらに発展的な学習のための参考書および資料

本章で学んだ項目について，さらに詳しく勉強したいときには，以下の本を推薦する．

1)　大江修造：“絵とき「蒸留技術」基礎のきそ”，日刊工業新聞社（2008）．
2)　大江修造：“蒸留技術大全”，日刊工業新聞社（2017）．

14

地球温暖化の原理

地球の地表面温度は太陽からの放射エネルギーと，地球からの放射エネルギーがつり合うところで決まる．ところが，地球の大気には水蒸気，二酸化炭素，メタン，窒素酸化物，オゾン，フロンガスなど，温室効果ガスとよばれる物質が含まれている．温室効果ガスは，短波長の光(可視光)をほとんど透過させるが，長波長の光(赤外線)をほとんど吸収するという特性をもつ．そのため地球の大気は，太陽からの放射エネルギーをそのまま地表まで透過させるが，地球から宇宙空間に出ていこうとする放射エネルギーは抑えられる．このように，地表から放

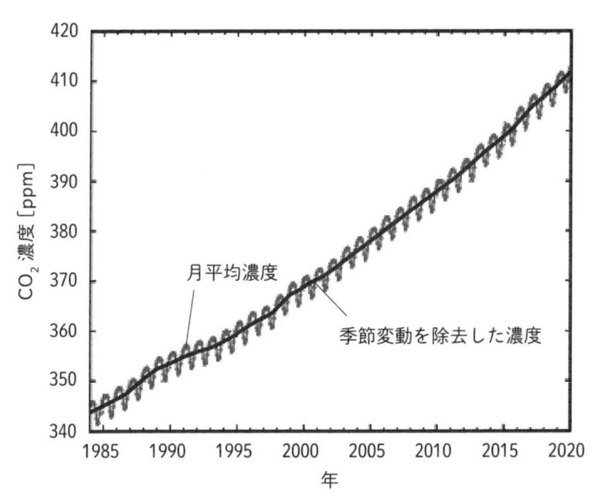

図 14-1　二酸化炭素の世界平均濃度の経年変化
[WMO WDCGG/JMA, October 2021]

射された赤外線の吸収によって大気に蓄えられた熱エネルギーは，大気自身から長波長の赤外線を地表および宇宙空間に放射することによって放散されるため，大気温度はその吸収と放散がつり合うことで保たれている．

一方，地球上で人間はさまざまな活動をしている．その活動によって，二酸化炭素を放出しており，2010 年から 2020 年の過去 10 年間で年あたり約 1 % 増加している．その一部が大気中に溜まり，大気中濃度の増大につながっている(図 14-1)．

本章では，温室効果ガスの増加に伴い，大気温度が上昇する原理を熱収支から考える．

14.1　地球と太陽

すべての物体は，その絶対温度に応じてあらゆる波長の電磁波を放射している．これが他の物体に照射されると，一部は表面で反射され，一部は物体内部で吸収され，残りは透過する．電磁波は真空中でも熱移動が起き，このことを放射伝熱という．すべての波長の電磁波を完全に吸収する理想的な物体のことを黒体という．電磁波が物体内部で吸収されたとき，熱エネルギーに変わり，温度上昇として検出される．物体からの放射は，物体の相(固体・液体・気体)にかかわらず温度によって波長ごとの強度分布が決まることが知られている．ある温度 T の黒体から放射される黒体放射熱流束は，波長 λ における単色黒体放射熱流速 $E_{b\lambda}$ $[\mathrm{W\ m^{-2}\ \mu m^{-1}}]$ を全波長にわたって積分すると，以下の式で表される(C_1 および C_2 は定数)．

$$
\begin{aligned}
E_{\mathrm{b}}(T) &= \int_0^{\infty} E_{\mathrm{b}\lambda}(T)\,\mathrm{d}\lambda \\
&= \int_0^{\infty} \frac{C_1}{\lambda^5\left[\exp\left(\dfrac{C_2}{\lambda T}\right)-1\right]}\mathrm{d}\lambda \\
&= \sigma T^4
\end{aligned}
\tag{14.1}
$$

式(14.1)はシュテファン-ボルツマン(Stefan-Boltzmann)の法則といい，$\sigma = 5.67\times10^{-8}\ [\mathrm{W\ m^{-2}\ K^{-4}}]$ をシュテファン-ボルツマン定数という．

まず，地球表面を検査面とし，そこでの熱収支を考える．

ここでは，太陽および地球は，温度が一様の球形で，すべての波長の放射を吸収して反射しない仮想的な完全吸収体，すなわち黒体とし，宇宙空間は絶対零度の黒体とする．また，太陽と地球の距離 L [m] は一定であり，L に対して地球の半径 R_E [m] は十分小さいので無視できるとする．なお，以下の数値を用いる．

シュテファン-ボルツマン定数 σ：5.670×10^{-8} [W m^{-2} K^{-4}]

太陽表面の温度 T_S：5.780×10^{3} [K]

太陽の半径 R_S：6.960×10^{8} [m]

地球の半径 R_E：6.378×10^{6} [m]

太陽と地球の距離 L：1.496×10^{11} [m]

例題 14-1　地球の温度を求める

地球の表面温度は，地球表面に達した太陽エネルギーを吸収し上昇する．地球のまわりに大気がないと仮定した場合の地球表面のエネルギー収支式を立て，地球表面温度 T_E [K] を求めよ．

解　説

はじめに太陽から地球への入熱量を考える．太陽の総放射熱は太陽表面における放射熱流速 E_S [W m^{-2}] に太陽表面積 $4\pi R_S{}^2$ を乗じると求められる．一方，太陽から距離 L の地球公転軌道の球体を考え，太陽からの総放射熱はすべてこの面に入射すると考えると，地球の公転軌道上で太陽から受ける放射熱流速 S [W m^{-2}] に地球公転軌道の球体表面積 $4\pi L^2$ を乗じると求められる地球の総入射熱と等しくなる．すなわち，以下の関係式が成り立つ．

$$E_3 \times 4\pi R_S{}^2 = S \times 4\pi L^2 \qquad (14.2)$$

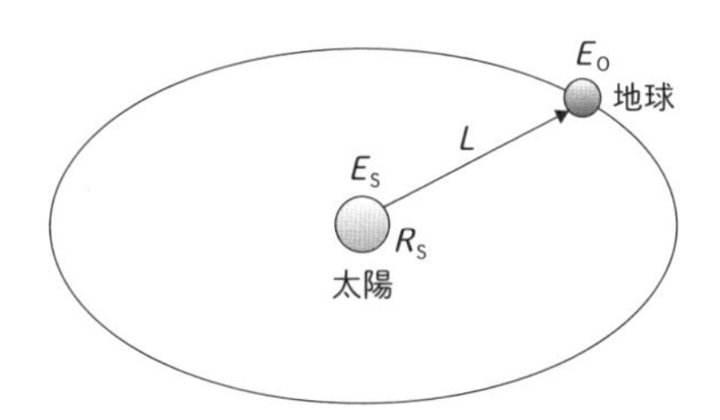

図 14-2　太陽と地球の軌道

ここで，S を太陽定数とよぶ．E_S [W m^{-2}] は完全黒体(吸収率が 0，放射率が 1 の物体)において，シュテファン-ボルツマンの法則より，$\sigma T_S{}^4$ [W m^{-2}] で与えられる．したがって，Sは次式で求められる．

$$S=\frac{\sigma T_S{}^4\times 4\pi R_S{}^2}{4\pi L^2}=\frac{(5.670\times 10^{-8})(5.780\times 10^3)^4(6.960\times 10^8)^2}{(1.496\times 11^{11})^2}$$

太陽表面は5780 K と高温であるため，黒体からの放射のピークの波長が温度に反比例するというウィーン(Wien)の変位則より，ピーク波長は500 nm となり，おもに紫外・可視光が中心となる．この放射熱量が，地球の中心を通る面の断面積に相当する面積に吸収されたとする．地球への入射熱は $S\times\pi R_E{}^2$ となり，地球からの放射熱は $\sigma T_E{}^4\times 4\pi R_E{}^2$ と表される．地球が受ける太陽放射とそれによって暖められた地球が行う放射とが平衡の状態にあると考えると，エネルギー収支式は以下のようになる．

$$S\times\pi R_E{}^2=\sigma T_E{}^4\times 4\pi R_E{}^2$$

与えられた数値を代入すると，T_E が算出できる．

$$T_E=\left(\frac{S\times\pi R_E{}^2}{\sigma\times 4\pi R_E{}^2}\right)^{\frac{1}{4}}=\left(\frac{S}{\sigma\times 4}\right)^{\frac{1}{4}}=\left(\frac{1.370\times 10^3}{(5.670\times 10^{-8})(4)}\right)^{\frac{1}{4}}=278.78=278.8\ \mathrm{K}$$

地球表面といった低温物体からの放射は，ウィーンの変位則により赤外光が中心となる．ところが，太陽から地球に入射する放射熱のうち，一部は地表に到達する前に地表近くの雲や地表の氷によって反射率 α で反射される．

例題 14-2　地表近くの雲や地表の氷による反射を考える

太陽からの放射熱は $\alpha=0.3$ で反射されるとするとき，地球表面温度 T_E を求めよ．

解　説

入射太陽放射の一部が雲などによる反射によって宇宙空間へ逃脱してしまうことを考慮して太陽定数Sに $(1-\alpha)$ を掛ける．

$$T_E=\left(\frac{(1-\alpha)S\times\pi R_E{}^2}{\sigma\times 4\pi R_E{}^2}\right)^{\frac{1}{4}}=\left(\frac{(1-\alpha)S}{\sigma\times 4}\right)^{\frac{1}{4}}=\left(\frac{(0.7)(1.370\times 10^3)}{(5.670\times 10^{-8})(4)}\right)^{\frac{1}{4}}=255.00=255.0\ \mathrm{K}$$

これは，かなり低い値であるが，上空温度としてはあり得る温度である．

14.2　大気の影響

地球のまわりの大気の影響を考える．図 14-3 に示すように大気を大きく 2 つに分けて考え，地表面の上空に熱吸収や熱移動が無視できる空気層と，その上の部分の大気層を挟んで宇宙空間があるとする．すなわち，例題 14-1 および例題 14-2 では地球表面を検査面としてきたが，ここでは検査面を地球表面，大気層の両者を設定して考える．大気層は一様で厚みが無視でき，その地表からの高度は地球の半径に比べて無視できる．大気層の上空は宇宙空間である．大気層の温度を T_A [K] とする．なお，地球表面からの放射は吸収率 ε で大気層に吸収される．また，太陽からの放射熱は大気層上面で $\alpha=0.3$ で反射される．可視光の大気層と空気層での吸収は無視できる．大気の放射エネルギーを大気が再吸収することはないとする．

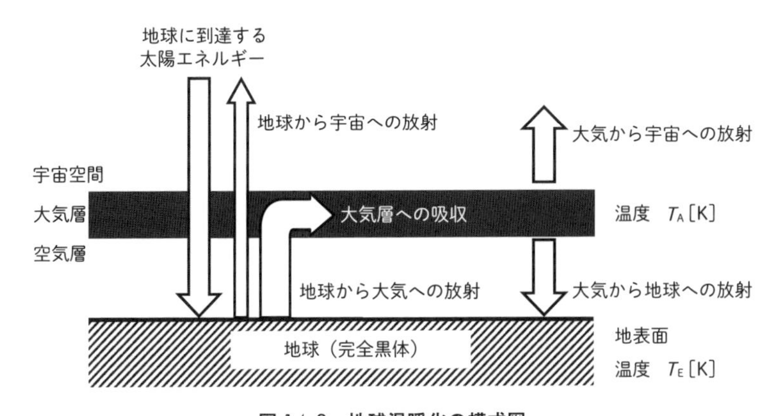

図 14-3　地球温暖化の模式図

例題 14-3　**大気の影響を考える**

地球表面と大気層のエネルギー収支式をそれぞれ立てなさい．ただし，大気の吸収面積と放射面積は地球の表面積に等しいとする．

解　説

大気層からは，地球および宇宙の両方向に放射され，その放射エネルギーは等しくそれぞれ $\varepsilon\sigma T_A{}^4$ となる．また，大気層が平衡状態で温度が一定であったとすると，周囲に放出される放射エネルギーと周囲から吸収する放射エネルギーがつり合っているため，大気層の放射率 ε と吸収率 α が等しいとみなすことができる．

地球表面では，

入口：太陽から地球への入射熱と大気から地球への放射熱

出口：地球からの放射熱

の両者がつり合うため，エネルギー収支式は次のようになる．

$$S(1-\alpha)\pi R_E{}^2+\varepsilon\sigma T_A{}^4\times 4\pi R_E{}^2=\sigma T_E{}^4\times 4\pi R_E{}^2$$

大気層では，

入口：地球からの放射熱

出口：大気層から地球および宇宙への放射熱

の両者がつり合うため，エネルギー収支式は次のようになる．

$$\varepsilon\sigma T_E{}^4\times 4\pi R_E{}^2=2\varepsilon\sigma T_A{}^4\times 4\pi R_E{}^2$$

14.3　地球温暖化現象

例題 14-4　地球温暖化現象を考える

現在から 200 年前の地球の大気を，吸収率 $\varepsilon=0.8$ とする．このときの地球表面温度 T_E および大気の温度 T_A を求めよ．その後，現在までに T_E は 1 K 上昇している．現在の ε の値を求めよ．

解　説

例題 14-3 の大気層のエネルギー収支式より，

$$T_A{}^4=\frac{T_E{}^4}{2}$$

これを例題 14-3 の地球表面のエネルギー収支式に代入すると，

$$S(1-\alpha)\pi R_E{}^2=(1-(\varepsilon/2))\sigma T_E{}^4\times 4\pi R_E{}^2$$

$$T_E{}^4=\frac{S(1-\alpha)}{4\sigma(1-(\varepsilon/2))}$$

したがって，次のようになる．

$$T_E=\left(\frac{S(1-\alpha)}{4\sigma(1-(\varepsilon/2))}\right)^{\frac{1}{4}}$$

$$=\left(\frac{(1.370\times10^3)(0.7)}{(4)(5.670\times10^{-8})(1-(0.800/2))}\right)^{\frac{1}{4}}=289.7\text{ K}$$

$$T_A=\frac{T_E}{2^{1/4}}=243.6\text{ K}$$

T_E が 1 K 上昇した現在，$T_E=290.7$ K となる．このときの，ε を算出すると，次のようになる．

$$\varepsilon=2-\frac{(1.370\times10^3)(0.700)}{2(5.670\times10^{-8})(290.7)^4}=0.816$$

すなわち，この 200 年間，人類の化石燃料の使用によって二酸化炭素の排出量および濃度が急激に増加し，赤外線の吸収率が高くなったと考えられる．

14.4 ま と め

物質やエネルギーは総量が変化することはない．ある空間領域(システム)の入口と出口の間には必ず入量－出量＝蓄積量の関係が成立する．

ここでは，第Ⅱ編 6.3 節で学んだエネルギー収支を活用することにより，地球温暖化現象のような巨大なシステムを対象としてメカニズムを理解することが可能となった．私たちが考えるべき社会的課題の 1 つである地球環境問題を解決するうえで，化学工学の果たす役割は大きい．

15

ドリップコーヒーの淹れ方

本章では，ドリップコーヒーの淹れ方[1)]を題材に，第Ⅱ編の 7.1 節「粘性と流れ」と 7.3 節「物質移動係数と境膜」，9 章「反応工学」を使い，コーヒーをおいしく淹れるコツについて学ぶ．とっておきの豆で苦味と酸味のバランスを整えて自分の好みに淹れるために，化学工学で学んだ知識を駆使してドリップ条件を選べるようにする．

15.1 ペーパードリップでの淹れ方

コーヒーは，コーヒー豆に含まれる香味成分をお湯の中に取り出した液体である．コーヒー豆は農作物なので品種や産地によって，さらにはコーヒーの生豆(種子)を加熱(焙煎)する時間や温度によっても大きく味が異なる．ここでは自分の好みの焙煎豆を購入してきたところから学習を始める．

焙煎豆をそのままお湯と接触させるだけでは，コーヒーを淹れることはできない．もちろん長時間，保温しながらお湯とコーヒー豆を接触させればコーヒーを淹れられるが，それではリフレッシュしたいときにすぐ飲むことができないので，しかるべき時間内で淹れるには焙煎豆を細かくすりつぶして(グラインドして)粉状にしなくてはならない．お湯と粉状のコーヒー豆(コーヒー粉)と接触させる方法(コーヒーの淹れ方)は，① コーヒー粉の層を形成して，そこにお湯を透過させる“透過法”と，② お湯の中にコーヒー粉を浸す“浸漬法”に大別される．コーヒーの淹れ方には，ドリップ以外にもエスプレッソ，サイフォンやプレスなどがある．それぞれの淹れ方でコーヒーの味わいが異なるので，機会があれ

図 15-1 ペーパードリップでの淹れ方

ばぜひ試してほしい．

ここで取り上げるドリップは透過法に分類され，もっとも一般的な方法がペーパーフィルターを使用するハンドドリップ(ペーパードリップ)である．図 15-1 にペーパードリップを示す．ペーパードリップには，ドリッパー，ペーパーフィルター，サーバーが必要だが，それらとともにお湯を細く注ぐためのドリップポットやコーヒー用メジャースプーンがあると便利である．特徴ある形状を有しサイズの異なるドリッパーがいろいろと市販されているが，ここでは陶器製台形タイプの 1～2 杯用ドリッパーを取り上げる．またコーヒー粉として，ハンドドリップ用に中細挽きしたもの(市販されているコーヒー粉の平均粒子径は 0.6～0.7 mm 程度である)を使用する．コーヒー粉とともに重要なのがお湯であるが，水を沸騰後少し冷ました 95 °C 程度のものを使用する．コーヒーを淹れる際には軟水が適している．海外から輸入されている，カルシウムとマグネシウムの含有量が多い硬水だとコーヒーの香味成分がお湯に溶けにくい．

ペーパードリップではドリッパーの形状に適したペーパーフィルターを使用するが，圧着した部分が剥がれないように，台形タイプのドリッパー用ペーパーフィルターでは 2 カ所の圧着した部分を互い違いの方向になるように折ってから，ドリッパーに密着するように置く．そこにコーヒーカップ 1 杯(140 cm^3)あたりコーヒー粉 10～12 g を計りとって入れる．入れた粉はドリッパーを揺らしながら表面が平らになるようにして，その後本格的に注湯する前に，少量のお湯をコーヒー粉全体に含ませる．この準備作業は“蒸らし”とよばれており，コーヒー粉の内部に存在する気体(焙煎時に発生した気体)を追い出して，粉の内部にあるコーヒーの香味成分を外のお湯中に流出しやすくする．10～12 g のコーヒー粉は 20 cm^3 ほど吸水するので，コーヒー粉全体を湿らすようにその量のお

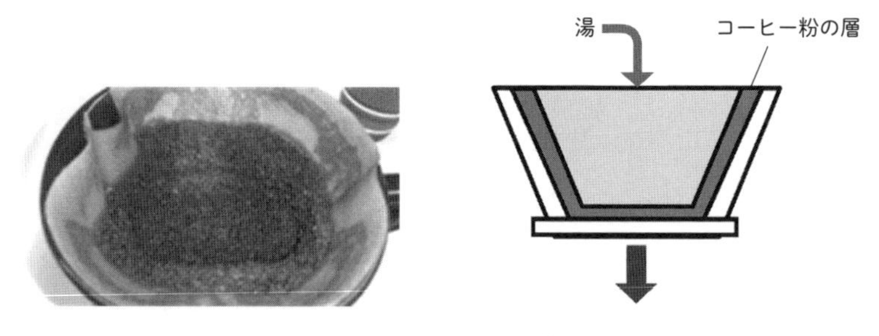

図 15-2　コーヒードリッパーの抽出後の写真と断面図

湯をゆっくりと落とす．お湯を注いでから 20～30 秒蒸らしたあと，95 °C 程度のお湯をペーパーフィルターに直接かからないように粉の中心部にゆっくりと円を描きながら注ぐ．コーヒー粉とコーヒーの香味成分が溶け込んだコーヒー液をペーパーフィルターで分離しサーバー内に落下させる．コーヒー粉の層を通過するお湯の流速をなるべく一定にするため，ドリッパー内でのお湯の液高はなるべく一定にする．コーヒー 1 杯を淹れるには 140 cm^3 のお湯を用いるので，80 cm^3 → 40 cm^3 → 20 cm^3 と 3 回に分けて注ぎ，水面が上から 1/3 程度に減ったら次のお湯量を注ぐ．図 15-2 にはお湯を注ぎ終わったあとのドリッパー内の様子を示すが，断面図で示したようにコーヒー粉がペーパーフィルター上で一定の厚みの層を形成していることがわかる．なお，サーバー内に落下したコーヒー液の温度は 80 °C くらいになる．コーヒーの飲み頃の温度は 60～70 °C といわれているので，コーヒー液が冷めないように，コーヒーカップを事前に温めておいた方がよい．

15.2　コーヒーの抽出の基礎

コーヒーを淹れる一連の作業では，コーヒー豆(固体)の中に含まれている香味成分(溶質)を抜き出し，お湯(溶媒，液体)の中に溶解させる．原料の中に含まれる特定成分を選択的に分離する操作を固液抽出とよぶ．コーヒー独特の色となる褐色色素や香味のもととなる多種多様な成分は，コーヒーの生豆に含まれる炭水化物，タンパク質，脂質，さらにはカフェイン，クロロゲン酸類などの有機酸が焙煎により化学反応を起こすことで生成される．コーヒーの代表的な味は，酸味と苦味に大別されるが，そのほかに“えぐ味”とよばれる不快な苦味が含まれる．抽出のしやすさは酸味＞苦味＞えぐ味の順であるが，えぐ味は少量でもコーヒーに不快な味をもたらすため，えぐ味を出さないように注意しなくてはならない．

固液抽出において抽出が速いと考えられるときには，固体中の香味成分の濃度が液体中の濃度と平衡状態になると仮定できる．コーヒー粉からの固液抽出に当てはめると，コーヒーの香味成分が粉中の残存する濃度とコーヒー液中の濃度がある一定の比になると考えてよい．しかしペーパードリップでは，固液抽出における平衡状態になるまで抽出時間を長くすることはない．苦味をはじめとする香味成分の濃度が濃くなりすぎるとともに，えぐ味がコーヒーの味を支配するからである．抽出のしやすさは酸味＞苦味＞えぐ味の順であることから，えぐ味がなるべく出ないよう淹れるべきであり，それは抽出速度の差による成分の分離が重要であることを意味している．

コーヒー粉のような植物成分からの溶質の移動においては，固体内の拡散過程，すなわちコーヒー粉内に浸み込んだお湯の中を香味成分が拡散する過程が律速とされる[2]．コーヒーの香味成分の移動量(物質移動流束) N_i は 7.3 節で学んだフィック(Fick)の第一法則(式(7-42))に従い以下の式で表される．

$$N_i = -D_i \frac{\mathrm{d}C_i}{\mathrm{d}z} \tag{15-1}$$

この式は成分 i の拡散係数 D_i と濃度勾配($\mathrm{d}C_i/\mathrm{d}z$)の積となっているが，コーヒーを普通に淹れるときは香味成分が溶け出す初期段階(コーヒー粉中の香味成分の 20 % 程度がお湯に溶け出すように淹れる)と考えてよく，コーヒー液中の香味成分の濃度は 0 に近いとして，濃度勾配はコーヒー粉の中に残存している香味成分がコーヒー粉内部に浸入したお湯中に溶解したときの濃度に置き換えることができる(式(15-1)を積分する際の境界条件)．また，積分後には，定数と拡散係数および移動距離(コーヒーの粒子径)の積となり，物質移動係数とみなすことができる．

コーヒー粉を球形と近似して粒子径を決めると表面積が求められることから，上記の物質移動係数 γ は表面積あたりの物質移動係数 k_i (有効拡散係数，液境膜抵抗を含む)と表面積の積に置き換えることができる．溶け出す初期段階であることからコーヒーの香味成分の溶出速度は一次速度式で近似できるとすると，コーヒー粉の質量基準での香味成分移動量 R_i は，コーヒー粉単位質量あたりの

粒子の外表面積を A_{w} とすると，以下のように表される．

$$R_{i\mathrm{w}} = -k_i A_{\mathrm{w}} C_i \qquad (15\text{-}2)$$

コーヒー粉からの香味成分は，酸味>苦味>えぐ味の順序で溶け出す速度が速くなるので，えぐ味が低濃度となるような時間で抽出を止めるべきである．ハンドドリップでは，お湯の温度にもよるが，その時間を3～4分に設定することが多い．コーヒーの香味成分の抽出に一次速度式が用いられるとすると，回分式(バッチ式)反応器で習った解析法を用いて，コーヒー抽出液の濃度変化をコーヒー粉内の濃度変化に換算して式に代入すると，コーヒーの香味成分の抽出の速度定数を求めることができる(X_i を反応率から抽出率に置き換える)．

$$t = \left[\frac{1}{(k_i A_{\mathrm{w}})}\right] \ln\left(\frac{C_{i,0}}{C_i}\right) = \left[\frac{1}{(k_i A_{\mathrm{w}})}\right] [-\ln(1 - X_i)] \qquad (15\text{-}3)$$

15.3　コーヒー粉の粉径と抽出時間

コーヒー粉がペーパーフィルター上で層を形成していること(図15-2参照)から，コーヒー粉の層を通過するお湯の速度を制御することが重要になってくる．7.1節で学んだ粉層を流体が透過するときの圧力損失を求めるエルガン(Ergun)式を示す．

$$\frac{\Delta p}{L} = 150 \frac{(1-\varepsilon)^2}{\varepsilon^3} \frac{\mu u}{(d_{\mathrm{ps}})^2} + 1.75 \frac{1-\varepsilon}{\varepsilon^3} \frac{\rho_{\mathrm{g}} u^2}{d_{\mathrm{ps}}} \qquad (7\text{-}35)$$

この式から，圧力差 Δp (水頭差：ペーパードリップでは液面高さ)が一定であるとするならば，粒子の比表面積径 d_{ps} は粒径と考えてよいので，粉径が小さくなるほど流体の透過速度 u が遅くなる．コーヒー粉の抽出では，コーヒー粉の層が密に詰まってしまい空隙が少なくなるため，お湯がコーヒー粉層をスムーズに透過できず最適な抽出時間を超えてしまう．その結果，粉径の小さなコーヒー粉を用いたときは苦味のみならずえぐ味が際立ち，美味しくないコーヒー液となる．

例題 15-1　**コーヒー粉の粉径分布がコーヒー液の味に与える影響**

あるコーヒー粉には平均径が同じで，粒径がそろっているものと分布がある

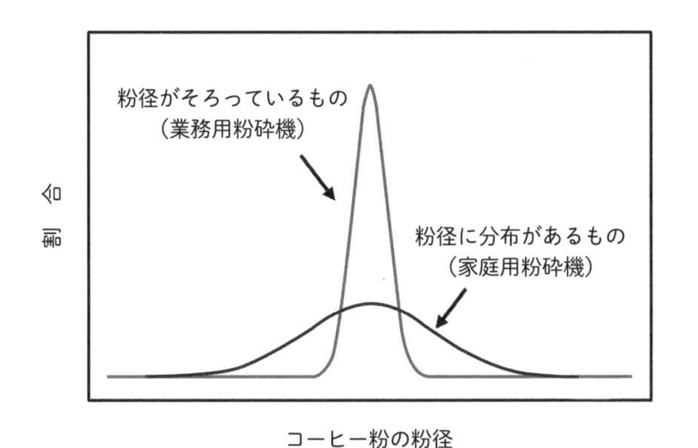

図 15-3 コーヒー粉の粉径分布

ものと2種類が用意されている．粉径に分布があるものは，粉径がそろっているものに比べて，コーヒー液にはどのような変化が生じるか．

解 説

コーヒーの小さな粉が大きな粉の間に潜り込み，お湯がコーヒー層を透過する抵抗が大きくなる．お湯が透過しにくくなり．コーヒーの抽出時間が長くなる．その一方で，小さな粉はお湯と接触する表面積が大きくなり，多くの成分，とりわけえぐ味が高速でコーヒー粉からお湯に出てしまい，コーヒー液の濃度が濃くなり，苦味が強くなる．さらには，えぐ味も出てしまい美味しくないコーヒー液となる．手軽に購入できる家庭用の粉砕機(グラインダー)では，コーヒー粉径がそろわずに細かな粉を含むことがあるので，ふるい(茶こしなど)を用いて細かな粒子を分けることで，コーヒー液の味が見違えるようによくなる．

15.4 まとめ

コーヒーを同じ時間で抽出すると，粉径が大きいほど苦みが薄く，酸味のきいた軽やかな味わいになるのに対して，粉径が小さいと苦みのきいた濃厚な味わいになることを，第II編の粘性と流れ(7.1節)，物質移動と境膜(7.3節)と反応工学(9章)で学んだ知識を活用することで理解できただろう．なお，粒径が大きいときに味が薄く感じられたら，コーヒー粉を多くしてコーヒー粉とお湯との接触時間を増加させると味が濃くなり味わいがよくなる．また，自分の好みの味のコーヒーを淹れるには，酸味と苦味のバランスのみでなく，わずかな甘みやフルーティーな酸味，舌触りのなめらかさや飲み込んだあとの舌に残る味わいを楽しみたい．まずは酸味と苦味のバランスの調整であるが，酸味はお湯の温度が低くとも抽出されるのに対して，苦味は抽出されにくいためにお湯の温度を高くする必要がある．お湯の温度を下げると抽出液の温度が下がるため飲みごろ温度より低くなってしまい，コーヒー液の湯煎などで緩やかに加熱する必要が生じる．コーヒー粉に注ぐお湯の温度を変えるのは一手間必要となるが，現象を化学工学をとおして理解し，自分の好みの味を淹れてほしい．

引用文献

1）たとえば，UCC 上島珈琲株式会社（https://www.ucc.co.jp/enjoy/brew/drip.html）
2）城塚 正，戸上貴司：化学工学，**35**，612（1971）．

16

逆浸透膜プロセスによる海水淡水化

本章では，逆浸透膜を用いて海水から淡水をつくり出す逆浸透法を設計し，純水を製造するプラントを設計する．半透膜を介した逆浸透という物理化学現象と，その際の水や塩(NaCl)の移動現象について考察する．海水から淡水を製造する実際の逆浸透プラントの設計において，第Ⅱ編の 6.2 節「物質収支」，7.1 節「粘性と流れ」および 7.3 節「物質移動係数と境膜」において学んだ，物質収支，圧力を駆動力とする流れ，層流と乱流の違い，拡散現象，境膜のモデルと物質移動係数といった事項がどのように役に立つかを理解する．

最初に，海水の淡水化の必要性を考え，それに応用可能な海水淡水化プロセスの仕組みを理解する．海水の淡水化を効率よく行う際に問題となる濃度境膜について考え，膜に供給する海水の流れの状態を考慮していかにしてその影響を小さくするかを理解する．例題では，海水淡水化プロセスの実際のスケール感，流れの状態が濃度境膜に及ぼす影響．および海水のリサイクルを考えた物質収支などについて理解を深める．

本章を学習すれば，化学工学において物質の移動を考える際の基礎となる圧力を駆動力とする流れ，境膜の概念，および，流れと拡散の関係を使って，海水から淡水をつくり出す海水淡水化プラントの設計ができる．

16.1　地球上で利用可能な真水

国際連合の「世界人口白書 2011」によると，世界の人口がすでに 70 億人を超えていると推計されており，2050 年には 98 億人に達するとの予測もある．産業革命以降の人間活動の急速な活発化と人口の増大により，エネルギー資源の枯渇や温暖化など地球規模のさまざまな問題点がここ数十年で指摘されるようになってきた．人間の生命活動に直接影響を及ぼす“水”の問題もその1つである．衛星写真で見るように地球はまさに青く輝く“水の惑星”であり，約14億km^3の水が地球上には存在するが，地球上に存在する水の実に97.5％（13.65億km^3）が海水で，淡水は残りの2.5％（0.35億km^3）でしかない．さらに，その2.5％の2/3弱は極地や氷河の氷，1/3は土中の水分あるいは地下深くに存在する簡単には利用できない水であり，人類が容易に利用可能な水は川や湖などに存在する淡水であり，それは地球上に存在する水のわずか0.01％弱に過ぎない（図16-1）．国連環境計画「絵で見る世界の水環境問題（Vital Water Graphics）」によれば，淡水資源は偏在しており，2025年までに，3人に2人が水ストレス地域に居住することになると予測される．清浄水の供給と衛生管理の観点から，世界人口の20％は，安全な飲み水が手に入らず，約11億人は，整備された給水源を利用できないといわれている．

このような水不足問題に対して，地球上に潤沢にある海水を飲み水として利用するための技術が存在する．海水を適切に処理することにより淡水をつくり出し利用するこのプロセスは海水淡水化とよばれる．海域によって多少の違いはあるが，一般に海水には約3.5％の塩分が含まれているため，そのままでは飲用に適さず，飲用水の水質基準では塩濃度250 mg L^{-1}以下にまで下げる必要がある．現在，実用化されている海水淡水化の手法としては，蒸発法を応用した多段フラッシュ法，蒸発法に発電所などの熱源を利用する多重効用法と逆浸透法の3つの方式がある．いずれも，化学工学の考え方が応用された“分離プロセス”であ

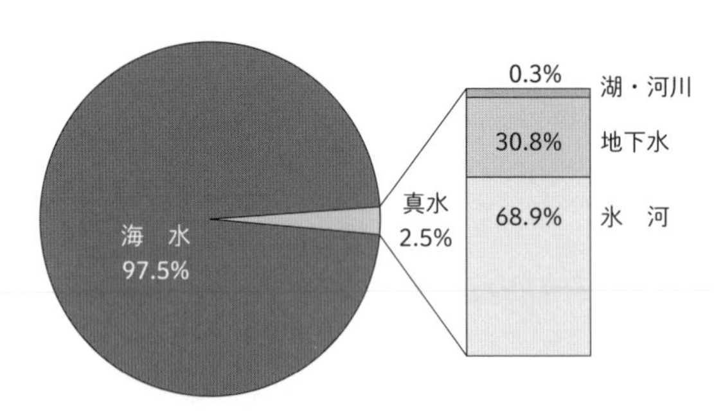

図16-1　地球上に存在する水資源

Note

1　海水淡水化プロセス

a．多段フラッシュ法

海水を熱すると水は蒸発し気体（蒸気）となるが，もともと固体である塩分は蒸気圧がほぼゼロと極めて低いため，蒸発した気体を冷却すれば淡水が得られるという極めてシンプルな原理にもとづいた海水淡水化法である．化学工業プロセスでいえば，相対揮発度が無限大である系を蒸留操作によって分離することに相当し，高純度の留出液として淡水を得ることが可能である．実用的なプラントでは，加熱による蒸発と冷却による凝縮を効率よく行わせるために，海水は減圧された蒸発缶の中で蒸発させ，多数の蒸発室を組み合わせて供給海水と蒸発した水蒸気の間の熱交換を行わせており，多段フラッシュ方式（multi stage flash distillation）とよばれる（図 16-2）．回収された淡水の塩分濃度は 5 ppm 未満と飲用水として十分に低い．この手法は，塩分濃度，微生物や不純物といった海水の性質に依存せずに，大量の淡水を簡単につくり出すことができることが長所である．その一方で，本来は海水から液体としての淡水を生産物として得ることが目的であるプロセスにおいて，水に蒸発潜熱を与えていったん蒸発させて液体から気体へと相変化を起こし，それをまた冷却して液化させるという操作であるため，本質的に熱効率が悪く多量のエネルギーを必要とすることが欠点である．そのため，この方法はエネルギー資源に比較的余裕のある中東の産油国において多く採用されており，熱源としては発電所の余剰蒸気が利用できるため，多段フラッシュ海水淡水化プラントは火力発電所に併設される場合が多い．

b．逆浸透法による海水淡水化施設

日本では，逆浸透膜を用いた大規模な海水淡水化プラントが 2 カ所で運用されている．1 つは沖縄の北谷にある海水淡水化センター，もう 1 つは，福岡の海の中道奈多海水淡水化センター（まみずピア）である．沖縄のものは 1996 年に稼働を開始し，当初は 9000 $m^3\ d^{-1}$ 程度の造水量であったが，その後設備の増強を経て，現在は 40 000 $m^3\ d^{-1}$ の造水能力がある．ここでは，ポリアミドのスパイラル型膜モジュールを使用している．一方，福岡のものは 2005 年から稼働し，50 000 $m^3\ d^{-1}$ の造水量を誇る．おもに中空糸型の三酢酸セルロース膜を使用しており，一部水質調整用にポリア

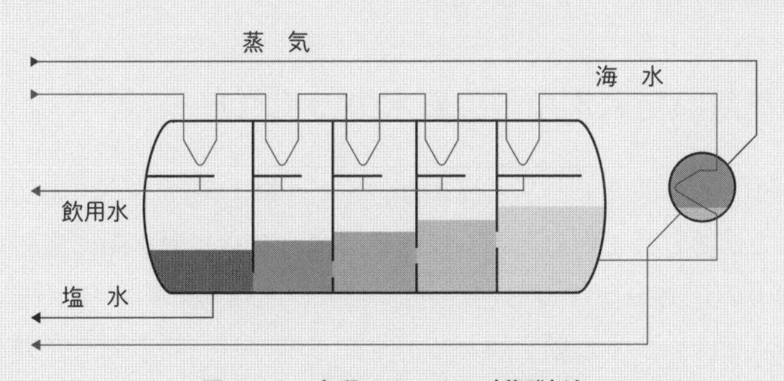

図 16-2　多段フラッシュ（蒸発）法

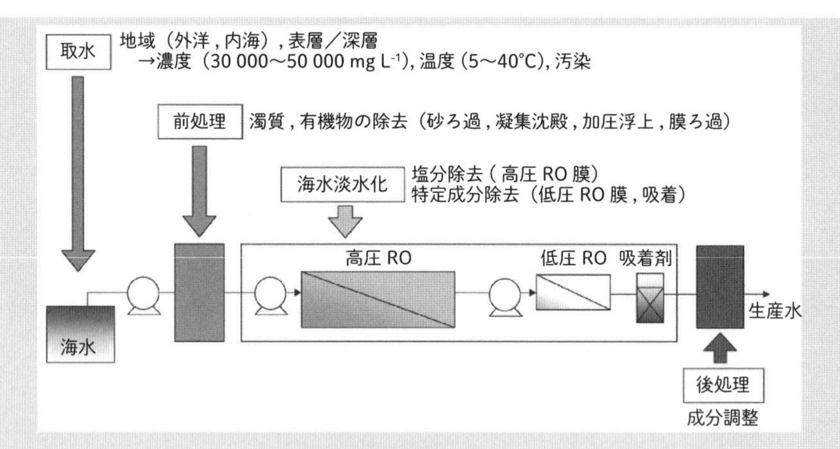

図 16-3　逆浸透(RO)法による海水淡水化プロセス
[M. Taniguchi: *Bull. Soc. Sea Water Sci. Jpn.*, **63**, 217 (2009)]

ミド膜も利用している．ただし，すでに海外では，イスラエル(アシュケロン)の 330 000 m^3 d^{-1}，オーストラリア(シドニー)の 250 000 m^3 d^{-1} など，100 万人規模に給水可能な巨大逆浸透膜海水淡水化プラントが稼働している．海水から淡水を得る基本的なプロセスフローを図 16-3 に示した．原料である海水を海から取水し，沈殿池，濾過器により前処理を行って海水中のごみなどの濁質成分を取り除き，昇圧して逆浸透膜に供給する．透過した淡水は消毒・成分調整されたあと，一般家庭に送水される．このとき，逆浸透膜の非透過側で塩分が濃縮された海水は，圧力エネルギーの回収と塩分濃度調整をされた後，また海に戻される．化学製品を生み出す化学工業プラントと同様に，海水淡水化を行うプロセスの随所に化学工学の考え方が生かされている．

る(Note-1 参照)．

16.2　膜を用いた海水からの真水のつくり方

図 16-4(a)に示すように，水と海水が，水(溶媒)は通すが NaCl (溶質)は通さない半透膜で仕切られているとき，浸透圧によって水は海水側に透過する．海水に浸透圧以上の圧力をかけると(Note-2 参照)，水は海水側から水側に逆に移動する．圧力差を使い，半透膜を通して海水から水のみを純水側に移動させることにより，淡水をつくり出す操作が逆浸透(reverse osmosis, RO)法である(図 16-4

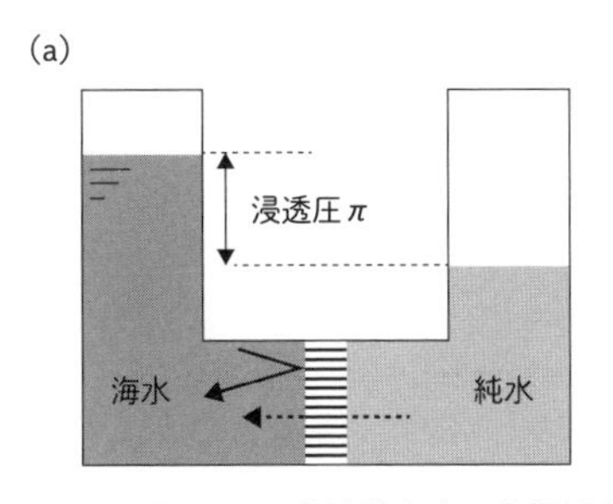

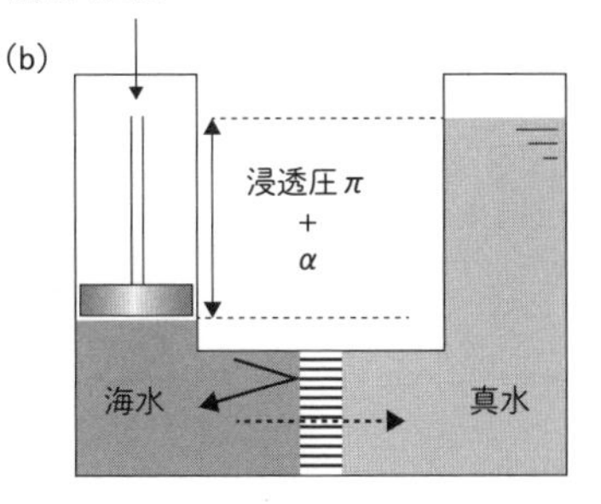

図 16-4　半透膜を介した浸透と逆浸透
(a) 半透膜による浸透平衡　(b) 半透膜による逆浸透

(b))．逆浸透法では，水を蒸発させないため，蒸発法を利用する多段フラッシュ法や多重効用法に比べて分離にかかるエネルギーを大幅に小さくすることができる(Note-3 参照)．実用化されている海水淡水化用の逆浸透膜は有機高分子を材料としており，おもに芳香族系ポリアミド複合膜と酢酸セルロース中空糸膜の 2 種類である(Note-4 参照)．

16.3　逆浸透法による海水淡水化

16.3.1　透過流束と阻止率

膜分離では，より多くの溶媒を通す単位時間あたりの透過量が多く，溶質をで

Note 2 浸 透 圧

図 16-4(b)において，溶液側への純溶媒の自発的な移動を止めるために溶液側にかけなければならない圧力が浸透圧 π である．熱力学的には，溶媒の移動が止まった平衡状態において，溶媒の化学ポテンシャルは半透膜の両側で等しい．つまり，溶媒の化学ポテンシャルは溶質の存在によって純溶媒に比べて低下するが，圧力がかかることによって純溶媒の化学ポテンシャルと等しくなると解釈できる．したがって，浸透圧は溶液中に溶けている溶質の量に依存することになり，一般に希薄溶液では浸透圧は以下のようにファントホッフ(van't Hoff)の式で与えられる．

$$\pi = CRT$$

ここで，Cは溶質のモル濃度，Rは気体定数，Tは絶対温度である．一般的な海水のもつ浸透圧はおよそ 30 気圧程度である．

Note

3　省エネルギーな逆浸透法

逆浸透法の利点は，水を蒸発させない，つまり，相変化を起こさない液体の状態のままで水と塩を分けることである．逆浸透法は，液体としての水を得るために水と塩を分離するという操作において，水の蒸発潜熱を必要としないため，エネルギー効率においてフラッシュ法よりも優れている．膜を水が透過する際に膜との摩擦に由来する透過抵抗が発生するため，淡水の生産量を多くするためには，膜での抵抗をできるだけ小さくする必要がある．水が通りやすい膜は必然的に塩も漏れやすくなりがちであり，膜分離では，フラッシュ法のように理論的に完璧に塩の漏れを阻止することは困難であるため，生成された淡水の塩分濃度はフラッシュ法と比較すると若干高い．それでも，現在の膜技術においては，飲用に十分なほど塩分濃度が低い淡水を得ることが可能である．

Note

4　実用化されている海水淡水化用の逆浸透膜

a．ポリアミド複合膜

ポリアミド複合膜は，ジアミンと酸クロライドの界面重合反応により得られるアミド結合を有する共重合ポリマーの逆浸透活性スキン層とそれを支える支持膜層からなる複合膜である．とくに，メタフェニレンジアミン（*m*-phenylenediamine，MPD，図 16-5(a)）とトリメシン酸トリクロリド（trimesoyl chloride，TMC），図 16-5(b)）からなる全芳香族ポリアミド膜が高透水性かつ高塩阻止率を示すことから，現在の主流のポリミド膜材料となっている．図 16-6 に芳香族ポリアミドの代表的化学構造を示す．このポリアミド層の厚みは数十 nm 程度と非常に薄く，これだけでは機械的強度が不足するため，海水の浸透圧の 2 倍（60 気圧）程度をかける逆浸透操作には使えない．通常は支持層として PET 不織布のようなフィルターの上に多孔質ポリスルホンの中間層を重ねたものを支持体として用いる．支持層（PET），中間層（ポリスルホン），分離活性層（ポリアミド）という 3 層構造からなる複合膜となっている．この複合膜は平膜状に成形され，トイレットペーパーのようにスパイラル状に丸めて膜モジュールとなる．

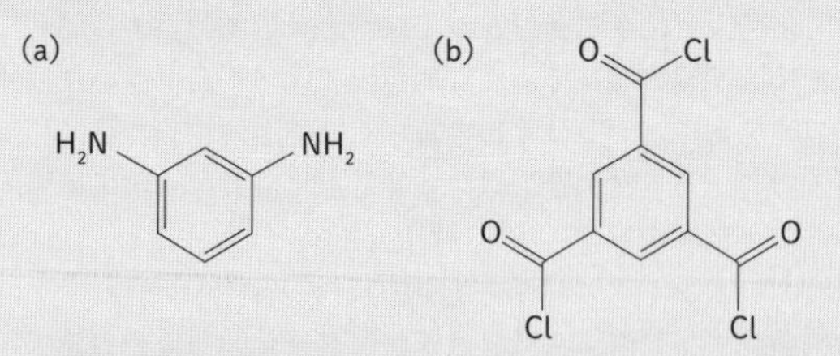

図 16-5　ポリアミド複合膜の逆浸透活性スキン層の材料の分子構造
(a) メタフェニレンジアミン　　(b) トリメシン酸トリクロリド

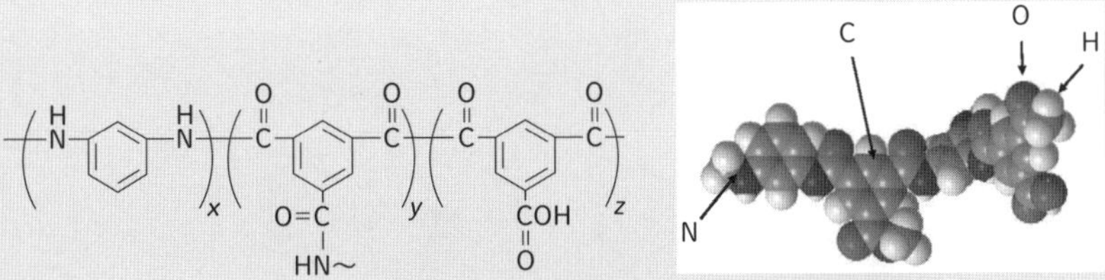

図 16-6　芳香族ポリアミドの代表的化学構造

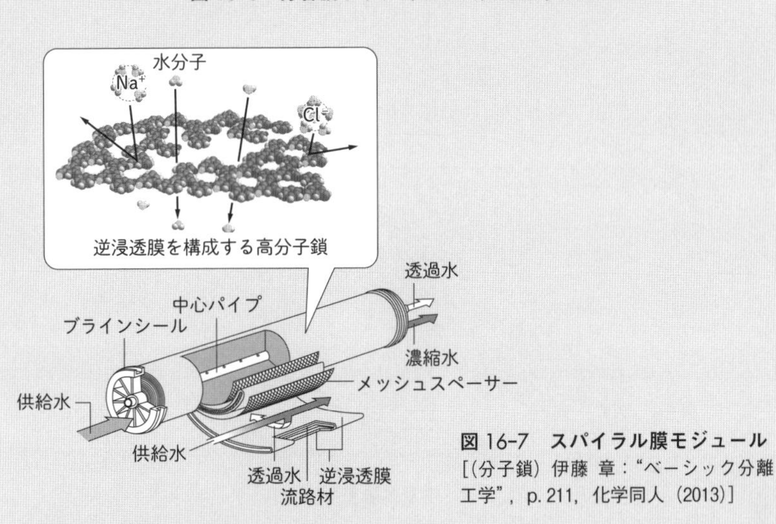

図 16-7　スパイラル膜モジュール
[(分子鎖) 伊藤　章："ベーシック分離工学", p. 211, 化学同人 (2013)]

ポリアミド複合膜は平膜の形状であるため，これをモジュール化する際には，海水の流路を確保しつつ限られた膜容器体積に対して多くの膜面積を確保するための工夫がなされている．複合膜を丈夫なメッシュ状のスペーサーと重ね合わせて袋状に閉じ，これを孔の空いたチューブ(中心パイプ)のまわりにロールケーキ状に巻いたものが一般的なポリアミド膜の逆浸透モジュールである．このような形状のものをスパイラル膜モジュールとよぶ．その断面方向から加圧して海水を供給することで，膜を透過した水のみが中心パイプに集められ透過水として得られる(図 16-7)．

b．酢酸セルロース中空糸膜

酢酸セルロース(図 16-8)はポリアミドと双璧をなすもう 1 つの逆浸透膜材料であるが，歴史的にはポリアミドよりもセルロース系の逆浸透膜の方が先に開発されている．この材料の場合，膜は糸のように細く長い中空のパスタのような形状で，そのパスタの壁の部分で塩分のみが阻止されて，水のみが真ん中の空洞部分に透過してくるという中空糸状に成形して利用される．一般に高分子膜は，材料となる高分子素材を溶かすことができる溶媒に溶解させ，それから溶媒を蒸発・除去しつつ，高分子材料

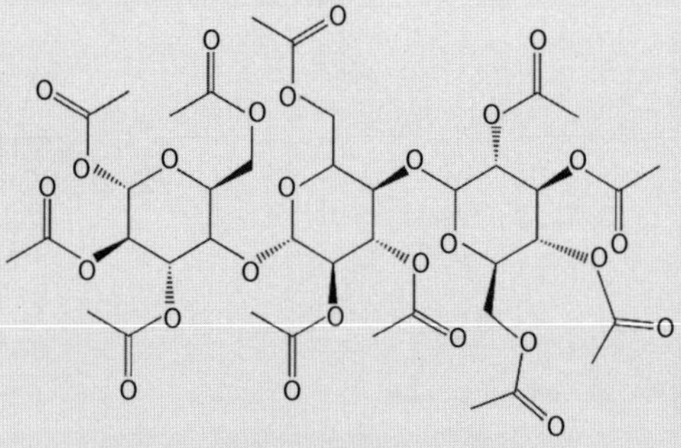

図 16-8　三酢酸セルロースの化学構造

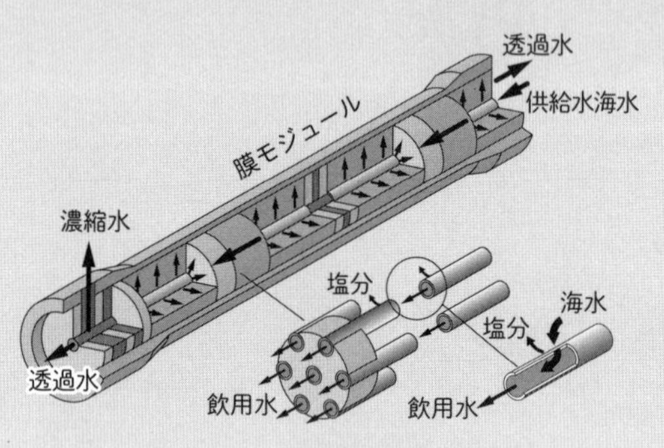

図 16-9　中空糸膜モジュール

の溶けにくい液体(非溶媒)にさらして凝固させる工程を経ることで作製される．酢酸セルロース中空糸の場合は，二重管構造のノズルの外管から膜素材となるセルロースジアセテートやセルローストリアセテートを溶媒に溶解させた液を吐出させ，内管には凝固液を流しながら連続的に紡糸する．このとき，ノズルと凝固浴の間の空間を通過する間に糸表面から溶媒が蒸発し，表面は乾燥状態となるが，内部にはまだ溶媒が残った状態となる．非溶媒の凝固浴に浸かると膜表面から非溶媒が浸入し溶媒と混合することで溶媒中の高分子の溶解性が低下し，溶媒と高分子が相分離する．この状態で凝固することにより膜内は多孔質構造になる．中空糸膜表面の緻密な分離層と内表面に近い部分では多孔質層という非対称膜が形成される．この多孔質層が支持層の役割を果たすことになる．この膜は耐塩素性に優れるため，膜の洗浄が容易である．また，膜面積あたりの透水性ではポリアミド膜に劣るが，中空糸という膜形状のおかげで，膜モジュールに多くの中空糸を束ねて効率よく詰め込むことで単位膜モジュール容積あたりでは十分な膜面積を確保できるという特徴を有する(図 16-9)．

きるだけ通さない膜が求められる．溶媒の透過速度は，単位時間，単位膜面積あたり溶媒が透過した量で表し，透過流束 J_v [$m^3\,m^{-2}\,s^{-1}$] で表され，以下の式で定義される．

$$J_v = \frac{Q}{At} \tag{16-1}$$

ここで，Q は時間 t [s] の間に透過した溶媒の体積 [m^3]，A は膜面積 [m^2] である．

膜が溶質を通さない選択性の指標は，阻止率 R [—] で定義される．

$$R = 1 - \frac{C_p}{C_m} \tag{16-2}$$

ここで，C_m は膜面での NaCl 濃度 [$mol\,m^{-3}$] で，C_p は透過液中での NaCl 濃度 [$mol\,m^{-3}$] である．

海水淡水化における透過水は，海水に加えた圧力 ΔP から NaCl 濃度差に起因する浸透圧 $\Delta\pi$ を引いた実際にかかる圧力を推進力とする強制対流によって移動するので，式(16-1)の J_v は次式で表される．

$$J_v = L_p(\Delta p - \sigma\Delta\pi) \tag{16-3}$$

ここで，σ は溶質反射係数 [—] である．L_p は純水透過係数 [$m^3\,m^{-2}\,s^{-1}\,Pa^{-1}$] であり，膜固有の値である．

次に，溶質である NaCl の透過流束 J_s [$mol\,m^{-2}\,s^{-1}$] は以下の式で与えられる．

$$J_s = P(C_m - C_p) + (1-\sigma)\overline{C}J_v \tag{16-4}$$

ここで，P は溶質透過係数 [$m^3\,m^{-2}\,s^{-1}$] であり，膜固有の値である．$\overline{C}$ は膜全体の平均の NaCl 濃度 [$mol\,m^{-3}$] を表し，この項は溶媒の流れ J_v に伴って移動する溶質の流束である．

NaCl を高い割合で阻止する海水淡水化膜では，$\sigma=1$ と仮定できるので，以下の式となる．

$$J_v = L_p(\Delta P - \Delta\pi) \tag{16-5}$$

$$J_s = P(C_m - C_p) \tag{16-6}$$

濃度分極を考えないときは，C_m は海水濃度と考えてよい．膜のもっている性能は，純水透過係数 L_p と溶質透過係数 P で表される．

また，膜透過側との NaCl に関する物質収支を考えると，以下の式も成立する．

$$J_s = P(C_m - C_p) = C_p J_v \tag{16-7}$$

式(16-7)を式(16-2)を用いて変形すると，以下の式が得られる

$$R = \frac{J_v}{P + J_v} \tag{16-8}$$

例題 16-1　海水淡水化プラントの設計

海水淡水化プラントを建設する．用いる膜は σ を 1 と近似できるものとして，以下に答えよ．純水透過係数 $L_p = 2.00 \times 10^{-12}\ \mathrm{m^3\ m^{-2}\ s^{-1}\ Pa^{-1}}$) の逆浸透膜を用いて，$\Delta p = 6.00 \times 10^6$ Pa の圧力で海水淡水化を行う．水も海水も密度は 1000 kg m^{-3} であり，海水中の NaCl 濃度は $C_b = 30.0$ kg m^{-3} とする．NaCl 濃度 C_{NaCl} と浸透圧 $\Delta\pi$ の関係は以下で仮定できる．

$$\Delta\pi\ [\mathrm{Pa}] = 1.00 \times 10^5 \times C_{NaCl}\ [\mathrm{kg\ m^{-3}}]$$

濃度分極を考えない場合，以下の問いに答えよ．

(1)　得られる純水の透過流束 J_v と阻止率 R を求めよ．

(2)　得られる透過水中の NaCl 濃度を求めよ．また，飲料水の水質基準は NaCl 濃度 250 mg L^{-1} であるが，求めた値はこれを下回っているか．

(3)　膜面積 1.00×10^5 m^2 のプラントでは，1 日に何万 t の純水を製造できるか．

(4)　1 人が 1 日に使用する水量は 250 L である．何人が使用できるか．

解　説

(1)　$J_v = L_p(\Delta P - \Delta\pi) = 2.00 \times 10^{-12} \times (6.00 \times 10^6 - 3.00 \times 10^6)$
$= 6.00 \times 10^{-6}\ \mathrm{m^3\ m^{-2}\ s^{-1}}$

$$R = \frac{J_v}{P + J_v} = \frac{6.00 \times 10^{-6}}{4.00 \times 10^{-8} + 6.00 \times 10^{-6}} = 0.993$$

(2)　$C_p = C_m(1 - R) = 30.0 \times (1 - 0.993) = 0.21\ \mathrm{kg\ m^{-3}}$

したがって，210 mg L^{-1} となり，下回っている．

(3)　$6.00\times10^{-6}\times1.00\times10^{5}\times24\times3600=5.18\times10^{4}\ \mathrm{m^3\,d^{-1}}$

したがって，1日に約5万tの水を製造できる．

(4)　$\dfrac{5.18\times10^{4}}{250\times10^{-3}}=2.07\times10^{5}$

したがって，20.7万人が使用できる．

16.3.2　境膜と濃度分極

逆浸透膜を介して海水の淡水化を行う操作では，海水は膜面に対して平行に流れるように供給される．一方，膜を透過した水は膜面に直交する方向に移動して回収される．このような流れを十字流(クロスフロー)とよぶ(図16-10)．加圧された海水から逆浸透膜によって水のみが透過し，NaClは膜で阻止されるとき，膜を透過できないNaClは膜面近傍で濃縮される．濃縮されたNaClはフィックの式に従って海水に拡散するはずである．つまり，このバランスに従って膜面近傍にNaCl濃度の濃い層ができる．この現象を“濃度分極”とよぶ．定常状態を考えると，NaClの物質収支より以下の式(16-9)が成立する．CはNaClの濃度であり，Dは水中でのNaClの拡散係数である．水の透過により膜を透過できないNaClが膜面に蓄積する流束$J_{\mathrm{V}}C$と，蓄積したNaClがフィックの式によって

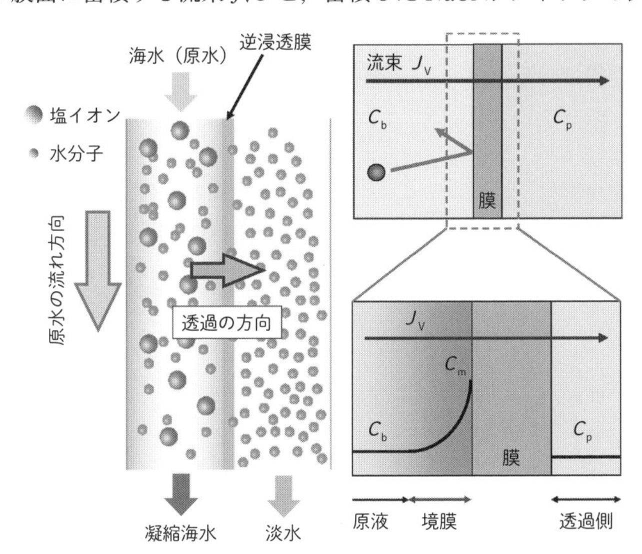

図16-10　膜近傍の模式図

海水に拡散する流束 $D(\mathrm{d}C(x)/\mathrm{d}x)$ の差は，透過する NaCl の流束 $J_{\mathrm{v}}C_{\mathrm{p}}$ と等しいはずである．

$$J_{\mathrm{v}}C-D\frac{\mathrm{d}C(x)}{\mathrm{d}x}=J_{\mathrm{v}}C_{\mathrm{p}} \tag{16-9}$$

このとき，境界条件は次のように与えられる．

$$\begin{aligned} &x=0,\ C(x)=C_{\mathrm{b}} \\ &x=\delta,\ C(x)=C_{\mathrm{m}} \end{aligned} \tag{16-10}$$

ここで，C_{b} は海水中の NaCl 濃度，C_{m} は膜面での NaCl 濃度，δ は境膜の厚みである．式(16-9)を積分すると，以下の式が得られる．

$$\frac{C_{\mathrm{m}}-C_{\mathrm{p}}}{C_{\mathrm{b}}-C_{\mathrm{p}}}=\exp\left(\frac{J_{\mathrm{v}}}{k}\right) \tag{16-11}$$

ここで，k は物質移動係数 $[\mathrm{m\ s^{-1}}]$ であり，以下の式で定義される．

$$k=\frac{D}{\delta} \tag{16-12}$$

式(16-9)で表される濃度分極現象を考慮すると，膜本来の性質としての真の阻止率 R は膜面での NaCl 濃度 C_{m} を用いて式(16-2)で表される．

濃度分極により，膜面では NaCl が濃縮しているので，海水濃度よりも膜面濃度は高いはずである．しかしながら，膜面濃度は測定が難しく，阻止率は海水濃度を用いた見掛けの阻止率 R_{obs} で評価する．

$$R_{\mathrm{obs}}=1-\frac{C_{\mathrm{p}}}{C_{\mathrm{b}}} \tag{16-13}$$

見掛けの阻止率は，境膜厚みによって変化する値である．また，真の阻止率と膜面濃度の関係を導ける．

$$\begin{aligned} C_{\mathrm{b}}&=\frac{C_{\mathrm{m}}-C_{\mathrm{p}}}{\exp\left(\frac{J_{\mathrm{v}}}{k}\right)}+C_{\mathrm{p}}=\frac{C_{\mathrm{m}}}{\exp\left(\frac{J_{\mathrm{v}}}{k}\right)}\left(1-\frac{C_{\mathrm{p}}}{C_{\mathrm{m}}}\right)+C_{\mathrm{m}}\left(\frac{C_{\mathrm{p}}}{C_{\mathrm{m}}}\right) \\ &=C_{\mathrm{m}}\left\{\frac{R}{\exp\left(\frac{J_{\mathrm{v}}}{k}\right)}+(1-R)\right\} \end{aligned} \tag{16-14}$$

$$C_{\mathrm{m}}=\frac{C_{\mathrm{b}}}{\dfrac{R}{\exp\left(\frac{J_{\mathrm{v}}}{k}\right)}+(1-R)} \tag{16-15}$$

Note

5　境膜物質移動係数と膜面濃度の関係

図 16-11 に示すように，濃度境膜内での NaCl の物質収支を考えてみる．定常状態において，流束 J_v [$m^3\,m^{-2}\,s^{-1}$] で溶液が膜を透過しているとき，境膜内を右方向に移動する濃度 $C(x)$ [$mol\,m^{-3}$] である溶質，すなわち NaCl の流束は，$J_vC(x)$ [$mol\,m^{-2}\,s^{-1}$] である．一方，濃度分極によって生じた濃度分布に従って，NaCl は左方向に，$D(dC(x)/dx)$ [$mol\,m^{-2}\,s^{-1}$] の流速で拡散している．ここで，D [$m^2\,s^{-1}$] は境膜内での NaCl の拡散係数であり，拡散流束は拡散係数と濃度勾配 $dC(x)/dx$ の積で表される．膜で NaCl は阻止され，透過側濃度が C_p [$mol\,m^{-3}$] であるとすると，膜透過側に出てくる NaCl の流束は，J_vC_p [$mol\,m^{-2}\,s^{-1}$] である．したがって，次式の関係が成立する．

$$J_vC(x)-D\frac{dC(x)}{dx}=J_vC_p \tag{16-9}$$

この式を変形すると次式の常微分方程式が得られる．

$$\frac{dC(x)}{dx}=\frac{J_v}{D}(C(x)-C_p) \tag{16-16}$$

このとき，濃度境膜の厚みを δ [m]，膜面濃度を C_m [$mol\,m^{-3}$] とすると，境界条件は次のように与えられる．

$$x=0,\ \ C(x)=C_b \tag{16-10}$$
$$x=\delta,\ \ C(x)=C_m$$

したがって，式(16-16)を $x=0\sim\delta$，$C(x)=C_b\sim C_m$ の範囲で以下のように積分することで C_m が満たすべき関係式(16-11)が得られる．

$$\int_{C_b}^{C_m}\frac{dC(x)}{C(x)-C_p}=\frac{J_v}{D}\int_0^{\delta}dx \tag{16-17}$$

$$\ln\left(\frac{C_m-C_p}{C_b-C_p}\right)=\frac{J_v}{D}\delta \tag{16-18}$$

$$\frac{C_m-C_p}{C_b-C_p}=\exp\left(\frac{J_v}{D}\delta\right) \tag{16-19}$$

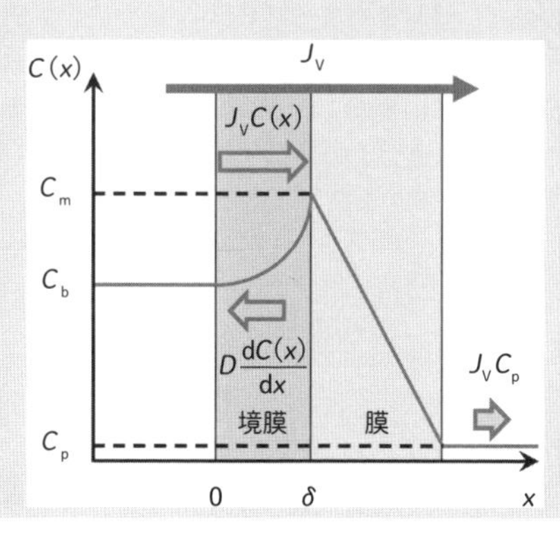

図 16-11　膜近傍の濃度境膜と濃度分布

$$\frac{C_m - C_p}{C_b - C_p} = \exp\left(\frac{J_v}{k}\right) \tag{16-11}$$

ここで，濃度境膜内の物質移動係数 k は，次式のように NaCl の拡散のしやすさを表す D と境膜の厚さ δ の比で表される．

$$k = \frac{D}{\delta} \tag{16-12}$$

Note

6　輸送方程式

膜面濃度 C_m を求めて，濃度分極の影響を考慮することで，真の膜の阻止率を求めることができ，さらには，海水淡水化プラントの設計や最適な運転条件などを決めることができるようになる．ここでは，そのために必要となる基礎式を化学工学的物質移動モデルとして紹介する．膜分離操作において，溶媒や溶質の流束を定量的に記述する数式は輸送方程式とよばれる．逆浸透法に関しては，ケデム（Kedem）とカチャルスキー（Katchalsky）が非平衡熱力学にもとづいて以下の式を提案している．

a．膜透過流束

海水淡水化における透過水は，圧力差を推進力とする対流によって移動する．このとき，膜透過流速 J_v [$m^3\,m^{-2}\,s^{-1}$] は，

$$J_v = L_p(\Delta p - \sigma \Delta \pi) \tag{16-3}$$

一方，溶質である NaCl の透過は，膜の供給側と透過側での NaCl 濃度差を推進力とする拡散と透過水に微量に混じって漏れる対流によって生じるため，溶質透過流束 J_s [$mol\,m^{-2}\,s^{-1}$] は，次のように表される．

$$J_s = P(C_m - C_p) + (1-\sigma)\overline{C}J_v \tag{16-4}$$

ここで，L_p は純水透過係数 [$m^3\,m^{-2}\,s^{-1}\,Pa^{-1}$]，$P$ は溶質透過係数 [$m\,s^{-1}$]，σ は溶質反射係数 [—] であり，この 3 つの値は，膜特性を表すパラメータとして輸送係数とよばれる．σ は無次元であり，0〜1 の間の値となり，0 の場合は阻止性のない膜であり，1 の場合が溶質をまったく通さない完全な半透膜である．また，Δp [Pa] は膜を挟んだ圧力差，$\Delta \pi$ [Pa] は海水と透過水の浸透圧差，$\overline{C}$ は膜両面での平均濃度 [$mol\,m^{-3}$] であり，操作条件によって決まる値である．

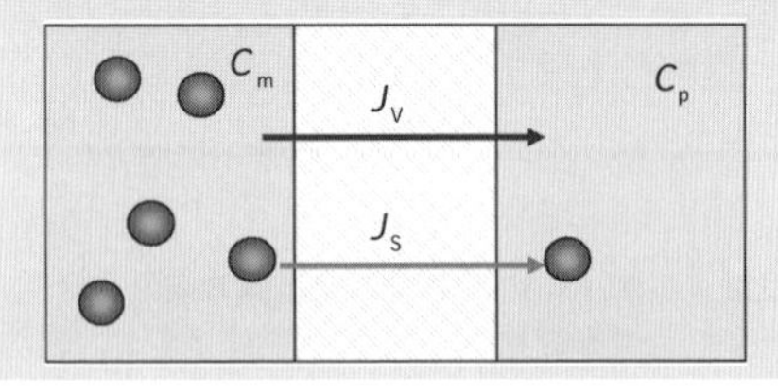

図 16-12　膜における溶液と溶質の透過

仮に，$\sigma=1$ と近似すると，式(16-3)，式(16-4)はそれぞれ次のようになる．

$$J_v = L_p(\Delta p - \Delta \pi) \qquad (16\text{-}5)$$

$$J_s = P(C_m - C_p) = C_p J_v \qquad (16\text{-}7)$$

したがって，以下のように真の阻止率が溶質透過係数 P と膜透過流束 J_v で表される．

$$\frac{P}{J_v} = \frac{C_p}{C_m - C_p} = \frac{\dfrac{C_p}{C_m}}{1 - \dfrac{C_p}{C_m}} = \frac{1-R}{R} \qquad (16\text{-}20)$$

$$R = \frac{J_v}{P + J_v} \qquad (16\text{-}8)$$

膜面濃度 C_m が体積透過流束 J_v と膜の真の阻止率 R に依存していることがわかる．

海水淡水化膜は選択性の高い膜を用いるため，真の阻止率 R が 1 に近い場合，膜面濃度は以下の式で近似できる．式(16-9)で C_p をほぼ 0 にしても同じ式が導ける．

$$C_m = \frac{C_b}{\dfrac{R}{\exp\left(\dfrac{J_v}{k}\right)} + (1-R)} \cong C_b \exp\left(\frac{J_v}{k}\right) \qquad (16\text{-}21)$$

膜面濃度を海水濃度に近づけるためには，$\exp(J_v/k) = \exp(J_v\delta/D)$ が 1 に近い，つまり，$J_v\delta/D$ が小さくなる操作条件とすればよい．体積透過流束 J_v を小さくしては膜分離の意味がなく，拡散係数 D は物性値で変えられないため，境膜厚み δ を薄くすることになる．

16.4　境膜物質移動係数の推算

16.4.1　物質移動のしやすさ（シャーウッド数）

境膜の厚さを推算できれば，濃度分極を考慮しても，膜透過が予測できる．つまり，物質移動係数の推算である．詳細な解説は第Ⅱ編の 11 章や専門書に譲るが，境界層理論では，静止流体での物質の移動のしやすさを基準として，対流なども含めた総括の物質の移動のしやすさを無次元化して，式(11-22)で定義され

るシャーウッド数 Sh として境膜物質移動係数を表現する．シャーウッド数は境膜の厚みと流体が流れる部分の代表長さの比を表す．

$$Sh = \frac{kd}{D} = \frac{d}{\delta} \tag{16-22}$$

流路の代表長さ d [m] は，膜分離操作においては，膜面上に接する分離対象の流体が流れている空間の大きさを表すものであり，式(16-23)で表される．これは式(7-27)と同じである．

$$d = \frac{4(\text{管の断面積})}{\text{管壁面と流体の接する長さ}} = 4\frac{\text{流体で満たされた体積}}{\text{濡れ面積}} \tag{16-23}$$

また，海水淡水化の場合 D は水の中におけるイオンの拡散係数である．シャーウッド数の値は，① 流れの状態，つまり流れが乱れているか整っているか，ということと，② その流れがまわりに伝わりやすいかどうか，という 2 つの要因によって決まることが経験的に知られている．

膜面上に接する分離対象の流体の流れの状態が層流であるか乱流であるかは式(7-17)で定義されるレイノルズ数 Re で評価する．

$$Re = \frac{\rho u d}{\mu} = \frac{ud}{\nu} \tag{7-17}$$

この場合も代表径は膜モジュール内の代表径で代用する．ここで，ρ は流体の密度 [$\mathrm{kg\,m^{-3}}$]，u は流体の流速 [$\mathrm{m\,s^{-1}}$]，μ は流体の粘度 [Pa s]，$\nu = \mu/\rho$ は流体の動粘度 [$\mathrm{m^2\,s^{-1}}$] である．流れの状態に境膜物質移動係数 k が依存するということはレイノルズ数に依存するということである．

次に流れの伝わりやすさ，つまり運動量の移動に着目すると，これに影響するのは流体の粘度である．静止した膜面上では，流体の粘度が大きく流体の運動量がまわりに伝わりやすいということは，流体が接する静止界面のため流れが乱れにくくなり，これは濃度境膜を厚くする方向にはたらく．しかしその一方で，流体の粘度は，流れているバルク流体の運動量を境膜に伝える効果もあり，この影響が境膜内での物質の拡散による移動に比べて大きければ，やはり，境膜物質移動係数 k を大きくするようにはたらく．そこで，流体中の物質の拡散性に対する流体の運動量の移動の影響の指標となるのが，式(16-24)で定義されるシュミット数である．このように，境膜物質移動係数 k は流れの伝わりやすさにも依存すると考えられ，シャーウッド数はシュミット数にも依存することになる．

$$Sc=\frac{\frac{\mu}{\rho}}{D}=\frac{\nu}{D} \tag{16-24}$$

16.4.2 境膜物質移動係数と流れの状態

シャーウッド数とレイノルズ数およびシュミット数との関係は複雑であり，状況に応じて多くの経験的な関係が報告されているが，逆浸透膜分離においては，以下に述べる経験式が報告されている．

・層流の場合：レベック(Leveque)の式

$$Sh=1.62\left(Re\,Sc\,\frac{d}{L}\right)^{\frac{1}{3}} \tag{16-25}$$

ここで，L は流路長さ [m] であり，膜モジュール内の海水が流れる部分の長さに相当する．

・乱流の場合：ダイスラー(Deissler)の式

$$Sh=0.023\,Re^{0.875}\,Sc^{0.25} \tag{16-26}$$

層流と乱流とでは用いるシャーウッド数を推算する際に用いる経験式が異なることに注意が必要である．

第III編 応用編

例題 16-2　海水淡水化プラントの運転条件

代表長さが 1.0 cm，長さ 1.00 m の膜モジュールを用い，海水淡水化を行う．

(1) 海水を 1.00×10^{-2} m s^{-1}，および 1.00×10^{-1} m s^{-1} で膜面に流したときの物質移動係数 k をそれぞれ求めよ．ただし，NaCl の水中の拡散係数 $D=2.00\times10^{-9}$ m^2 s^{-1}，海水の粘度 $\mu=1.00\times10^{-3}$ Pa s，海水の密度 $\rho=1.00\times10^{3}$ kg m^{-3} とする．

(2) 同じ膜，同じ圧力で，膜面の海水の流量を増加させると，R_{obs} はどうなるか

(3) 透過流束 $J_v=4.00\times10^{-6}$ m^3 m^{-2} s^{-1} のとき，海水を 1.00×10^{-2} m s^{-1}，および，1.00×10^{-1} m s^{-1} で膜面に流したとき，膜面ではどの程度 NaCl が濃縮しているか．

解　説

(1)

・1.00×10^{-1} m s^{-1} のとき，

$$Re=\frac{\rho ud}{\mu}=\frac{(1.00\times10^{3})(1.00\times10^{-1})(1.00\times10^{-2})}{1.00\times10^{-3}}=1000\quad（層流）$$

$$Sc=\frac{\mu/\rho}{D}=\frac{(1.00\times10^{-3})/(1.00\times10^{3})}{2.00\times10^{-9}}=500$$

$$Sh=1.62\left(Re\,Sc\,\frac{d}{L}\right)^{\frac{1}{3}}=1.62\left((1000)(500)\frac{1.00\times10^{-2}}{1.00}\right)^{\frac{1}{3}}=27.7$$

$$k=Sh\left(\frac{D}{d}\right)=(27.7)\frac{2.00\times10^{-9}}{1.00\times10^{-2}}=5.54\times10^{-6}\ \mathrm{m\ s^{-1}}$$

・1.00 m s^{-1} のとき，

$$Re=\frac{\rho ud}{\mu}=\frac{(1.00\times10^{3})(1.00)(1.00\times10^{-2})}{1.00\times10^{-3}}=10\,000\quad（乱流）$$

$$Sc=500$$

$$Sh=0.023\,Re^{0.875}\,Sc^{0.25}=344$$

$$k=Sh\left(\frac{D}{d}\right)=(344)\frac{2.00\times10^{-9}}{1.00\times10^{-2}}=6.88\times10^{-5}\ \mathrm{m\ s^{-1}}$$

(2)　レイノルズ数が増加するため，k が増加し，R_{obs} は増加する．つまり透過水質が向上する．

(3)　$\exp\left(\frac{J_{\mathrm{v}}}{k}\right)=\frac{C_{\mathrm{m}}-C_{\mathrm{p}}}{C_{\mathrm{b}}-C_{\mathrm{p}}}\cong\frac{C_{\mathrm{m}}}{C_{\mathrm{b}}}$ より，

$k=5.54\times10^{-6}$ m s^{-1} のとき，膜面では海水の 2.1 倍，$k=6.88\times10^{-5}$ m s^{-1} のとき，膜面では海水の 1.06 倍濃縮している．

例題 16-3　海水淡水化プラントの濃度分極

例題 16-1 と同じ σ を 1 と近似できる逆浸透膜を用い，海水淡水化プラントを建設する．ただし，今回は濃度分極を考える．

純水透過係数 $L_{\mathrm{p}}=2.00\times10^{-12}$ [m^3 m^{-2} s^{-1} Pa^{-1}]，NaCl の溶質透過係数 P が 4.00×10^{-8} [m^3 m^{-2} s^{-1}] の逆浸透膜を用いて，6.00×10^{6} Pa の圧力で海水淡水化を行う．水も海水も密度は 1000 kg m^{-3} であり，海水中の NaCl 濃度は 30.0 kg m^{-3} とする．

溶媒(H_2O)の透過流束 J_{v} と溶質(NaCl)の透過流束 J_{S} は次のように表される．

$J_v = L_p(\Delta P - \Delta\pi)$

$J_s = P(C_m - C_p)$

ここで，NaCl 濃度と浸透圧の関係は以下で仮定できる．

$$\Delta\pi\ [\mathrm{Pa}] = 1.00\times10^5 \times C_{\mathrm{NaCl}}\ [\mathrm{kg\ m^{-3}}]$$

ただし，ここでは簡単化のため膜面濃度を以下の式で近似できると仮定する．

$$C_m \cong C_b \exp\left(\frac{J_v}{k}\right)$$

また，運転したところ，(J_v/k) は 0.300 であった．以下の質問に答えよ．

(1) 膜面濃度 C_m および膜にかかる浸透圧 $\Delta\pi$ を求めよ．

(2) 純水の体積透過流束を求め，濃度分極を考えないときの $J_v = 6.00\times10^{-6}\ \mathrm{m^3\ m^2\ s^{-1}}$ と比較せよ．

(3) 膜面積 $1.00\times10^5\ \mathrm{m^2}$ のプラントでは，1 日に何万 t の純水を製造できるか．また，1 人が 1 日に使用する水量を 250 L とすると何人が使用できるか．

解　説

(1) $C_m \cong C_b \exp\left(\frac{J_v}{k}\right) = 40.5\ \mathrm{kg\ m^{-3}}$

$\Delta\pi = 1.00\times10^5\times40.5 = 4.05\times10^6\ [\mathrm{Pa}]$

したがって，浸透圧 π は 4.05 MPa である．

(2) $J_v = L_p(\Delta P - \Delta\pi) = 2.00\times10^{-12}\times(6.00\times10^6 - 4.05\times10^6)$

$= 3.90\times10^{-6}\ \mathrm{m^3\ m^{-2}\ s^{-1}}$

したがって，濃度分極を考えないときの 6.00×10^{-6} から $3.90\times10^{-6}\ \mathrm{m^3\ m^{-2}\ s^{-1}}$ まで下がる．

(3) $3.90\times10^{-6}\times1.00\times10^5\times24\times3600 = 3.37\times10^4\ \mathrm{m^3\ d^{-1}}$

したがって，1 日に約 3.4 万 $\mathrm{m^3}$ の水を製造できる．

$$\frac{3.37\times10^4}{250\times10^{-3}} = 1.35\times10^5$$

現実に起こる濃度分極を考慮すると，例題 16-1 で得られた 20.7 万人から 13.5 万人に減る．

16.5 膜分離プロセスにおける物質収支

本章の冒頭で記したように，逆浸透膜を用いた海水淡水化プロセスは“分離プロセス”であり，化学工学の考え方が応用できる．第Ⅱ編の 6.2 節で学んだ物質収支の概念を応用して，次の例題でリサイクルを含んだ海水淡水化プロセスについて考える．

例題 16-4　海水淡水化プラントの物質収支とリサイクル

図 16-13 のようなプロセスで，逆浸透膜を用いた分離器による海水の淡水化を行う．3.1 wt% の海水を原料として，1000 kg h^{-1} で供給し，NaCl 濃度 500 ppm の脱塩水を製造し，5.25 wt% に濃縮された海水を廃棄する．分離器入口の海水中の NaCl 濃度が 4.0 wt% であるとき，次の値を求めよ．

(1)　廃棄される海水の量 [kg h^{-1}] と製造される脱塩水の量 [kg h^{-1}]

(2)　補給される海水中の真水に対するリサイクルされる濃縮海水中の真水の割合 [%]

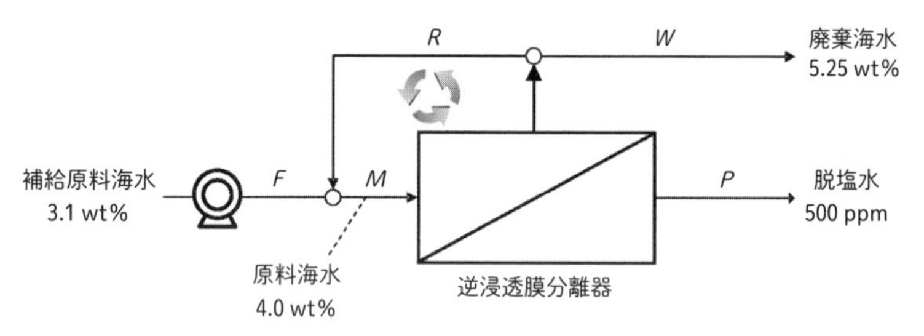

図 16-13　リサイクルのある海水淡水化プロセス

解　説

F：補給海水流量 [kg h^{-1}]，R：循環海水流量 [kg h^{-1}]，M：逆浸透膜分離器に入る海水のFとRの合計 [kg h^{-1}]，W：系外に廃棄される濃縮海水流量 [kg h^{-1}]，P：製品脱塩水流量 [kg h^{-1}] とすると以下のようになる．ここで，添字 S は NaCl，W は真水を表す．

$$F = F_\mathrm{S} + F_\mathrm{W} = 1000\ \mathrm{kg\,h^{-1}}$$

$$F_\mathrm{S} = 31\ \mathrm{kg\,h^{-1}},\quad F_\mathrm{W} = 969\ \mathrm{kg\,h^{-1}}$$

$$w_\mathrm{FS} = F_\mathrm{S}/(F_\mathrm{S} + F_\mathrm{W}) = F_\mathrm{S}/F = 0.031$$

$$w_\mathrm{MS} = (F_\mathrm{S} + R_\mathrm{S})/(F_\mathrm{S} + F_\mathrm{W} + R_\mathrm{S} + R_\mathrm{W}) = (F_\mathrm{S} + R_\mathrm{S})/(F + R) = 0.040$$

$$w_\mathrm{WS} = W_\mathrm{S}/(W_\mathrm{S} + W_\mathrm{W}) = W_\mathrm{S}/W = 0.0525$$

$$w_\mathrm{PS} = P_\mathrm{S}/(P_\mathrm{S} + P_\mathrm{W}) = P_\mathrm{S}/P = 5.00 \times 10^{-4}$$

(1)　海水の物質収支より，

$$F = W + P \tag{16-27}$$

NaCl の物質収支より，

$$F_S = W_S + P_S$$

ここで，

$$F_S = Fw_{FS} = 0.031F,\quad W_S = Ww_{WS} = 0.0525\,W,\quad P_S = Pw_{PS} = 5.00\times10^{-4}P$$

よって，

$$0.031F = 0.0525\,W + 5.00\times10^{-4}P \tag{16-28}$$

式(16-27)，式(16-28)を連立して解くと，

$$W = 586.53\ \mathrm{kg\,h^{-1}}$$

$$P = F - W = 413.16\ \mathrm{kg\,h^{-1}}$$

したがって，廃棄される海水は 587 kg h^{-1}，製造される脱塩水は 413 kg h^{-1} である．

(2)　分離のない分岐では組成の変化はないため，

$$w_{WS} = \frac{W_S}{W} = w_{RS} = \frac{R_S}{R} = 0.0525$$

また，

$$\frac{(F_S + R_S)}{(F + R)} = 0.040$$

よって，

$$R = \frac{(0.040F - F_S)}{0.0125} = 720\ \mathrm{kg\,h^{-1}}$$

$$R_W = (1 - w_{RS})R = 682.2\ \mathrm{kg\,h^{-1}}$$

したがって，リサイクルされる真水の割合は以下である．

$$\frac{R_W}{F_W}\times 100 = 70.4\ \%$$

海水淡水化プロセスにおいて原料海水のリサイクルを行うことによって，前処理の手間が節約され，海水の圧縮エネルギーも回収し，また，原料海水の膜面での流量が増えることになり，1段での淡水の回収率は小さくなるが，濃度分極の抑制が期待できる．

16.6 ま と め

本章では，第Ⅱ編の物質収支(6.2節)，物質移動および膜の透過モデル(7章)を使い，海水の淡水化に用いられる逆浸透プラントを設計した．圧力を駆動力とする水の流れと濃度境膜における NaCl の拡散現象に由来する，膜近傍における境膜モデルを学び，層流および乱流時の境膜における物質移動係数と膜プロセスに及ぼす影響に関する理解を深めた．

逆浸透膜を用いた海水の淡水化において得られる水の品質と量は，膜の性能だけでなく操作条件に大きく依存する．化学工学的考え方を駆使して膜本来の性能が発揮されるように操作条件を決定し，膜プロセスを運用する技術が求められる．

さらに発展的な学習のための資料

本章で学んだ項目について，さらに詳しく勉強したいときには，以下を推薦する．

1) M. Taniguchi: *Bull. Soc. Sea Water Sci. Jpn.*, **63**, 214 (2009).
2) 日本膜学会 編：“膜学実験法 —人工膜編—(CD-ROM)” (2006).
3) 伊藤 章：“ベーシック分離工学”，化学同人 (2013).
4) O. Kedem, A. Katchalsky: *Biochem Biophys. Acta*, **27**, 229 (1958).

17

固体高分子形燃料電池の操作条件

プロトン(H^+)が伝導する固体高分子形燃料電池は，エネファームとして多くの家庭に設置され，燃料電池自動車としても実用化されている．水素を電気に変換する装置であり，水素を燃料として積んで発電し，移動などの仕事に変換することもできる．

本章では，高性能な燃料電池の操作条件を第Ⅱ編の6.2節「物質収支」，7章「物質移動」および9章「反応工学」を組み合わせ，例題を通して設計する．

17.1　燃料電池の効率

固体高分子形燃料電池は，水素などの燃料の化学エネルギーを電気エネルギーに高い効率で変換する装置である．図17-1に示すように，電気化学反応により燃料からプロトンなどのイオンと電子を取り出し，触媒層の間に挟まれる膜ではイオンだけが移動し，電子は外部回路を通ることにより電流(電気仕事)を取り出す装置である．電子が外部回路を通るので，マイナスの電荷をもつ電子の流れの逆方向に電流が流れる．この電流の値は単位時間あたりに得られる仕事の量である．電圧は変換効率を意味する．

電極では以下の反応が起こる．

$$\text{負　極：} H_2 \longrightarrow 2\,H^+ + 2\,e^- \tag{17-1}$$

$$\text{正　極：} \frac{1}{2}\,O_2 + 2\,e^- + 2\,H^+ \longrightarrow H_2O \tag{17-2}$$

電極となる2つの触媒層と触媒層を隔てる電解質膜の間で反応と移動の回路を

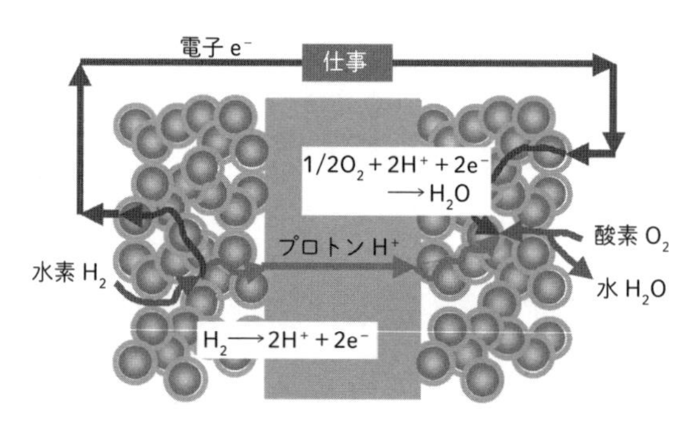

図 17-1　固体高分子形燃料電池内での反応と物質移動

つくり，負極では水素 1 mol が反応すると 2 mol のプロトンと 2 Farad（以下，F）の電子（電気量）が生成し，正極では 0.5 mol の酸素と 2 mol のプロトンと 2 F の電子が反応し水を生成する．プロトン，電子および燃料（水素や酸素）の物質移動，膜の両側での電気化学反応が遅いと，それぞれ抵抗になる．これらの抵抗は組み合わさり，全抵抗 R となる．全抵抗 R が大きいと，電圧および変換効率が下がる．図 17-2 に示すように，以下の式（17-3）で過電圧が発生する．ただし，電気化学反応など実際の現象では ΔE は式（17-3）に従わないが，ここでは簡単化して理解する．電気化学反応の過電圧に関しては Note-1 を参照してほしい．

$$\Delta E = iR \tag{17-3}$$

ここで，ΔE は過電圧 [V]，i は電流 [A]，R は抵抗 [Ω] である．

燃料電池の変換効率 η は以下の式で与えられる．

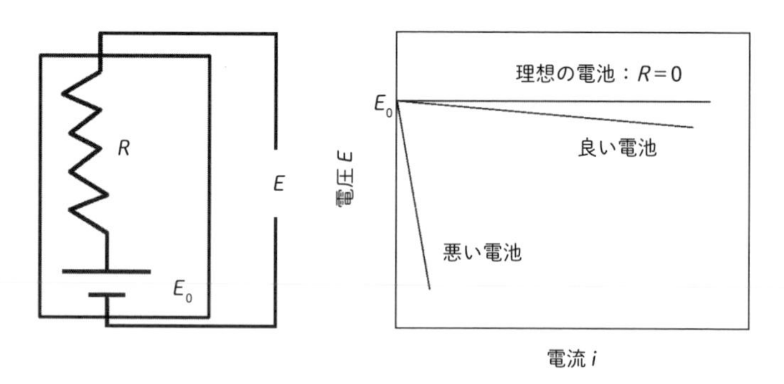

図 17-2　燃料電池における全抵抗と電圧

> **Note 1　電気化学反応の過電圧**
>
> 電気化学反応における過電圧 ΔE は，一般的に以下のターフェル(Tafel)式に従う.
>
> $$\Delta E = A \ln\left(\frac{i}{i_0}\right)$$
>
> ターフェル式はもともと実験式であったが，理論的にも説明されている．A の値は，以下の式で表される.
>
> $$A = \frac{RT}{2\alpha F}$$
>
> ここで，α は電荷移動係数であり，電気化学反応の速度を変えるために使われる電気エネルギーの割合で 0〜1 の値である．ターフェル式の i_0 は交換電流密度とよばれ，電気化学反応の速さはおもにこの値で決まる.

$$\eta = \eta_0 \frac{E}{E_0} = \eta_0 \frac{(E_0 - \Delta E)}{E_0} \tag{17-4}$$

ここで，E_0 は得られる最大の起電力，η_0 は起電力 E_0 のときの変換効率であり，最大の変換効率である．25 °C では，最大の起電力 E_0 は 1.23 V であり，最大の変換効率は高位発熱量(HHV)で 82.9 % である(Note-2 参照)．流れる電流は取り出す仕事量を表し，そのときの電圧は変換効率を意味する．多くの電流(仕事)を生成すれば，それだけ電圧(効率)が減少する.

実際の固体高分子形燃料電池では，① プロトンを伝導する膜の抵抗，② 酸素を水に変換する正極での反応抵抗，③ 酸素が触媒層中を拡散する移動抵抗の 3 つがおもな抵抗となっている．水素がプロトンになる負極での反応や，電子伝導はこれらの抵抗と比較して極めて速い．これら 3 つの抵抗を下げられれば，高い効率で発電できる.

17.2　膜中のプロトン伝導抵抗とその制御

プロトンを伝導する電解質膜では，プロトン伝導性の湿度依存性が大きく，低湿度では大きな抵抗となる．図 17-3 は固体高分子形燃料電池に使用されるパーフルオロスルホン酸膜のプロトン伝導性に与える相対湿度の影響である．プロトン(H^+)は水中では H_3O^+ として存在するため，水分子が少ない環境でのプロト

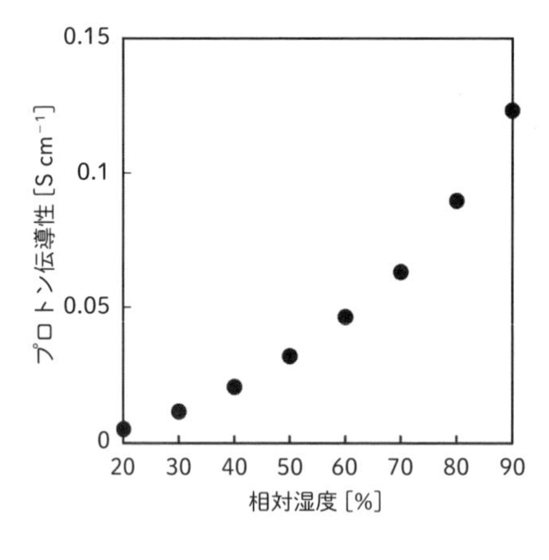

図 17-3　パーフルオロスルホン酸膜の 80 °C でのプロトン伝導性に与える相対湿度の影響

Note

2　エネルギー変換の可能性とデバイスの設計

a. エネルギーの変換効率

熱力学第一法則であるエネルギー保存則は，熱，電気，仕事，化学エネルギー（化学物質がもつエネルギー）などの総和は，変換前後で一定であることを教えてくれる．私たちの生きている世界では，仕事として使えなかったエネルギーは，最終的に低品位の熱エネルギー（温度が高くない熱）となっている場合が多い．なぜ低品位の熱エネルギーはほかのエネルギーに変換しにくいのだろうか．熱を変換する場合には，温度差を駆動力として使う．高温熱源 T_H [K] から低温熱源 T_L [K] へ熱を伝えるときに得られる最大の仕事，つまり最大の変換効率 η [—] はカルノー（Carnot）サイクルを考えると導出できる．

$$\eta=1-\frac{T_L}{T_H} \qquad (17\text{-}5)$$

この式から，高温熱源温度 T_H が高いほど，低温熱源温度 T_L が低いほど，最大効率は高くなることがわかる．式だけを考えると，T_L が 0 K であれば変換効率 100 % となる．しかし，私たちは約 27 °C（300 K）の地球上で生活しているため，T_L の最小値は 300 K 程度であり，効率 η を 1 に近づけることは難しい．たとえば 127°C（400 K）の高温熱と 27 °C（300 K）の低温熱で考えると，最大効率は 25 % にしかならない．

火力発電は，天然ガスを燃やし，その熱でタービンを回して発電する装置である．熱の利用としては温度差を使うため，常温に近づく低品位の熱になるまで変換を行う．したがって，最初のタービンを回す温度が高ければ高いほど，温度差は大きくとれるので，変換効率は高くなる．

化学エネルギーからの変換効率は，天然ガスを燃やしてできる熱を化学エネルギーと考え，この熱を完全に電気エネルギーに変換できれば変換効率 100 % と考える．最新型の火力発電では，1600 °C のガスタービンと蒸気タービンを組み合わせるシステムで 60％以上の効率を達成しつつあるが，1600 °C は高温に耐える材料の限界でもある．実際の火力発電所は，送電端効率を加味して，また出力が変動する平均で考えると，変換効率は 40％程度である．残りの 60％は，低品位熱となり利用されていない．

なお，自動車は“もの”を移動する仕事が目的であるが，ガソリンの化学エネルギーで考えるとガソリンエンジンの変換効率はおおむね 20％程度であり，ハイブリッド車でも 35％程度である．多くのエネルギーが低品位の熱エネルギーとなって，利用されていない．

b．燃料電池の最大仕事量

エネルギー変換の最大効率は可逆過程から生まれる．可逆過程が，エネルギー変換に必要な最小エネルギーとなる．燃料電池反応の逆反応は水の電気分解である．水の電気分解では，25 °C では 1.2288 V 以上の電圧をかけると，水は水素と酸素に分解する．水素と酸素燃料を用いる固体高分子形燃料電池で得られる最大電圧は 25 °C で 1.23 V である．

$$\text{負　極}: H_2O \longrightarrow \frac{1}{2}O_2 + 2e^- + 2H^+ \tag{17-6}$$

$$\text{正　極}: 2H^+ + 2e^- \longrightarrow H_2 \tag{17-7}$$

例題 17-1　燃料電池で得られる最大エネルギー

水素 1 mol を用い燃料電池で発電するときに得られる最大エネルギーを計算せよ．25 °C で最大の起電力は 1.2288 V である．ファラデー定数は 96 500 C mol^{-1} であり，1 V の電位差で 1 C の電荷を動かすのに必要な仕事は 1 J である．

解　説

水素 1 mol から得られる電気量は 2 F である．得られる最大のエネルギー E は以下となる．

$$E = 2 \times 96\,500 \times 1.23 = 2.37 \times 10^5 \text{ J mol}^{-1}$$

したがって，237 kJ mol^{-1} である．

可逆過程では，熱力学的平衡状態が保たれるため，水電気分解では必要な最低エネルギーであり，燃料電池で引き出せる最大エネルギーとなる値は同じである．

c．ギブズエネルギーと最大変換効率

地球上の可逆変化の多くは圧力が変わらない定圧変化のため，ギブズエネルギーで考える．

$$G=H-TS \tag{17-8}$$

$$\Delta G=\Delta H-T\Delta S \tag{17-9}$$

ここで，ΔG は可逆過程で取り出せる最大の仕事であり，自発的に起こる現象は，$\Delta G<0$ である．ΔH はエンタルピー変化であり，熱変化である．ΔS はエントロピー変化であり，イメージはしにくいが，乱雑さや場合の数で表される．ここでは，エントロピー変化はエネルギー変換に使えないため，熱である ΔH から $T\Delta S$ を引いた値が重要である．つまり，変化によって取り出せる最大エネルギーは $\Delta G=\Delta H-T\Delta S$ となる．

25 ℃ (298 K)，1 気圧の標準状態で水素と酸素から生成する水の標準生成エンタルピーは −286 kJ mol^{-1} である．先ほど計算したように，水素 1 mol の燃料電池反応で取り出せる最大仕事量は −237 kJ であり，25 ℃ における最大変換効率は以下の式で与えられる．

$$\eta=\frac{\Delta G}{\Delta H}=\frac{-237}{-286}=0.829 \tag{17-10}$$

つまり，82.9 % が地球上で目指すべき水素から電気への最大の変換効率である．また，熱力学は途中の過程によらないため，同じ反応を用い可逆過程で達成できるのであれば，燃料電池でなくても最大の効率は同じである．

燃料電池が注目されるのは，熱を使わない電気化学反応で達成できるため，温度を上げなくても，ナノテクノロジーの進化で効率が上がるからである．また，電気にならなかったエネルギーは低品位の熱になる．離れた発電所から電気に変換されなかったエネルギーである温水を各家庭に輸送するにはさらにエネルギーがかかるが，燃料電池により家庭で発電すれば，電気にならなかった熱は各家庭で温水としてシャワーなどに使える．固体高分子形燃料電池発電はデバイス全体で考えると平均して 40 % 程度(HHV，次項参照)であるが，電気と熱の総合効率として 95 % が達成されている．

d．高位発熱量(HHV)と低位発熱量(LHV)

水が関わるエネルギー変換効率の表現には 2 種類あり，生成する水は液体の水として考える高位発熱量(higher heating value，HHV)と，生成する水は水蒸気として考えるため，先ほどの ΔH から水の蒸発潜熱 44.2 kJ mol^{-1} を差し引いて考える低位発熱量(lower heating value，LHV)がある．LHV では水の蒸発潜熱はほかに使うと考え，$\Delta G/\Delta H$ の分母である ΔH の絶対値が小さくなり，燃料電池の最大の変換効率は 98.0 % となる．HHV では 82.9 % だったので，HHV と LHV それぞれの基準で 15 % も異なる．

$$\eta_0=\frac{\Delta G}{\Delta H}=\frac{-237}{(-286+44.2)}=0.980 \tag{17-11}$$

火力発電や高温の燃料電池は LHV で表現するため，HHV で表す常温〜80 ℃ で運転する固体高分子形燃料電池と基準が異なることが多く，比較するときには気をつける必要がある．

ン移動は遅くなるため，相対湿度の影響を大きく受ける．通常の 25 μm 厚さの膜では，プロトン伝導抵抗を小さくするため，プロトン伝導性は 0.04 S cm^{-1} 以上必要である．そのためには，膜と接触するガスの湿度を 60 % 以上にする必要がある．燃料電池では負極に乾燥した水素が供給され，空気(酸素)が供給される正極では水が生成する．固体高分子形燃料電池は通常 80 °C で運転するため，常温と比較して飽和水蒸気圧が高く，相対湿度を高めるには比較的多くの水が必要となる．負極で生成する水を用い，相対湿度を高くしたい．一方で，電極である触媒層は多孔構造であり，細孔中を酸素など気体が拡散する．しかしながら，湿度が 100 % を超えて水蒸気が液体水になってしまうと，細孔を液体水が塞ぎ，燃料ガスの拡散が阻害される．負極で生成する水の量と拡散から，電解膜の加湿と液体水の生成を制御する必要がある．

17.3　燃料電池における水の生成と電池発電の制御

図 17-1 のように膜と電極を接合した燃料電池を膜電極接合体(membrane electrode assembly, MEA)とよぶが，電極面積 1 cm^2 あたりで考えるため，得られる電流を電流密度 [A cm^{-2}] と表現する．燃料電池を 1 A cm^{-2} の電流密度で 1 分間通電したときに生成する水の量は以下の式で計算できる．

$$Q = iAt = mFz \tag{17-12}$$

ここで，Q は電荷量 [C]，i は電流密度 [A cm^{-2}]，A は電極面積 [cm^2]，t は時間 [s]，m は水のモル数 [mol]，F はファラデー定数(=96 500 C mol^{-1})，z はイオン価数であり水 1 分子の生成に 2 個の電子が必要なため，ここでは 2 である．具体的には，1 A cm^{-2} の電流密度で，反応時間 1 分間，MEA 面積 1 cm^2 あたりの水の生成量と酸素の消費量 m を以下の式から計算できる．

$$m = \frac{iAt}{Fz} \tag{17-13}$$

水の消費量は以下となる．

$$\frac{1 \times 1 \times 60}{2 \times 96\,500} = 0.000\,311\ \text{mol} \tag{17-14}$$

したがって，水 5.60 mg が生成する．このとき消費される酸素のモル量は，式

(17-15)より生成する水のモル量の半分である.

$$0.000\,311 \div 2 = 0.000\,156\ \mathrm{mol} \qquad (17\text{-}15)$$

したがって，酸素 4.98 mg が消費される.

膜の抵抗を小さくするために湿度が高く，酸素が拡散できるように触媒層中の多孔構造に液体水が生成しないためには，湿度を 60～100 % にする必要がある. 水の生成速度と酸素の流入速度から，正極の湿度を制御する.

例題 17-2　固体高分子形燃料電池の操作条件の設計

膜中での水移動が無視でき，常圧，80 °C で固体高分子形燃料電池を操作するとき，正極出口湿度を 60～100 % にするためには，正極の乾燥酸素流量 [$\mathrm{cm^3\,s^{-1}}$] をどの程度に制御すべきか. 消費される酸素量や生成する水蒸気量は流量に影響せず，定常状態を仮定できる.

燃料電池面積は 100 $\mathrm{cm^2}$，電流密度は 1 A $\mathrm{cm^{-2}}$ で運転している. 正極は CSTR の完全混合状態と考え，湿度も酸素濃度も正極中で均一と仮定できる. 常圧，80 °C での飽和水蒸気量は 300 g $\mathrm{m^{-3}}$ である.

解　説

1 秒あたりの水の生成量は以下の式で与えられる.

$$\frac{1\times 100}{96\,500\times 2} = 0.000\,518\ \mathrm{mol\,s^{-1}}$$

したがって，$9.33\times 10^{-3}\ \mathrm{g\,s^{-1}}$ となる.

定常状態では物質収支より，出口水量 [$\mathrm{g\,s^{-1}}$] − 入口水量 [$\mathrm{g\,s^{-1}}$] ＝生成水量 [$\mathrm{g\,s^{-1}}$] であり，以下の式が成立する. ここで，入口は乾燥酸素のため水量は 0 である.

$$u(y-0) = w$$

u は酸素流量 [$\mathrm{m^3\,s^{-1}}$]，y は酸素に含まれる水蒸気量 [$\mathrm{g\,m^{-3}}$]，w は単位時間あたりの生成水量 [$\mathrm{g\,s^{-1}}$] である.

$$湿度 60\,\% のとき：u\,[\mathrm{m^3\,s^{-1}}]=\frac{9.33\times10^{-3}}{300\times0.6}=5.2\times10^{-5}\,\mathrm{m^3\,s^{-1}}$$

$$湿度 100\,\% のとき：u\,[\mathrm{m^3\,s^{-1}}]=\frac{9.33\times10^{-3}}{300\times1.0}=3.1\times10^{-5}\,\mathrm{m^3\,s^{-1}}$$

したがって，燃料電池の正極への酸素流量を 31～52 $\mathrm{cm^3\,s^{-1}}$ に制御する．

Note　3　燃料電池自動車の場合

燃料電池自動車では，乾燥水素を負極に供給する．この場合，負極の加湿も必要になるが，負極では水の生成は起こらない．燃料電池自動車では，負極も正極も加湿せずに，良好な湿度で運転できる．

電解質膜を薄くし，正極で生成した水を負極に容易に拡散できるようにし，両側を加湿できるからである．また，自動車では高い電流密度で操作することが多く，水が多く生成するため有効な手法である．

17.4 ま と め

本章では，固体高分子形燃料電池の基礎を学び，第Ⅱ編で学んだ物質収支(6.2 節)，物質移動(7 章)，反応工学(9 章)を用いて，燃料電池の操作条件を設計できることを学んだ．燃料電池にとって操作条件の設計はとても重要であり，エネルギー変換の可能性とデバイスの設計の両方を熱力学および化学工学を通して理解することができる．

さらに発展的な学習のための資料

本章で学んだ項目について，さらに詳しく勉強したいときには，以下を推薦する．

1) 田村英雄 監修：“電子とイオンの機能化学シリーズ 4．固体高分子形燃料電池のすべて”，エヌ・ティー・エス (2004)．
2) M. Eikerling, A. Kulikovski: “Polymer Electrolyte Fuel Cells: Physical Principles of Materials and Operation”, CRC Press (2014).

18

超臨界流体によるナノ粒子合成

nm サイズまで微小化した粒子のことをナノ粒子とよぶ．サイズの微小化に伴い，比表面積(単位質量あたりの表面積)は増大する．そのため，触媒のように表面反応が重要となる応用では，サイズの大きい粒子と比べて，ナノ粒子は高い性能を示す．また，量子サイズ効果により，ナノ粒子特有の機能が発現する．サイズの大きい魂(バルク)では黄金色の金がナノサイズ化により赤色を呈することは，量子サイズ効果のわかりやすい例である．

ナノ粒子は，その構成単位である原子・分子(ここでは，“モノマー”とよぶ)を飽和溶解度以上に溶解した状態，つまり過飽和状態から析出させることで合成する(図 18-1)．モノマーを反応によって供給する場合，反応速度を制御し高い

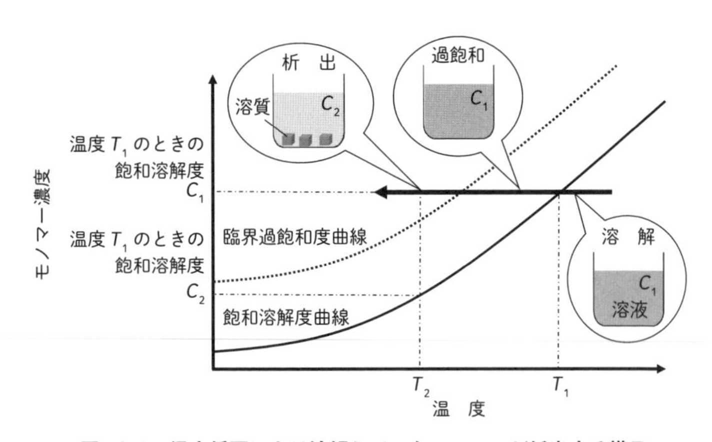

図 18-1　温度低下により溶解していたモノマーが析出する様子

モノマー供給速度を実現することで，ナノ粒子の合成に有利な高い過飽和度を達成できる．しかし，混合が不十分で，反応場空間中で温度，原料濃度などに不均一が生じた場合，粒子サイズのばらつきが大きくなり，ナノ粒子の製品としての品質が保証できなくなる．

本章では，第Ⅱ編の7.2節「混合・攪拌」および9章「反応工学」で学んだ“反応”と“混合”を用い，さらに11章「無次元数とアナロジー」の無次元数を用いた整理にもとづいて，先端材料であるナノ粒子合成プロセスを設計する．

18.1　過飽和度の制御

前述のように，ナノ粒子ではとくに，サイズを制御することが非常に重要である．粒子の作製法としては，バルクの物質を粉砕していくトップダウン型手法と原子・分子から組み上げていくボトムアップ型手法があるが，均一サイズのナノ粒子を得ようとする場合，ボトムアップ型手法が一般的である．ボトムアップ型手法では，温度・圧力・密度変化などの操作により，モノマーと媒質が形成している均一相を非平衡化することで，モノマーを析出(相分離)させる．析出した“核”はその後，周囲の不安定化したモノマーを取り込みながら成長しナノ粒子を形成していくが，初めに生成する核のサイズ分布が大きいと，その後の成長をいかに制御したとしても均一サイズのナノ粒子を得ることが難しくなる．

溶解消失することなく，その後安定に成長するために必要な最小粒子サイズ(臨界核の大きさ)は，粒子と溶媒の単位界面積あたりの界面エネルギーと過飽和度の関数となる．界面エネルギーは材料の種類と溶媒の種類・状態によって決まるため，プロセス操作によって制御可能な量は過飽和度ということになる．系が古典的核生成理論に従うとすると，過飽和度を高くすればするほど，臨界核の大きさは減少する．

過飽和度を高くするためには，飽和溶解度を下げるか，溶液中のモノマー濃度を上げるか，すればよい．前者の場合，溶液系でいうと，系を冷却(加熱)したり，貧溶媒を添加したり(または貧溶媒に原料溶液を加えてもよい)することで，飽和溶解度を下げて高い過飽和状態を形成し，ナノ粒子を合成できる．一方，後者の場合，系中においてモノマーとなる原子・分子を反応により高速に供給することで，高い過飽和状態を形成し，ナノ粒子を合成できる．

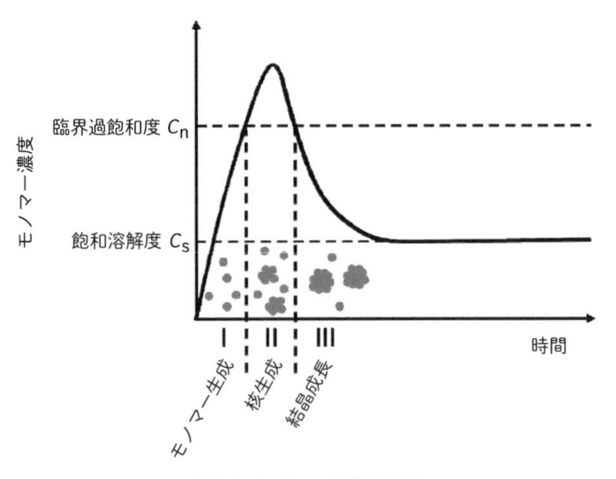

図 18-2　粒子の形成過程

ナノ粒子の形成過程を過飽和度で表現したモデルで説明していく(図 18-2). まず原料の反応などでナノ粒子を構成するモノマーが生成していき，その濃度が上昇する．析出は飽和溶解度を超えた直後では生じず，臨界過飽和度を超えて初めて核生成が生じる．モノマーは核生成とその核の成長で消費されるため，ある程度核生成が生じたあとはモノマー濃度が減少に転じる．臨界過飽和度を下回った段階で核生成は生じなくなり，その後は，それまでに生成した核の成長がモノマーを消費する主体となり，モノマー濃度は低下していき，最終的にはモノマー濃度が飽和溶解度に落ち着く．つまり，粒子のサイズは核生成と，その後の結晶成長により決定される．

ナノ粒子のサイズ制御の観点では，いかに過飽和度分布を狭くするかが重要となる．臨界過飽和度を超えた濃度域での核発生を短時間で終了させれば，大きさのそろった核が得られる．また，高い過飽和度となるようにモノマー供給速度を高くし，さらに反応を短時間に終了させれば，サイズのより小さい核が得られるだけでなく，後続の結晶成長とあわせ，原料が一気に消費されるため，サイズ増大を抑えることにもつながる．結果としてサイズのそろったナノ粒子が合成できる．

18.2　混合速度の制御

反応によりモノマーを供給し，核発生を生じさせる場合，時空間的に過飽和度分布を狭くするためには，反応に要する時間と比較し，原料反応物の混合を短時間で完了する必要がある．混合が完全でない状況では，過飽和度に不均一が生じナノ粒子サイズ分布が広くなる．ここで反応速度と混合による物質輸送速度の比を考える．この比は，ダムケラー(Damköhler)数 Da とよばれる無次元数として知られる．反応律速とするためにはダムケラー数を十分に小さく設定しておく必要がある．

$$Da = \frac{\text{反応速度}}{\text{物質輸送速度}} \tag{18-1}$$

例題 18-1　流通管型反応器の設計

円管の中を流れる常温・常圧の水中に反応物を供給する．混合直後の線速度 u が $1\ \mathrm{m\ s^{-1}}$，常温・常圧水(動粘度 $10^{-6}\ \mathrm{m^2\ s^{-1}}$)中の反応物の拡散係数 D が $10^{9}\ \mathrm{m^2\ s^{-1}}$，反応速度が $1\ \mathrm{s^{-1}}$ のとき，$Da<0.1$ となるための管内径を計算せよ．

ここでは乱流を仮定し，物質輸送速度は実験的に導かれた以下の式で表せるものとする．

$$\text{物質輸送速度}\ [\mathrm{s^{-1}}] = \frac{D}{(d \times Re^{-\frac{3}{4}})^2}$$

d は管内径，Re はレイノルズ数である．$d \times Re^{-3/4}$ は7.2.6項で学んだコルモゴロフスケールと同じ関数である．

解　説

レイノルズ数は，管内径 d と動粘度 ν と線速度 u を用いて以下の式で記述できる．

$$Re = \frac{ud}{\nu}$$

そのため，物質輸送速度は以下のとおりとなる．

$$物質輸送速度\,[\mathrm{s}^{-1}]=\frac{D}{\left(d\times\left(\frac{ud}{\nu}\right)^{-\frac{3}{4}}\right)^{2}}=\frac{D}{d^{\frac{1}{2}}\times\left(\frac{u}{\nu}\right)^{-\frac{3}{2}}}$$

$$=\frac{10^{-9}}{d^{\frac{1}{2}}\times\left(\frac{1}{10^{-6}}\right)^{-\frac{3}{2}}}=\frac{1}{d^{\frac{1}{2}}}$$

$Da<0.1$ とすると，以下のように管内径を 1 cm 以下に設計すればよいということになる．

$$Da=\frac{1}{\left(\frac{1}{d}^{\frac{1}{2}}\right)}<0.1$$

$$d^{\frac{1}{2}}<0.1\ \mathrm{m}$$

$$d<0.01\ \mathrm{m}$$

18.3　超臨界流体リアクター

管内径を小さくすれば，ダムケラー数は小さくなり，混合の影響を無視できるようになる．しかし，管を細くすればするほど，生成したナノ粒子が管を閉塞するリスクは高くなる．線速度を上げるか，または動粘度を下げることでも，物質輸送速度を上げることができる．

ここで超臨界流体をナノ粒子合成反応場に採用することの優位性について考え

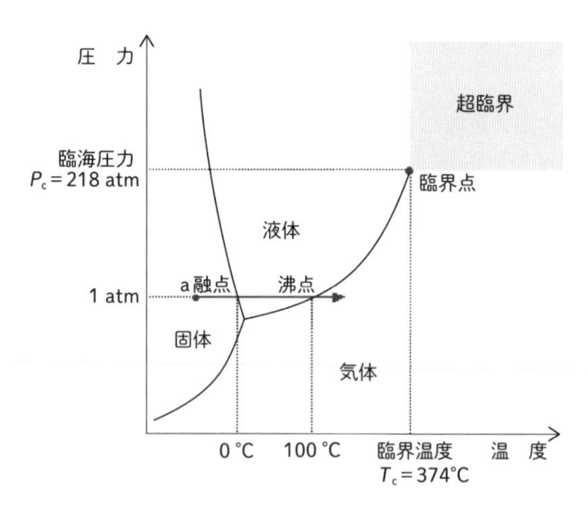

図 18-3　水の相図

表 18-1　気体，液体，超臨界流体の物性値

物　性	気　体	超臨界流体	液　体
密　度($kg\ m^{-3}$)	0.6〜2.0	300〜900	700〜1600
粘　度(10^{-5} Pa s)	1〜3	1〜9	200〜300
動粘度($10^{-7}\ m^2\ s^{-1}$)	100	1〜10	10

てみる．水の相図を図 18-3 に示す．

水の臨界点は，臨界温度 374 ℃，臨界圧力 218 atm にある．この温度以下では，気液の 2 相が共存できるが，臨界点以上の温度圧力状態では，いくら圧縮しても凝縮しない高密度水蒸気状態となる．気体，液体，超臨界流体の代表的な密度，粘度，動粘度を表 18-1 に示す．

超臨界状態では，粘性は気体と同様に低いが，密度は液体と同様に高い．すなわち，超臨界状態での動粘度は，気相や液相のそれよりも低い値をとる．動粘度の低い超臨界流体を反応場に適用することで，同じ流速でも，閉塞リスクの低い，より大きな管内径を選択できる．

例題 18-2　超臨界流体を反応場に採用した場合のリアクター設計

超臨界流体を想定した系を考えてみる．生産量をそろえるため，例題 18-1 で得た管内径 1 cm，線流速 $1\ m\ s^{-1}$ の場合と同じ質量流量として，反応速度 $1\ s^{-1}$，動粘度のみが 1 桁低い($10^{-7}\ m^2\ s^{-1}$)場合，$Da<0.1$ となるための管内径を計算せよ．

ただし，常温常圧の水の密度を $1000\ kg\ m^{-3}$，超臨界状態の水の密度を 500 $kg\ m^{-3}$ とする．

解　説

常温常圧の水が内径 1 cm の管を線流速 $1\ m\ s^{-1}$ で流れる場合の，質量流量 w は以下のようになる．

$$w\ [kg\ s^{-1}] = 1000 \times \pi \frac{0.01^2}{4} \times 1 = \pi \frac{10^{-1}}{4}$$

ここで，質量流量一定とすると，超臨界状態での線流速 u は，管内径 d の関数として以下のようになる．

$$500 \times \pi \frac{d^2}{4} \times u = \pi \frac{10^{-1}}{4}$$

$$u=\frac{2\times10^{-4}}{d^2}$$

例題 18-1 と同様の計算により物質輸送速度は，以下のとおりとなる．

$$物質輸送速度\ [\mathrm{s}^{-1}]=\frac{D}{\left(d\times\left(\frac{ud}{\nu}\right)^{-\frac{3}{4}}\right)^2}=\frac{D}{d^{\frac{1}{2}}\times\left(\frac{u}{\nu}\right)^{-\frac{3}{2}}}$$

$$=\frac{10^{-9}}{d^{\frac{1}{2}}\times\left(\frac{2\times10^{-4}}{d^2}\times\frac{1}{10^{-7}}\right)^{-\frac{3}{2}}}=\frac{2^{\frac{3}{2}}\times10^{-4.5}}{d^{\frac{7}{2}}}$$

$Da<0.1$ とすると，管内径は 3.6 cm 以下で設計すればよいということになる．

$$Da=\frac{1}{\left(\frac{2^{\frac{3}{2}}\times10^{-4.5}}{d^{\frac{7}{2}}}\right)}<0.1$$

$$d^{\frac{7}{2}}<2^{\frac{3}{2}}\times10^{-5.5}$$

$$d<0.0361\cdots\ \mathrm{m}$$

18.4　超臨界流体を利用したナノ粒子合成

実際に流通管型反応器を利用したナノ粒子合成を例に混合の影響を見ていく．管径，流速を大きく変えた実験を行い，ダムケラー数と生成する粒子径の関係を調べた結果を図 18-4 に示す．

ここでは，硝酸セリウムを原料として酸化セリウムナノ粒子を合成する系を対象としている．本反応系では，温度上昇とともにモノマーの供給速度が増大する．そのため高温ほど過飽和度が高くなり，得られる粒子サイズは小さくなるはずである．図 18-4 を見てみると，大まかにはその傾向が見てとれるが，高温にすればどのような条件でも粒子サイズが小さくなっているというわけではない．

一方，同じ温度で比較すると，どの温度の場合でも，ダムケラー数が大きくなればなるほど粒子サイズと粒子分布が大きくなっている傾向が見てとれる．混合速度が反応速度と比較し十分に大きくないと，つまり混合が十分でないと，モノマー濃度が系内で均一とならず，分布が生じる．これにより，時空間的に過飽和度分布が大きくなり，初期に生成した粒子と後期に生成した粒子の結晶成長時間の差が大きくなるため，結果として粒子サイズと分布が大きくなる．一方，ダム

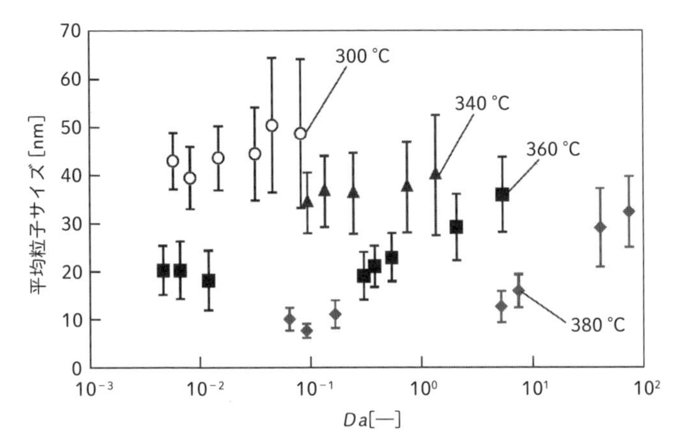

図 18-4　ダムケラー数 *Da* と生成する酸化セリウムナノ粒子の粒子径の関係
[N. Aoki, *et al.*: *J. Supercrit. Fluids*, 110, 161 (2016)]

ケラー数が 0.1 より小さい範囲では，粒子サイズとサイズ分布は，ダムケラー数によらず，ほぼ一定の値に落ち着いている．つまり，このダムケラー数が十分に小さい領域では，混合が反応と比較して十分に速く，混合の影響を受けない反応律速の領域となっている．この場合，過飽和度分布は狭く，一斉に発生した核は，その後同じように成長するため，ナノ粒子のサイズが均一に制御できる．

18.5　ま　と　め

本章では，ナノ粒子合成プロセスを例に，プロセス設計において“反応”と“混合”の制御指針を学んだ．無次元数であるダムケラー数を用いて，反応速度と物質輸送速度の比として“反応”と“混合”を整理することで，ナノ粒子のサイズ，サイズ分布制御が可能となる．混合速度の影響を無視してリアクター寸法やプロセス条件を決めてしまうと，高い過飽和度を得ようと高温条件を適用しても，所望のナノ粒子が得られない場合が生じる．

ナノ粒子の単位操作ではいまだ定式化されていない部分も多い．しかし，いたずらに試行錯誤に陥ることなく，化学工学的視点から効率的にプロセスを設計していくことが，材料を高精度につくり込んでいくために必要であるし，社会実装に何より重要なアプローチである．

19

温泉熱エネルギーの地産地消

本章では，温泉熱エネルギーを例として，第Ⅱ編の 6 章「化学工学量論」，8 章「熱移動」の知識や考え方が化学工場以外にも幅広い分野に応用が可能であることを学ぶ.

19.1　温泉とその熱利用

日本は環太平洋火山帯の一部であり，3000 カ所以上の温泉地が存在する．温泉とは，湧出時の温度が 25 °C 以上のもの(単純泉)，または，湧出時の温度が 25 °C 未満であっても規定された 19 成分のうち 1 つ以上が規定量以上含まれているもの(塩化物泉，炭酸水素泉，二酸化炭素泉，硫黄泉など)をいう．源泉ごとに分析が行われ，温泉施設でよく見かける温泉分析書には温度，密度，湧出量，成分

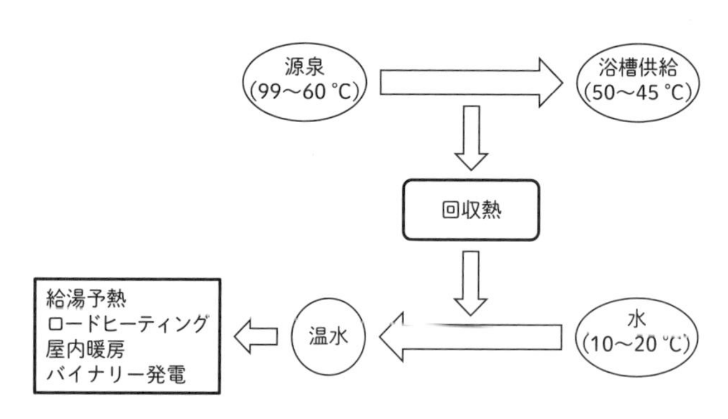

図 19-1　向流型熱交換器による温泉水からの熱回収

などが記載されている．多くの源泉は高温であり，必ずしも入浴に適した温度ではない．高温の源泉に冷水を加えて温度を下げると“源泉かけながし”などの言葉を使えず，付加価値を失う．そのため，熱交換操作を行って入浴に適する温度まで下げる必要がある．この熱エネルギーを廃棄するのではなく，図 19-1 に示すように，ロードヒーティング熱源，屋内暖房用熱源，バイナリー発電などへの利用が検討されている．一部の温泉地では化石燃料使用量の削減・エネルギーの地産地消を目的として，ホテルの給湯予熱システムとして実装されている．

19.2　温泉熱エネルギーの回収

源泉温度が 70 °C，湧出量が 1000 L min^{-1} の単純泉(密度: 1.00 kg L^{-1}，比熱: 4.18 kJ kg^{-1} K^{-1} と仮定)を考える．入浴に供するため，温泉水の温度を 45 °C まで下げる場合，源泉から回収できる熱エネルギーは次式で計算できる．

$$(4.18)(1.00)(1000)(70-45)=1.05\times10^{5}\ \mathrm{kJ\ min^{-1}}=1.74\times10^{3}\ \mathrm{kJ\ s^{-1}}$$

この熱エネルギーを図 19-2(a)に示す向流接触式の二重管型熱交換器を用いて温度が 15 °C，流量が 600 L min^{-1} の水道水(密度: 1.00 kg L^{-1}，比熱: 4.18 kJ kg^{-1} K^{-1} と仮定)に移動させる．水道水出口温度を T_{W} とし，水道水が先述の熱エネルギーをすべて受けとると仮定すると，次のようになる．

$$(4.18)(1.00)(600)(T_{\mathrm{W}}-15)=1.05\times10^{5}\ \mathrm{kJ\ min^{-1}}$$

この式から未知であった T_{W} を求めると，$T_{\mathrm{W}}=57$ °C となる．

図 19-2(b)に二重管型熱交換器内の温度分布を示す．前述したように，T_{W} は 57 °C，温泉水入口側は温泉水の温度が 70 °C であるから，熱交換器の左端の温度差 ΔT_{i} は次式で計算される．

$$\Delta T_{\mathrm{i}}=70-57=13\ \mathrm{K}$$

同様に，温泉水出口側は温泉水の温度が 45 °C，水道水の温度が 15 °C であるから，熱交換器の右端の温度差 ΔT_{o} は次式で計算される．

$$\Delta T_{\mathrm{o}}=45-15=30\ \mathrm{K}$$

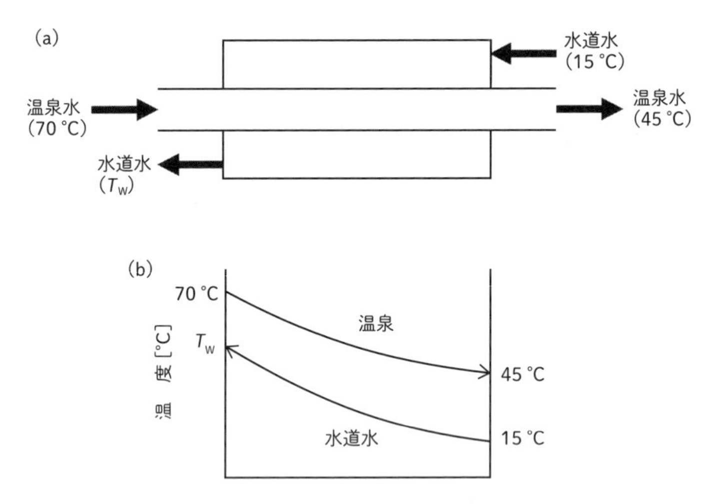

図 19-2　温泉熱回収用熱交換器と温度分布
(a) 向流接触式二重管型熱交換器　(b) 温度分布

よって，二重管型熱交換器の対数平均温度差 $\Delta T_{\rm lm}$ は次式で計算される(第Ⅱ編 8.2 節参照).

$$\Delta T_{\rm lm}=\frac{30-13}{\ln\left(\frac{30}{13}\right)}=20.3\ \mathrm{K}$$

二重管型熱交換器の総括伝熱係数 U(第Ⅱ編 8.2 節参照)を 200 $\mathrm{J\ m^{-2}\ s^{-1}\ K^{-1}}$ と仮定する．前述の熱交換操作に必要な二重管型熱交換器の伝熱面積 A は次のようになる.

$$A=\frac{1.74\times10^{6}}{(200)(20.3)}=429\ \mathrm{m^2}$$

この伝熱面積に合わせて二重管型熱交換器を設計・選定すればよい．ただし，実際の温泉は単純泉だけではなく，塩化物泉や硫黄泉などさまざまであり，腐食や伝熱を阻害する汚れ物質であるスケールの生成につながる成分を含んでいる場合が多い．そのため，熱交換を行う伝熱面が腐食しないようにする，スケールが生成しないようにする，掃除などでスケールを除去しやすい構造にする，スケール生成による伝熱速度の低下をあらかじめ予測して伝熱面積を少し大きくしておく，などの対策が必要である.

19.3 回収した温泉熱エネルギーの使途例

19.3.1 予熱による給湯用燃料の削減：宿泊業界などへの応用

温泉ホテルでは，温泉から回収した熱エネルギーを給湯用の水の予熱に使用する場合がある．1日あたりの水使用量を60 m^3 とすると，そのうち約40 %（24 m^3，24 000 kg）がお湯として使用される．予熱をしない15 °C の水道水24 000 kg を90 °C のお湯にするために次の熱エネルギーが必要になる．

$$(4.18)(24\,000)(90-15)=7.52\times10^6\ \mathrm{kJ}$$

一方，温泉水から回収した熱エネルギーで57 °C まで予熱した水道水24 000 kg を90 °C のお湯として使用する場合に必要な熱エネルギーは次のようになる．

$$(4.18)(24\,000)(90-57)=3.31\times10^6\ \mathrm{kJ}$$

温泉から回収した熱エネルギーで水道水を予熱することで，約 4.21×10^6 kJ の給湯用エネルギーを削減できる．これは予熱をしない場合の44 % であり，消費エネルギーを半分以下にできる．

ボイラー燃料としてA重油を想定する．A重油を燃焼させることで1L あたり 38.9×10^3 kJ の熱エネルギーを生じる．前述した1日あたりに必要となる給湯エネルギーをA重油量に換算すると次のようになる．

$$\text{予熱なし：}\frac{7.52\times10^6}{38.9\times10^3}=193\ \mathrm{L}$$

$$\text{予熱あり：}\frac{3.31\times10^6}{38.9\times10^3}=85\ \mathrm{L}$$

予熱によって1日あたり108 L のA重油を削減できる．A重油燃焼に伴う二酸化炭素（CO_2）発生量は2.710 kg L^{-1} であるから，1日あたり293 kg，年間107 t の CO_2 を削減できる．

19.3.2 ロードヒーティング：土木分野への応用

北海道・東北・北陸地方などの山間部にある温泉地では，冬季間の積雪によって移動に支障をきたす場合がある．積雪時や路面凍結時の坂道や交差点では歩行者の転倒や車両のスリップ事故などが起こる．そこで，ロードヒーティングシステムを導入し，温水配管から伝わる熱エネルギーによって路盤を温め，路面への積雪防止，凍結防止を行う(図 19-3)．通常は電気式加熱のロードヒーティングが用いられるが，温泉地であれば回収した温泉熱エネルギーを融雪に利用することができる．

大雪注意報の基準が 12 時間で 30 cm 以上の地域を想定する．雪のかさ密度を 50 kg m^{-3} とすると，降水量換算で 1.25 mm h^{-1} に相当する．氷の融解熱から，0 °C の雪が 0 °C の水になるには 333.6 kJ kg^{-1} の熱エネルギーが必要である．先に求めた温泉から回収した熱エネルギー(1.74×10^3 kJ s^{-1})を全量使用すると仮定すると，1 時間あたりに以下の量の雪を融かすことができる．

$$\frac{1.74\times10^3}{333.6}=5.22\ \mathrm{kg\ s^{-1}}=18.8\times10^3\ \mathrm{kg\ h^{-1}}=18.8\ \mathrm{t\ h^{-1}}$$

水の密度を 1000 kg m^{-3} とすると，水換算で 18.8 m^3 h^{-1} となる．これらの値から融雪可能面積は次のように求められる．

$$\frac{18.8}{1.25\times10^{-3}}=1.50\times10^4\ \mathrm{m^2}$$

1 車線あたり 2.5 m の 2 車線道路で，温水配管から路盤への伝熱速度は一定，熱エネルギーがすべて融雪に使われると仮定すると融雪可能距離は次のようになる．

$$\frac{1.50\times10^4}{(2.5)(2)}=3.0\times10^3\ \mathrm{m}=3.0\ \mathrm{km}$$

図 19-3　ロードヒーティングの効果

ただし，限られた水資源の有効利用を考えれば循環式にする必要がある．配管内での凍結を防止するため復路分を考慮すると融雪可能な距離は 3.0 km よりも短くなる．また，実際には温水配管から路盤への伝熱速度が一定ではなく，雪温，水温分布，気温，風速，融解水などの影響を受けるため融雪可能距離は計算値よりも短くなる．なお，大雪警報レベル(たとえば，12 時間 60 cm 以上)の降雪の場合，融雪が追いつかないため，別途除雪が必要となる．

19.3.3　屋内暖房用熱源：建築分野への応用

寒冷地では冬季間の暖房は生活を維持するために必要不可欠である．これは建物の内から外へ熱エネルギーが移動するためであり，約半分の熱エネルギーは窓を通して伝熱で失われる．そのため，暖房効率を上げるのには第Ⅱ編の 8 章「熱移動」で学んだ二重窓の設置が効果的であり，とくに寒冷地では建物内からの損失熱エネルギーを減らすため三重窓も導入されている．しかし，建物からの損失熱エネルギーをゼロにすることができないため，多くは灯油などの化石燃料を燃焼させることで熱エネルギーを供給している．建築分野では家の断熱性能を損失熱エネルギーを床面積で割った Q 値(熱損失係数)で評価している．北海道では $1.6\ \mathrm{W\ m^{-2}\ K^{-1}}$，東北地方では $1.9 \sim 2.4\ \mathrm{W\ m^{-2}\ K^{-1}}$ が建築時の基準として設定されており，床面積あたりの建物の損失熱エネルギーを見積もることができる．この損失熱に相当する熱エネルギーを温水が循環するパネル式暖房で供給するシステム(図 19-4)がある．通常は化石燃料の燃焼などで熱エネルギーをつくり出

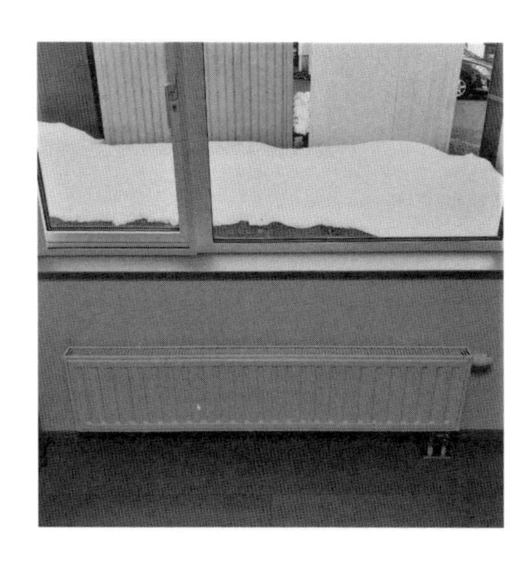

図 19-4　パネル式温水循環暖房

すが，温泉からの回収した熱エネルギーでも暖房用の温水をつくることができる．

外気温 −5 °C の場合，床面積 80 m^2 の北海道の一軒家の屋内を 18 °C とすると，放熱速度は次のようになる．

$$(1.6)(80)\{18-(-5)\}=2944\ \mathrm{W}=2.94\ \mathrm{kJ\ s^{-1}}$$

先に求めた温泉から回収した熱エネルギー（1.74×10^3 kJ s^{-1}）を全量パネル式暖房に利用でき，熱損失がないと仮定すると，暖房をまかなうことができる家の軒数は以下となる．

$$\frac{1.74\times10^3}{2.94}=592\ 軒$$

24 時間にわたって屋内温度 18 °C を維持するために必要な熱エネルギーは次のようになる．

$$(2.94)(24)(60)(60)=2.54\times10^5\ \mathrm{kJ}$$

灯油 1 L から 36.5 MJ の熱エネルギーが発生することから，灯油量に換算すると次のようになる．

$$\frac{2.54\times10^5}{36.5\times10^3}=6.96\ \mathrm{L}$$

これによって 1 日あたり約 7 L の灯油消費を削減できるとともに，灯油燃焼に伴う CO_2 の発生も抑えられる．ただし，一般家庭 1 軒ごとにシステムを導入するのは設置コストや設備メンテナンスなどの面から難しい．ホテル，旅館，マンション，アパート，町内会など，ある程度まとまった形での導入が現実的である．

ここで，200 人規模で延べ床面積 8000 m^2 のホテルを想定し，750 kJ m^{-2} h^{-1} 程度の放熱があると仮定する．ホテル 1 棟からの放熱速度は次のようになる．

$$(750)(8000)=6.00\times10^6\ \mathrm{kJ\ h^{-1}}=1.67\times10^3\ \mathrm{kJ\ s^{-1}}$$

温泉から回収した熱エネルギー（1.74×10^3 kJ s^{-1}）を全量用いると次式のようになり，計算上，前述規模のホテル 1 棟をまかなうことができる．

$$\frac{1.74\times10^3}{1.67\times10^3}=1.04$$

19.3.4　バイナリー発電：電気分野への応用

現在は電気に頼った生活様式になっている．災害時の停電への対応などを考えた場合，電力確保の重要性が増してきている．バイナリー発電は 100 °C 未満の低温熱源を利用して発電することができる．そのため，温泉から回収した熱エネルギーを用いてバイナリー発電を行うことが実装・検討されている．バイナリー発電の概要を図 19-5 に示す．熱交換器を用いて回収した熱エネルギーで温泉水よりも沸点が低い溶媒(ペンタンや代替フロンなど)を加熱・気化させ，発生する蒸気によってタービンを回転させ，発電する．その後，溶媒は凝縮器で液体に戻し，再び使用する．バイナリー発電の効率は，理論では 10 % であるが，現在の発電効率は 4~5 % 程度である．福島県の土湯温泉をはじめとした多くの地域で実装されている．

先に求めた温泉から回収した熱エネルギー全量(1.74×10^3 kJ s^{-1})でバイナリー発電を行うことができるとすると，発電効率から以下の電力を得ることができる．

$$(1.74\times10^3)(0.04\sim0.05)=70\sim87\ \mathrm{kJ\ s^{-1}}=70\sim87\ \mathrm{kW}$$

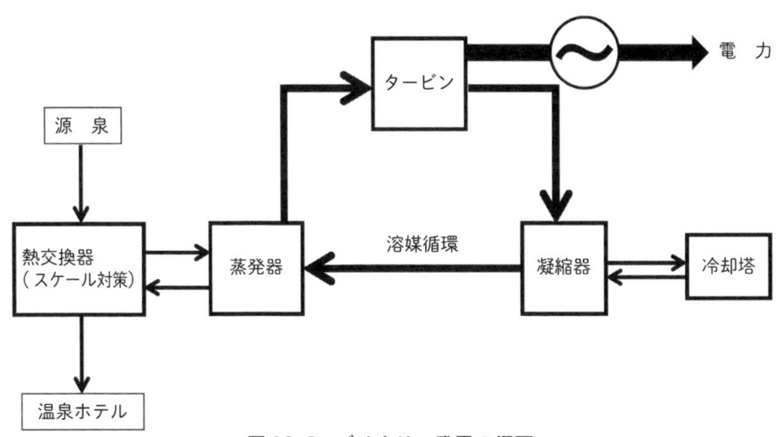

図 19-5　バイナリー発電の概要

バイナリー発電システムを稼働させるのにポンプなどを動かすために 20 kW 程度の電力が必要であるため，実際に使用できる電力は 50～67 kW となる．これを一般家庭(30 A，100 V)の電力とすると以下の数をまかなうことができる．

$$\frac{50\sim67\times10^3}{(30)(100)}=16\sim22$$

ホテル(200 人規模，延べ床面積 8000 m^2)の場合，200 kW 程度の電力が必要になり，1 棟分すべてをまかなうことができないが，事務機器や通信用の非常用電源としては十分である．一方，避難経路となる道路照明(LED，125 W)に使用する場合，50～67 kW で 400～536 個となる．送電ロスがないと仮定し，街路灯が 25 m 間隔で設置されている場合，最大で道路約 10～13 km 分をまかなうことができる．

例題 19-1　**まちづくり**

縦 40 m，横 120 m の区画に 14 軒の 2 階建て分譲住宅(床面積：70 m^2)を建設する(図 19-6)．この地域は冬になると気温が −20 ℃ まで下がり，さらに 12 時間あたり 40 cm の積雪が見込まれる．温泉から熱エネルギーを回収して 14 軒の家屋すべての屋内暖房(屋内温度は 18 ℃)と区画周辺道路のロードヒーティングの熱源に使用したい．源泉温度 60 ℃ 以上の場合，湧出量が何 L min^{-1} 以上あれば実現できるか試算せよ．

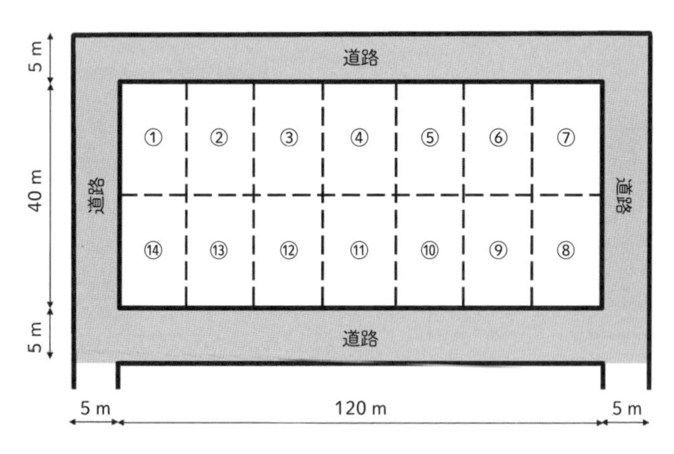

図 19-6　分譲区画例

ただし，道路幅は5 m，家屋のQ値は1.6 W m^{-2} K^{-1}，雪の温度は-20 °C，雪の比熱は2.09 kJ kg^{-1} K^{-1}，雪の融解熱は333.6 kJ kg^{-1}，雪のかさ密度は50 kg m^{-3}，水の密度は1000 kg m^{-3}，水の比熱は4.18 kJ kg^{-1} K^{-1}とする．なお，熱エネルギー回収後の温泉水は入浴に用いるため温度45 °Cとする．

解 説

屋内暖房に必要な熱は放熱量に等しい．よって，Q値，床面積，室温と気温の温度差から，14軒の放熱量は次のように求められる．

$$(1.6)(70)\{18-(-20)\}(14)=5.96\times10^4\ \mathrm{W}=59.6\ \mathrm{kJ\ s^{-1}}$$

これと同量の熱エネルギーを温度60 °Cの温泉から回収する．入浴に適する温度45 °Cまで温度を下げるため，温度差15 °Cである．このことから最低限必要な湧出量は次のようになる．

$$\frac{59.6}{(4.18)(15)}=0.951\ \mathrm{kg\ s^{-1}}=57.1\ \mathrm{kg\ min^{-1}}=57.1\ \mathrm{L\ min^{-1}}$$

次にロードヒーティング用の熱エネルギーを考える．融雪対象の道路面積を計算すると次のようになる．

$$(5+40+5)(5+120+5)-(40)(120)=6500-4800=1700\ \mathrm{m^2}$$

ここで，12時間で40 cmの降雪が見込まれるから，1時間あたり道路に降る雪の水換算量は，次のようになる．

$$\frac{(0.05)(0.40)(1700)}{12}=2.83\ \mathrm{m^3\ h^{-1}}=0.0472\ \mathrm{m^3\ min^{-1}}=47.2\ \mathrm{kg\ min^{-1}}$$

この雪を融かすために必要な熱エネルギーは，-20 °Cの雪を0 °Cの雪にする顕熱と，0 °Cの雪を0 °Cの水にするための融解熱である．それぞれ計算すると次のようになる．

$$\text{顕　熱}：(2.09)(47.2)\{0-(-20)\}=1.97\times10^3\ \mathrm{kJ\ min^{-1}}$$

$$\text{潜　熱}：(47.2)(333.6)=15.7\times10^3\ \mathrm{kJ\ min^{-1}}$$

顕熱と潜熱を合計すると17.7×10^3 kJ min^{-1}である．これと同量の熱エネルギーを温度60 °Cの温泉から回収するのに必要な湧出量は次のようになる．

$$\frac{17.7\times10^3}{(4.18)(15)}=282\ \mathrm{kg\ min^{-1}}=282\ \mathrm{L\ min^{-1}}$$

屋内暖房に必要な湧出量は57.1 L min^{-1}，ロードヒーティングに必要な湧出量は282 L min^{-1}であるから，合計で339 L min^{-1}以上の湧出量が必要となる．

19.4 ま と め

本章では温泉熱エネルギーの有効利用としてエネルギー収支・伝熱の応用例を示した．化学工学で学んだエネルギー収支・伝熱の知識・技術が化学工場でしか使えないと考えがちである．今回示したように化学工学の知識・技術は他分野にも応用でき，他分野の技術者と話をする際にも有効である．実際の設計計算など，他分野の詳細については，それぞれの専門書を参照していただきたい．

今回は温泉から回収した熱エネルギーをさまざまな用途に利用することを想定した．北海道や東北地方などの寒冷地では屋内暖房やロードヒーティングへの利

Note

大湯沼の熱エネルギー有効利用

北海道の登別温泉に湧出した温泉がつくる沼があり，“大湯沼”とよばれている．大湯沼からあふれ出た温泉水は“大湯沼川”となり，その下流には観光足湯があり，国内外から多くの観光客が集まる人気観光スポットである(図 19-7)．大湯沼は水深 20 m 以下の温度が 100 ℃を超え，湧出量も 1000 L min^{-1} 以上である．これが大湯沼川を流れる間に 40～45 ℃となり，足湯に適した温度になる．大湯沼は支笏洞爺国立公園内にあるため熱エネルギー回収設備の設置が困難であるが，仮に利用できるとすれば，非常によい熱源である．しかし，大湯沼から熱エネルギーを回収すると大湯沼川の温度が下がる．大湯沼川が冷たくなってしまうとただの“冷たい川”になってしまい観光産業に悪影響を及ぼす．優れた技術であっても導入前に技術面以外も含めた鳥瞰的視点から十分な検討・検証を行う必要がある．

図 19-7　登別温泉にある大湯沼川の天然足湯

用といった冬季対策を優先させる，沖縄や九州などの温暖地では冬季対策よりも給湯予熱や食品の冷蔵保存に必要な電力確保のためバイナリー発電への利用を優先させる，など地域の実情に合わせることが重要となる．

一方で，利用されず廃棄されている排熱エネルギーは多い．工場などでは熱エネルギーの有効利用が進んでいるが，今後は民生家庭部門におけるエネルギーの有効利用が求められるだろう．これに対応するにはさまざまな分野の方々とともに取り組む必要があり，物事を俯瞰して解決に向けて動くことができる化学工学の見方・考え方が重要となる．

あとがき

多くの大学で化学工学を専門とする化学工学科がなくなり，応用化学系学科の中に一部の化学工学系研究室が所属する状況である．そのため，以前の化学工学科のように化学工学を網羅的に教えることは授業時間数や教える教員数からも難しい．一方で，産業界では化学工学の知識だけでなく化学工学的な課題解決のためのアプローチはますます重要になっており，化学工学系の研究者，技術者が必要になっている．

化学工学会では，少ない教員数でも化学工学の全体を教えられ，また，化学工学的な課題解決のためのアプローチが社会に出てからも役に立つことを，ひろく化学に関わる学科・専攻に所属する学生に実感してもらえる新しい教科書が必要と考え，当時の阿尻雅文化学工学会会長のもと，庶務理事だった私が委員長となり，2019 年 1 月に化学工学会教科書委員会を発足した．

教科書委員会として，2 度にわたって合宿で議論し，また，委員会で議論を重ね，産業界およびその OB/OG の方々からも意見を頂戴しながら，教科書としての形をつくってきた．また，化学工学会の北海道支部，東北支部，関東支部，東海支部，関西支部，中国四国支部，九州支部の皆様から意見をいただき，さらに全国の大学の化学工学に関するカリキュラムを集め，それらの調査結果から必要な教科書像を少しずつ固めていき，出版にいたった．

化学工学は，境界条件を明確にして，その中で物質や熱(エネルギー)の移動，蓄積，変換などの現象を簡単なモデルで表現し，全体を最適化できる，課題解決のためのアプローチである．もともとは石油化学プラントの設計から生まれた学問だが，今では本書に掲載の宇宙ステーション，燃料電池，海水淡水化，ナノ粒子製造などのプロセスの最適化や，地球温暖化の理解，温泉熱の有効利用，美味しいコーヒーの淹れ方に限らず，バイオ・医療や地球環境も含め，幅広い分野の課題解決に利用できる．また，広い境界の中の全体最適化を考えるため，中に含まれる未解明で複雑な現象は入口と出口を無理にでも繋げて簡単なモデルで表すことから，機械学習，インフォマティクスなどの情報工学との相性が良い学問である．この有効なアプローチ法を，大学生，大学院生はもちろん，教員や社会人の方々にも理解してもらい，使ってもらうことを念頭に，教科書の構成を考えた．化学工学による課題解決のためのアプローチの有効さを実感いただくだけでなく，このアプローチを皆様の課題に当てはめていただければ幸いである．

謝　辞

この教科書は化学工学会に関わる多くの方々が協力してできあがっている．何度も話し合い，校正をお願いし，協力いただいた執筆者の先生方に厚く御礼申し上げる．執筆者以外の教科書委員会のメンバーである，会田弘(元化学工学会)，重光英之(化学工学会)，鷲見泰弘，吉見智之((株)カネカ)，西岡光利(佐竹マルチミクス(株))，佐藤晴基(元三菱ケミカル(株))，藤岡惠子((株)ファンクショナル・フルイド)，久保田伸彦((株)IHI)の各氏に感謝申し上げる．内田博久(金沢大学)先生には，教科書の内容や執筆者に関して多くの助言を頂戴した．また，中尾眞(SCE・Net)氏には応用に関する様々なアイデアをいただき，宇宙ステーションの事例はその中から使わせてもらった．化学工学会経営システム研究委員会にも参加させていただき，議論させていただいた．厚く御礼申し上げる．

最初の教科書合宿では，“化学工学の本質とは何か”“何を教えるべきか”など，教科書としての考え方を話し合った．上記のメンバー以外で参加いただいた，松方正彦(早稲田大学)，後藤元信(名古屋大学)，河瀬元明(京都大学)，神谷秀博(東京農工大学)，小野努(岡山大学)，上村芳三(元鹿児島大学)の各先生に感謝申し上げる．また，化学工学会の各支部の皆様には各大学や高専で化学工学教育をどのように進めていくべきか，多面的に議論させていただいた．皆様に心より感謝申し上げる．

2021年　12月

化学工学会 教科書委員会

委員長　山　口　猛　央

索　引

か

き

く

す

せ

そ

た

ち

の

は

ひ

ふ

へ

ほ

ま

み

む

め

も

ゆ

よ

ら

り

れ

ろ

実例で学ぶ化学工学
——課題解決のためのアプローチ

令和 4 年 1 月 30 日　発　　行
令和 6 年 7 月 25 日　第 2 刷発行

編　者　公益社団法人 化学工学会 教科書委員会

発行者　池　田　和　博

発行所　丸善出版株式会社
〒101-0051 東京都千代田区神田神保町二丁目17番
編集：電話(03)3512-3263／FAX(03)3512-3272
営業：電話(03)3512-3256／FAX(03)3512-3270
https://www.maruzen-publishing.co.jp

組版印刷・創栄図書印刷株式会社／製本・株式会社 松岳社

ISBN 978-4-621-30704-5　C 3058　　Printed in Japan